JN197762

ひとりで学べる数学演習ライブラリ 1

ひとりで学べる 線形代数 演習

桑田 孝泰 ● 西山 清二 共著

サイエンス社

サイエンス社のホームページのご案内
http://www.saiensu.co.jp
ご意見・ご要望は　rikei@saiensu.co.jp　まで.

は じ め に

　本書は，線形代数の入門書である．線形代数を初めて学ぶ人に，少なくともこれだけは学んでもらいたい部分は何かを考えて本書を書いた．具体的には，行列の行基本変形を通していろいろなこと：

(1) 連立 1 次方程式の解法（3.1, 3.3 節）

(2) 行列の階数（3.2 節）

(3) 逆行列（3.5 節）

(4) 行列式の計算（4.4 節）

(5) 列ベクトルの間における線形関係（5.2 節）

(6) 線形写像の像と核の基底と次元（6.2 節）

などが機械的な計算によって得られることは，是非とも学び身につけてもらいたいと思って書いた．そこでは，計算の仕組みの理解と結果の意味の解釈を理解してもらうにはどのように解説すればよいか吟味した．さらに，固有値と固有ベクトルの基本までは学び，線形代数のさらなる重要さを理解してもらいたいと思い，最後の章（第 7 章）を固有空間とした．

　高校で学ぶベクトルや空間図形の基本ができていない人が線形代数を学習しても，非常に効率が悪く無駄な時間を費やしかねない．そこで，第 1 章に「ベクトルと空間図形」を入れた．

　各節の構成は，"例または例題"でその節で学ぶべき考え方や計算方法を理解し，"問"でその知識を定着できるようにした．さらに，覚えておきたい重要事項を (!) 知っておきたいこと として強調してある．

　どんなにわかり易い解説であっても自分で問題を解き演習してみないとなかなか身につかない．問と演習問題は是非とも自力で解いてもらいたい．読者が線形代数に早く慣れ，興味が湧いてくることを願う．

　最後に，原稿執筆にあたり次の書籍を参考にした．

三宅敏恒「線形代数学—初歩からジョルダン標準形へ」培風館

松本和夫・山原英男・吉松屋四郎「線形代数」学術図書出版

　また，原稿執筆中および校正段階でサイエンス社編集部の方々に大変お世話になった．お礼を申し上げる．

　2019 年 6 月　　　　　　　　　　　　　　　　　　桑田孝泰　西山清二

目 次

第1章 ベクトルと空間図形 ━━━━━━━━━━━ **1**

　1.1　ベクトルとその演算 1

　1.2　ベクトルの成分表示 6

　1.3　平面におけるベクトルの内積 9

　1.4　内分点・外分点の位置ベクトル 12

　1.5　空間の座標 15

　1.6　空間のベクトル 17

　1.7　ベクトルの成分表示 19

　1.8　空間におけるベクトルの内積 23

　1.9　空間内における位置ベクトル 25

　1.10　直線の方程式 26

　1.11　平面の方程式 29

　1.12　ベクトルの外積 32

　1.13　直線と平面 35

　第1章　演習問題 38

第2章 行列とその演算 ━━━━━━━━━━━━━ **39**

　2.1　行列とその加法，実数倍 39

　2.2　行 列 の 積 43

　2.3　正 方 行 列 47

　2.4　2次の正方行列の逆行列 49

　第2章　演習問題 52

第3章　行列の基本変形とその応用　　53

3.1　連立 1 次方程式の解法 53
3.2　行列の階数 58
3.3　連立 1 次方程式の解と拡大係数行列の階数 60
3.4　基本変形と基本行列 64
3.5　逆行列の計算 66
　　第 3 章　演習問題 69

第4章　行　列　式　　71

4.1　2 次の正方行列の行列式 71
4.2　置　換 73
4.3　行列式の定義 76
4.4　行列式の基本性質 80
4.5　3 次正方行列の行列式 84
4.6　行列の余因子，余因子行列 87
4.7　クラメルの公式 90
　　第 4 章　演習問題 93

第5章　数ベクトル空間と線形部分空間　　95

5.1　数ベクトル空間と数ベクトルの 1 次独立 95
5.2　列ベクトルの線形関係と行基本変形 101
5.3　線形部分空間の基底と次元 104
　　第 5 章　演習問題 113

第6章　線　形　写　像　　115

6.1　平面の線形変換 115
6.2　線形写像とその性質 122
6.3　線形写像の表現行列 128
　　第 6 章　演習問題 132

第 7 章　固 有 空 間 ━━━━━━━━━━━━━━━━━━━━━━ **134**

7.1　固有値，固有ベクトル 134

7.2　ケイリー–ハミルトンの定理 139

7.3　行列の対角化 141

7.4　行列の対角化の応用 144

第 7 章　演習問題 150

解　　答 ━━━━━━━━━━━━━━━━━━━━━━━━━━ **152**

索　　引 ━━━━━━━━━━━━━━━━━━━━━━━━━━ **188**

第1章
ベクトルと空間図形

この章では，線形代数を学ぶ上で最小限知っておいた方がよいベクトルの基礎知識を学ぶ．

■ 1.1　ベクトルとその演算

ベクトルの相等　向きを考えた線分を**有向線分**という．図の有向線分 AB において，A を**始点**，B を**終点**という．

有向線分において向きと大きさだけを考えたものを**ベクトル**という．有向線分 AB が表すベクトルを $\overrightarrow{AB}$ とかく．向きと大きさが同じ有向線分は，同じベクトルを表す．たとえば図において，$\overrightarrow{AB} = \overrightarrow{CD} = \overrightarrow{EF}$ である．

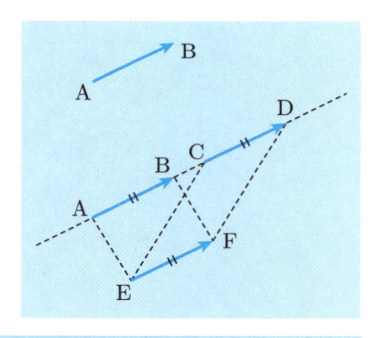

> 向きと大きさが同じ有向線分は，同じベクトルを表す

$\overrightarrow{a} = \overrightarrow{AB}$ のとき♠，線分 AB の長さを $\overrightarrow{a}$ の大きさ，もしくは $\overrightarrow{AB}$ の大きさといい，$|\overrightarrow{a}|$ もしくは $|\overrightarrow{AB}|$ で表す．

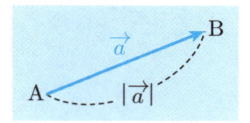

大きさが 1 のベクトルを**単位ベクトル**という．

$\overrightarrow{AA}$ のように，始点と終点が一致するベクトルを**ゼロベクトル**，もしくは**零ベクトル**といい，$\overrightarrow{0}$ とかく．零ベクトル $\overrightarrow{0}$ の大きさは，$|\overrightarrow{0}| = 0$ で，向きは考えないようにする．

ベクトル $\overrightarrow{a}$ と大きさが同じで，向きは反対であるベクトルを $\overrightarrow{a}$ の**逆ベクトル**といい，$-\overrightarrow{a}$ とかく．$\overrightarrow{a} = \overrightarrow{AB}$ のとき，$-\overrightarrow{a} = \overrightarrow{BA}$ である．

♠ ベクトルを表す記号 $\overrightarrow{a}$ の代わりに $\boldsymbol{a}$ とかくことも多い．

例 1.1　図の直交格子の 1 目盛の大きさは，1 とする．$\overrightarrow{AB}$, $\overrightarrow{AC}$, $\overrightarrow{AD}$ と等しいベクトルを求めると，

$$\overrightarrow{AB} = \overrightarrow{EF}, \quad \overrightarrow{AC} = \overrightarrow{PQ}, \quad \overrightarrow{AD} = \overrightarrow{GH}$$

それぞれのベクトルの大きさは

$$|\overrightarrow{AB}| = \sqrt{3^2 + 1^2} = \sqrt{10},$$
$$|\overrightarrow{AC}| = \sqrt{3^2 + 4^2} = 5,$$
$$|\overrightarrow{AD}| = \sqrt{1^2 + 2^2} = \sqrt{5}$$

また，$\overrightarrow{RS}$ は，$\overrightarrow{AB}$ の逆ベクトルであり，$\overrightarrow{RS} = -\overrightarrow{AB}$ である．

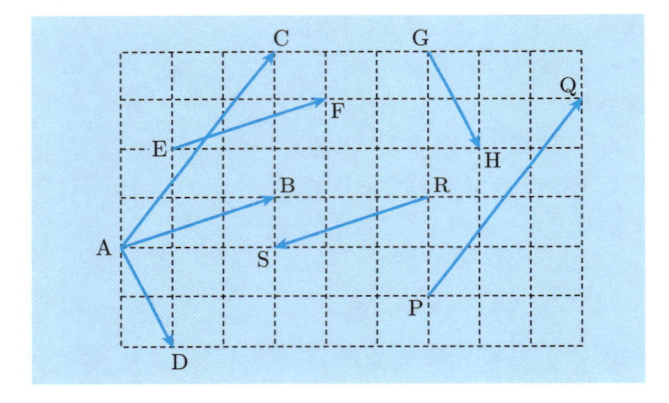

ベクトルの和　ベクトル $\vec{a}$, $\vec{b}$ に対して，$\vec{a} = \overrightarrow{AB}$, $\vec{b} = \overrightarrow{BC}$ となる 3 点 A, B, C をとる．このとき，$\overrightarrow{AC}$ を $\vec{a}$ と $\vec{b}$ の**和**といい，$\boxed{\vec{a} + \vec{b}}$ とかく．この等式を $\boxed{\overrightarrow{AB} + \overrightarrow{BC} = \overrightarrow{AC}}$ とかくこともできる．それは，A から B へ行き，B から C へ行くと，結局は A から C へ行ったことになると読めばよい．

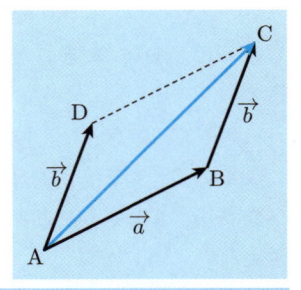

$\boxed{\text{A から B へ行き，B から C へ行くと，結局は A から C へ行ったことになる}}$

〈注〉　図の平行四辺形 ABCD において，$\overrightarrow{AD} = \overrightarrow{BC}$ であるから，$\boxed{\overrightarrow{AB} + \overrightarrow{AD} = \overrightarrow{AC}}$ となる．

ベクトルの和 ベクトルの和について次のことが成り立つ.

(1) $\vec{a} + \vec{b} = \vec{b} + \vec{a}$ （交換法則）

(2) $(\vec{a} + \vec{b}) + \vec{c} = \vec{a} + (\vec{b} + \vec{c})$ （結合法則）

(3) $\vec{a} + \vec{0} = \vec{a}$

(4) $\vec{a} + (-\vec{a}) = \vec{0}$

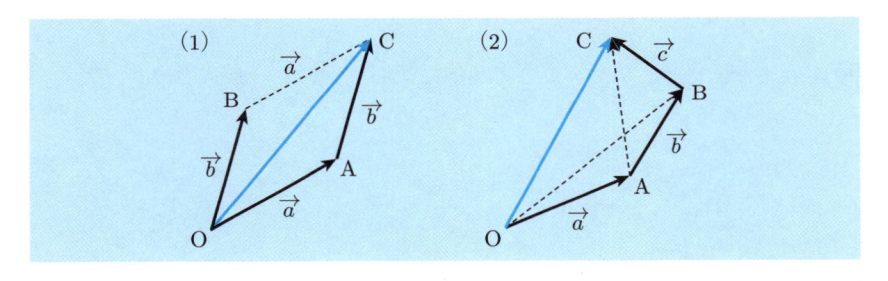

〈注〉 (2) より, $(\vec{a} + \vec{b}) + \vec{c}$ や $\vec{a} + (\vec{b} + \vec{c})$ を $\vec{a} + \vec{b} + \vec{c}$ とかいてもよい.

ベクトルの実数倍 図のように, $3\vec{a}$ は, $\vec{a}$ を同じ向きに大きさを 3 倍したベクトルで, $-2\vec{a}$ は, $\vec{a}$ を反対向きに大きさを 2 倍したベクトルである. このように, ベクトルの **実数倍**を定める.

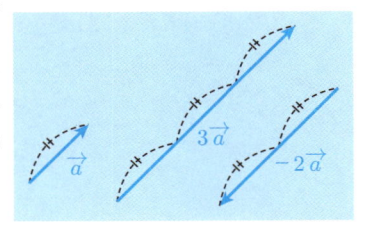

〈注〉 $0\vec{a} = \vec{0}$ である. また, $\overrightarrow{BA} = -\overrightarrow{AB}$.

ベクトルの差 $\vec{a}, \vec{b}$ に対して, 差 $\vec{b} - \vec{a}$ を

$$\vec{b} - \vec{a} = \vec{b} + (-\vec{a})$$

と定める.

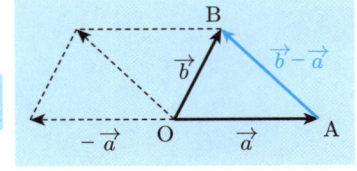

〈注〉 $\overrightarrow{AB} = \overrightarrow{OB} - \overrightarrow{OA}$ である.

例 1.2 平行四辺形 OACB において，$\vec{a} = \overrightarrow{\text{OA}}$，$\vec{b} = \overrightarrow{\text{OB}}$ とするとき，$\overrightarrow{\text{AB}}$, $\overrightarrow{\text{CO}}$ を $\vec{a}$, $\vec{b}$ で表すと，

$$\overrightarrow{\text{AB}} = \overrightarrow{\text{AO}} + \overrightarrow{\text{OB}} = -\vec{a} + \vec{b},$$
$$\overrightarrow{\text{CO}} = \overrightarrow{\text{CB}} + \overrightarrow{\text{BO}} = -\vec{a} - \vec{b}$$

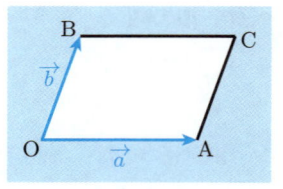

〈注〉 $\overrightarrow{\text{AB}} = \overrightarrow{\text{OB}} - \overrightarrow{\text{OA}} = \vec{b} - \vec{a}$, $\overrightarrow{\text{CO}} = -\overrightarrow{\text{OC}} = -(\vec{a} + \vec{b})$ としてもよい.

! 知っておきたいこと ベクトルの実数倍について次のことが成り立つ. ただし，k, l, m は実数である.

> (1) $k(l\vec{a}) = (kl)\vec{a}$
> (2) $(k+l)\vec{a} = k\vec{a} + l\vec{a}$
> (3) $k(\vec{a} + \vec{b}) = k\vec{a} + k\vec{b}$

例 1.3 図において，

$$3(2\vec{a}) = 6\vec{a}, \quad 2\vec{a} + 3\vec{a} = 5\vec{a}, \quad 3(\vec{a} + \vec{b}) = 3\vec{a} + 3\vec{b}$$

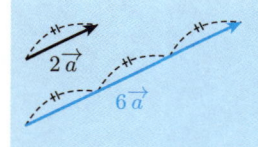 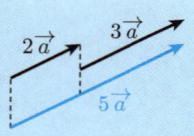 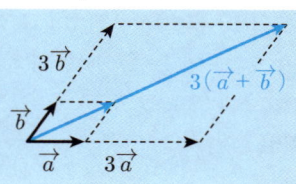

例 1.4

(1)　$3(2\vec{a} - \vec{b}) - 4(\vec{a} - 3\vec{b}) = 6\vec{a} - 3\vec{b} - 4\vec{a} + 12\vec{b}$
$$= 2\vec{a} + 9\vec{b}$$

(2)　$2(3\vec{a} + 2\vec{b}) + 5(-2\vec{a} + \vec{b}) = 6\vec{a} + 4\vec{b} - 10\vec{a} + 5\vec{b}$
$$= -4\vec{a} + 9\vec{b}$$

(3)　$3(5\vec{a} - 7\vec{b} - 4\vec{c}) + 4(5\vec{b} + 4\vec{c}) = 15\vec{a} - 21\vec{b} - 12\vec{c} + 20\vec{b} + 16\vec{c}$
$$= 15\vec{a} - \vec{b} + 4\vec{c}$$

ベクトルの平行　$\vec{0}$ でない2つのベクトル $\vec{a}$, $\vec{b}$ が同じ向きもしくは反対向きであるとき，この2つのベクトルは**平行**であるといい，$\vec{a} \, // \, \vec{b}$ とかく．ベクトルの平行について次が成り立つ．

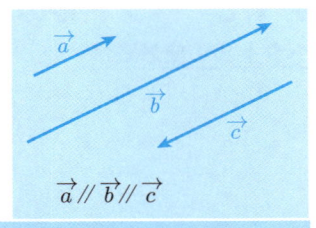

$$\vec{a} \, // \, \vec{b} \Longleftrightarrow \vec{b} = k\vec{a} \ \text{を満たす実数} \ k \neq 0 \ \text{がある}$$

$\vec{0}$ でない2つのベクトル $\vec{a}$, $\vec{b}$ が平行でないとき，平面上の任意のベクトル $\vec{p}$ は，

$$\vec{p} = x\vec{a} + y\vec{b} \quad (x, y \ \text{は実数})$$

の形でただ1通りに表せる．このようなとき，$\vec{a}$, $\vec{b}$ は，**1次独立**であるという．

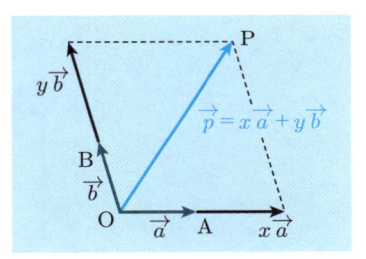

> 平面上のどんなベクトルも1次独立な2つのベクトルで表せる

例 1.5　図の正六角形 ABCDEF において，$\vec{a} = \overrightarrow{AB}$, $\vec{b} = \overrightarrow{AF}$ とすると，

$$\overrightarrow{AB} \, // \, \overrightarrow{FC}, \quad \overrightarrow{AB} \, // \, \overrightarrow{DE}$$
$$\overrightarrow{AF} \, // \, \overrightarrow{CD}, \quad \overrightarrow{AF} \, // \, \overrightarrow{EB}$$

などが成り立つ．実際，

$$\overrightarrow{FC} = 2\vec{a}, \quad \overrightarrow{DE} = -\vec{a},$$
$$\overrightarrow{CD} = \vec{b}, \quad \overrightarrow{EB} = -2\vec{b}$$

また，ベクトル $\overrightarrow{AE}$, $\overrightarrow{CE}$ を $\vec{a}$, $\vec{b}$ で表すと，

$$\overrightarrow{AE} = \overrightarrow{AB} + \overrightarrow{BE} = \vec{a} + 2\vec{b}, \quad \overrightarrow{CE} = \overrightarrow{BF} = \vec{b} - \vec{a}$$

〈注〉　$\overrightarrow{CE} = \overrightarrow{CD} + \overrightarrow{DE} = \vec{b} - \vec{a}$ としてもよい．

問 1.1　例1.5において，次のベクトルを $\vec{a}$, $\vec{b}$ で表せ．

(1) $\overrightarrow{ED}$　(2) $\overrightarrow{DC}$　(3) $\overrightarrow{BC}$　(4) $\overrightarrow{AD}$　(5) $\overrightarrow{BD}$　(6) $\overrightarrow{FD}$

■ 1.2　ベクトルの成分表示

ベクトルの成分表示　xy 平面上の 3 点 O $(0, 0)$, A$(1, 0)$, B$(0, 1)$ について, $\vec{e_1} = \overrightarrow{\mathrm{OA}}$, $\vec{e_2} = \overrightarrow{\mathrm{OB}}$ とおく. このとき, 点 P(x, y) に対して, $\vec{p} = \overrightarrow{\mathrm{OP}}$ とおくと,

$$\vec{p} = x\vec{e_1} + y\vec{e_2}$$

の形でただ 1 通りで表される. この x, y を $\vec{p}$ の**成分**といい, $\vec{p} = \begin{pmatrix} x \\ y \end{pmatrix}$ とかく.

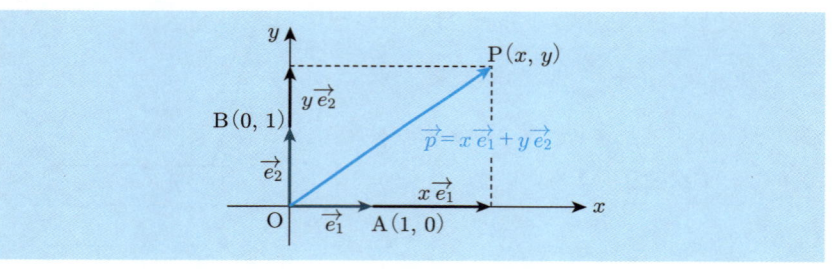

〈注〉　ベクトルの成分表示を (x, y) のように横書きにすることもある.

例 1.6　図において, 1 目盛の大きさは 1 とする.

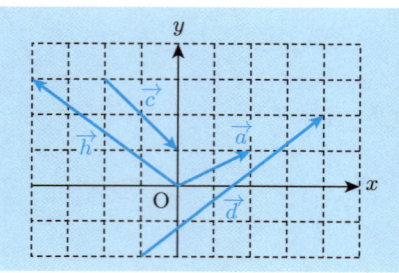

このとき, 図のベクトルを成分表示すると,

$$\vec{a} = \begin{pmatrix} 2 \\ 1 \end{pmatrix}, \quad \vec{b} = \begin{pmatrix} -4 \\ 3 \end{pmatrix}, \quad \vec{c} = \begin{pmatrix} 2 \\ -2 \end{pmatrix}, \quad \vec{d} = \begin{pmatrix} 5 \\ 4 \end{pmatrix}$$

⚠知っておきたいこと ベクトルの成分による計算について次のことが成り立つ. ただし k は実数とする.

$$\vec{a} = \begin{pmatrix} a_1 \\ a_2 \end{pmatrix}, \ \vec{b} = \begin{pmatrix} b_1 \\ b_2 \end{pmatrix} \ \text{について.}$$

(1) $\ \vec{a} + \vec{b} = \begin{pmatrix} a_1 \\ a_2 \end{pmatrix} + \begin{pmatrix} b_1 \\ b_2 \end{pmatrix} = \begin{pmatrix} a_1 + b_1 \\ a_2 + b_2 \end{pmatrix}$

(2) $\ k\vec{a} = k \begin{pmatrix} a_1 \\ a_2 \end{pmatrix} = \begin{pmatrix} ka_1 \\ ka_2 \end{pmatrix}$

(3) $\ |\vec{a}| = \sqrt{a_1{}^2 + a_2{}^2}$

〈注〉 $\ \vec{a} - \vec{b} = \begin{pmatrix} a_1 \\ a_2 \end{pmatrix} - \begin{pmatrix} b_1 \\ b_2 \end{pmatrix} = \begin{pmatrix} a_1 - b_1 \\ a_2 - b_2 \end{pmatrix}$ である.

例 1.7 $\ \vec{a} = \begin{pmatrix} 3 \\ -2 \end{pmatrix}, \ \vec{b} = \begin{pmatrix} 1 \\ 4 \end{pmatrix}$ のとき,

$$2\vec{a} + 3\vec{b} = 2 \begin{pmatrix} 3 \\ -2 \end{pmatrix} + 3 \begin{pmatrix} 1 \\ 4 \end{pmatrix} = \begin{pmatrix} 9 \\ 8 \end{pmatrix},$$

$$|2\vec{a} + 3\vec{b}| = \sqrt{9^2 + 8^2} = \sqrt{145} \qquad \blacksquare$$

問 1.2 A(1, 2), B(5, 0), C(4, 3) について, $\vec{a} = \overrightarrow{AB}$, $\vec{b} = \overrightarrow{AC}$ とするとき, 次を求めよ.

(1) $\ 3\vec{a} - 2\vec{b}$

(2) $\ |3\vec{a} - 2\vec{b}|$

例 1.8　A(1, 2), B(5, 0) のとき，$\overrightarrow{OA} = \begin{pmatrix} 1 \\ 2 \end{pmatrix}$, $\overrightarrow{OB} = \begin{pmatrix} 5 \\ 0 \end{pmatrix}$ であるから，

$$\overrightarrow{AB} = \overrightarrow{OB} - \overrightarrow{OA}$$

$$= \begin{pmatrix} 5 \\ 0 \end{pmatrix} - \begin{pmatrix} 1 \\ 2 \end{pmatrix} = \begin{pmatrix} 4 \\ -2 \end{pmatrix},$$

$$|\overrightarrow{AB}| = \sqrt{4^2 + (-2)^2} = 2\sqrt{5} \qquad \square$$

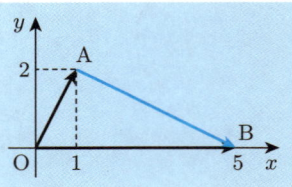

知っておきたいこと　一般に，A(x_1, y_1), B(x_2, y_2) に対して，

(1)　$\overrightarrow{AB} = \begin{pmatrix} x_2 - x_1 \\ y_2 - y_2 \end{pmatrix}$　　(2)　$|\overrightarrow{AB}| = \sqrt{(x_2 - x_1)^2 + (y_2 - y_1)^2}$

例題 1.1　ベクトル $\vec{a} = \begin{pmatrix} 2 \\ 1 \end{pmatrix}$, $\vec{b} = \begin{pmatrix} 1 \\ 3 \end{pmatrix}$, $\vec{c} = \begin{pmatrix} 8 \\ 9 \end{pmatrix}$ に対して，$\vec{c}$ を $\vec{c} = k\vec{a} + l\vec{b}$（$k$, l は実数）の形で表せ.

【解答】　$\begin{pmatrix} 8 \\ 9 \end{pmatrix} = k \begin{pmatrix} 2 \\ 1 \end{pmatrix} + l \begin{pmatrix} 1 \\ 3 \end{pmatrix} = \begin{pmatrix} 2k + l \\ k + 3l \end{pmatrix}$

より，

$$\begin{cases} 2k + l = 8 \\ k + 3l = 9 \end{cases}$$

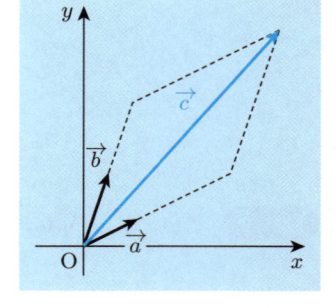

を満たす k, l を求めて，$k = 3$, $l = 2$. すなわち，

$$\vec{c} = 3\vec{a} + 2\vec{b} \qquad \text{答}$$

$k\vec{a} + l\vec{b}$（k, l は実数）の形のベクトルを $\vec{a}$，$\vec{b}$ の **1 次結合**もしくは**線形結合**という. 例題 1.1 では，$\vec{c}$ を $\vec{a}$, $\vec{b}$ の 1 次結合で表すと $\vec{c} = 3\vec{a} + 2\vec{b}$ となることを示した.

問 1.3　A(1, -1), B(4, -2), C(3, 3), D(-3, 5) とする. このとき，$\overrightarrow{AD}$ を $\overrightarrow{AB}$, $\overrightarrow{AC}$ の 1 次結合で表せ.

■ 1.3　平面におけるベクトルの内積

内積の定義　この節では，ベクトルの内積を定義し，成り立つ性質を導く.

定義 1.1　ベクトルの内積

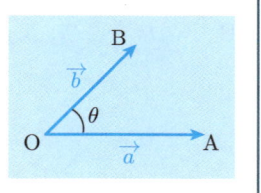

$\vec{0}$ でないベクトル $\vec{a}$, $\vec{b}$ に対して，$\vec{a} = \overrightarrow{OA}$, $\vec{b} = \overrightarrow{OB}$ となるとき，$\theta = \angle AOB$ を $\vec{a}$ と $\vec{b}$ の**なす角**という. ただし，$0° \leqq \theta \leqq 180°$ とする. このとき，$|\vec{a}||\vec{b}|\cos\theta$ を $\vec{a}$ と $\vec{b}$ の**内積**といい，$\vec{a} \cdot \vec{b}$ とかく.

〈注〉　$\vec{a} = \vec{0}$ または $\vec{b} = \vec{0}$ のときは，$\vec{a} \cdot \vec{b} = 0$ と定める.

例 1.9　$|\vec{a}| = 2$, $|\vec{b}| = 3$ で，$\vec{a}$ と $\vec{b}$ のなす角が $60°$ のとき，$\vec{a}$ と $\vec{b}$ の内積の値は，

$$\vec{a} \cdot \vec{b} = 2 \cdot 3 \cdot \cos 60° = 3$$

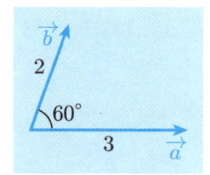

例題 1.2　図において，$AB = BC = 1$, $\angle ABC = 90°$ である. 次の内積の値をそれぞれ求めよ.
(1) $\overrightarrow{AB} \cdot \overrightarrow{AC}$
(2) $\overrightarrow{AB} \cdot \overrightarrow{BC}$
(3) $\overrightarrow{AC} \cdot \overrightarrow{CB}$

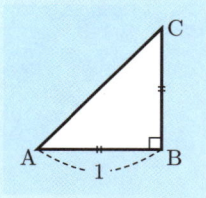

【解答】　(1)　$\overrightarrow{AB} \cdot \overrightarrow{AC} = 1 \cdot \sqrt{2} \cdot \cos 45° = 1$　答
(2)　$\overrightarrow{AB} \cdot \overrightarrow{BC} = 1 \cdot 1 \cdot \cos 90° = 0$　答
(3)　$\overrightarrow{AC} \cdot \overrightarrow{CB} = \sqrt{2} \cdot 1 \cdot \cos 135° = -1$　答

知っておきたいこと　$\vec{0}$ でない 2 つのベクトル $\vec{a}$ と $\vec{b}$ のなす角が $90°$ であるとき，$\vec{a}$ と $\vec{b}$ は**垂直**であるといい，$\vec{a} \perp \vec{b}$ とかく. したがって，

$$\vec{a} \perp \vec{b} \iff \vec{a} \cdot \vec{b} = 0$$

内積の性質　ベクトル $\vec{a} = \begin{pmatrix} a_1 \\ a_2 \end{pmatrix}$, $\vec{b} = \begin{pmatrix} b_1 \\ b_2 \end{pmatrix}$ に対して，$\vec{a} = \overrightarrow{OA}$, $\vec{b} = \overrightarrow{OB}$ を満たす点 A, B をとる．

$$\vec{a} \cdot \vec{b} = |\vec{a}||\vec{b}| \cos \angle AOB$$
$$= OA \cdot OB \cos \angle AOB$$

である．ここで，$\triangle OAB$ に余弦定理を用いると，

$$AB^2 = OA^2 + OB^2 - 2OA \cdot OB \cos \angle AOB$$

であるから，

$$OA^2 = |\vec{a}|^2 = a_1{}^2 + a_2{}^2,$$
$$OB^2 = |\vec{b}|^2 = b_1{}^2 + b_2{}^2,$$
$$AB^2 = |\overrightarrow{AB}|^2 = (b_1 - a_1)^2 + (b_2 - a_2)^2$$

より

$$\vec{a} \cdot \vec{b} = \frac{1}{2}(OA^2 + OB^2 - AB^2) = a_1 b_1 + a_2 b_2$$

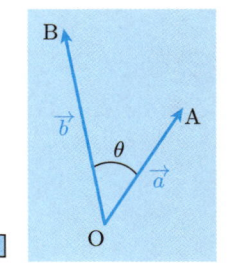

🛈 **知っておきたいこと**　次の成分表示されたベクトルの内積公式が成り立つ．

$$\vec{a} = \begin{pmatrix} a_1 \\ a_2 \end{pmatrix}, \ \vec{b} = \begin{pmatrix} b_1 \\ b_2 \end{pmatrix} \text{ のとき, } \ \vec{a} \cdot \vec{b} = a_1 b_1 + a_2 b_2$$

例 1.10　$O(0, 0)$, $A(2, 3)$, $B(-1, 5)$ のとき，$\overrightarrow{OA} = \begin{pmatrix} 2 \\ 3 \end{pmatrix}$, $\overrightarrow{OB} = \begin{pmatrix} -1 \\ 5 \end{pmatrix}$ であるから，成分から内積の値を求めると，

$$\overrightarrow{OA} \cdot \overrightarrow{OB} = 2 \cdot (-1) + 3 \cdot 5 = 13$$

ここで，$\theta = \angle AOB$ とすると内積の定義より，

$$\overrightarrow{OA} \cdot \overrightarrow{OB} = \sqrt{13} \cdot \sqrt{26} \cos \theta = 13\sqrt{2} \cos \theta$$

したがって，$13\sqrt{2} \cos \theta = 13$ より $\cos \theta = \dfrac{1}{\sqrt{2}}$

ゆえに，$\theta = 45°$

問 1.4 $\overrightarrow{a} \cdot \overrightarrow{b}$ の値を求めよ. また, $\overrightarrow{a}$ と $\overrightarrow{b}$ のなす角を θ とするとき, $\cos\theta$ の値を求めよ. (1) $\overrightarrow{a} = \begin{pmatrix} 3 \\ 1 \end{pmatrix}, \overrightarrow{b} = \begin{pmatrix} -1 \\ 1 \end{pmatrix}$ (2) $\overrightarrow{a} = \begin{pmatrix} 3 \\ 4 \end{pmatrix}, \overrightarrow{b} = \begin{pmatrix} -8 \\ 6 \end{pmatrix}$

問 1.5 O(0, 0), A(0, 2), B(3, 4), $\overrightarrow{OA} = \overrightarrow{a}$, $\overrightarrow{AB} = \overrightarrow{d}$ とするとき, $\overrightarrow{a} + t\overrightarrow{d}$ と $\overrightarrow{d}$ が垂直になるような t の値を求めよ.

🗨 **知っておきたいこと** ベクトルの内積について, 次のことが成り立つ.

> (1) $\overrightarrow{a} \cdot \overrightarrow{b} = \overrightarrow{b} \cdot \overrightarrow{a}$ (2) $\overrightarrow{a} \cdot (\overrightarrow{b} + \overrightarrow{c}) = \overrightarrow{a} \cdot \overrightarrow{b} + \overrightarrow{a} \cdot \overrightarrow{c}$
>
> (3) $(k\overrightarrow{a}) \cdot \overrightarrow{b} = \overrightarrow{a} \cdot (k\overrightarrow{b}) = k(\overrightarrow{a} \cdot \overrightarrow{b})$ (4) $\overrightarrow{a} \cdot \overrightarrow{a} = |\overrightarrow{a}|^2$

例 1.11
$$(\overrightarrow{a} - \overrightarrow{b}) \cdot (\overrightarrow{a} + 2\overrightarrow{b}) = (\overrightarrow{a} - \overrightarrow{b}) \cdot \overrightarrow{a} + (\overrightarrow{a} - \overrightarrow{b}) \cdot (2\overrightarrow{b})$$
$$= \overrightarrow{a} \cdot (\overrightarrow{a} - \overrightarrow{b}) + (2\overrightarrow{b}) \cdot (\overrightarrow{a} - \overrightarrow{b})$$
$$= \overrightarrow{a} \cdot \overrightarrow{a} - \overrightarrow{a} \cdot \overrightarrow{b} + (2\overrightarrow{b}) \cdot \overrightarrow{a} - (2\overrightarrow{b}) \cdot \overrightarrow{b}$$
$$= |\overrightarrow{a}|^2 + \overrightarrow{a} \cdot \overrightarrow{b} - 2|\overrightarrow{b}|^2$$
□

〈注〉 内積の性質 (1)–(4) は, 内積 $(\overrightarrow{a} - \overrightarrow{b}) \cdot (\overrightarrow{a} + 2\overrightarrow{b})$ の計算が数の式の展開 $(a - b)(a + 2b) = a^2 + ab - 2b^2$ のように計算できることを保証している.

例 1.12
(1) $(\overrightarrow{a} + \overrightarrow{b}) \cdot (\overrightarrow{a} - \overrightarrow{b}) = |\overrightarrow{a}|^2 - \overrightarrow{a} \cdot \overrightarrow{b} + \overrightarrow{b} \cdot \overrightarrow{a} - |\overrightarrow{b}|^2 = |\overrightarrow{a}|^2 - |\overrightarrow{b}|^2$
(2) $|\overrightarrow{a} + \overrightarrow{b}|^2 = (\overrightarrow{a} + \overrightarrow{b}) \cdot (\overrightarrow{a} + \overrightarrow{b}) = |\overrightarrow{a}|^2 + 2\overrightarrow{a} \cdot \overrightarrow{b} + |\overrightarrow{b}|^2$
□

例題 1.3 $|\overrightarrow{a}| = 3$, $|\overrightarrow{b}| = 2$, $\overrightarrow{a} \cdot \overrightarrow{b} = -1$ のとき, $|\overrightarrow{a} - \overrightarrow{b}|$ の値を求めよ.

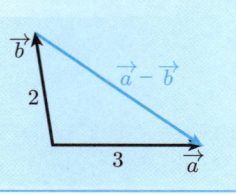

【解答】 $|\overrightarrow{a} - \overrightarrow{b}|^2 = (\overrightarrow{a} - \overrightarrow{b}) \cdot (\overrightarrow{a} - \overrightarrow{b}) = |\overrightarrow{a}|^2 - 2(\overrightarrow{a} \cdot \overrightarrow{b}) + |\overrightarrow{b}|^2 = 15$
∴ $|\overrightarrow{a} - \overrightarrow{b}| = \sqrt{15}$ **答**

問 1.6 $|\overrightarrow{a}| = 4$, $|\overrightarrow{b}| = 5$, $|\overrightarrow{a} - \overrightarrow{b}| = 6$ のとき, 次の値を求めよ.
(1) $\overrightarrow{a} \cdot \overrightarrow{b}$ (2) $|2\overrightarrow{a} + \overrightarrow{b}|$

■ 1.4　内分点・外分点の位置ベクトル

位置ベクトル　平面上に基準点 O を定めると，任意の点 P に対して，$\overrightarrow{OP} = \vec{p}$ を満たすベクトル $\vec{p}$ が決まる．このとき，この $\vec{p}$ を O を基準点とする点 P の**位置ベクトル**という．点を位置ベクトルで，P($\vec{p}$) のように表す．

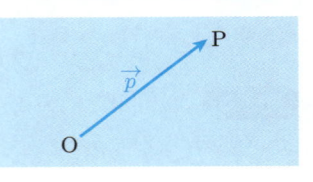

$\overrightarrow{AB} = \overrightarrow{OB} - \overrightarrow{OA}$ であるから，2点 A($\vec{a}$), B($\vec{b}$) に対して，$\overrightarrow{AB} = \vec{b} - \vec{a}$ である．

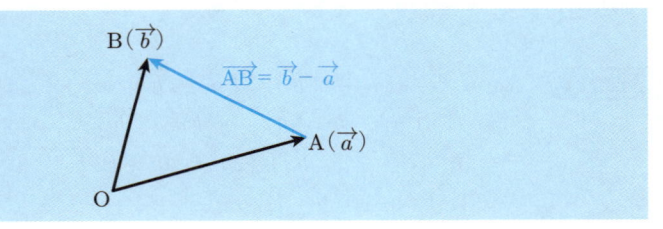

内分点の位置ベクトル　2点 A($\vec{a}$), B($\vec{b}$) を結ぶ線分 AB を $m : n$ に内分する点 P の位置ベクトルを $\vec{p}$ とする．

$$\overrightarrow{AP} = \frac{m}{m+n} \overrightarrow{AB}$$

であるから，$\overrightarrow{AP} = \vec{p} - \vec{a}$, $\overrightarrow{AB} = \vec{b} - \vec{a}$ より

$$\vec{p} - \vec{a} = \frac{m}{m+n} \left(\vec{b} - \vec{a} \right)$$

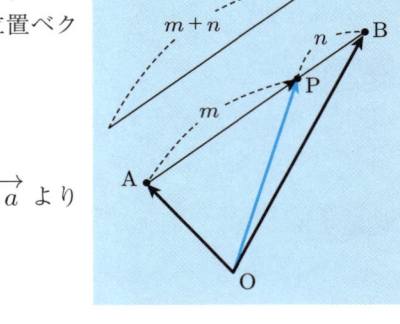

ゆえに，

$$\vec{p} = \frac{n\vec{a} + m\vec{b}}{m+n} \quad \text{（内分点の位置ベクトル）}$$

同じようにすると，次が得られる.

外分点の位置ベクトル 2 点 $A(\vec{a})$, $B(\vec{b})$ を結ぶ線分 AB を $m:n$ に外分する点 Q の位置ベクトル $\vec{q}$ は，

$$\vec{q} = \frac{-n\,\vec{a} + m\,\vec{b}}{m-n} \qquad \text{(外分点の位置ベクトル)}$$

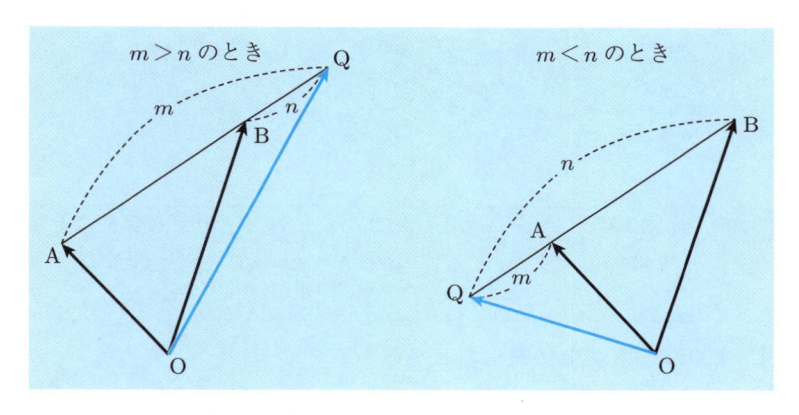

例 1.13 2 点 $A(\vec{a})$, $B(\vec{b})$ を結ぶ線分 AB を $2:1$ に内分する点を $P(\vec{p})$, $2:1$ に外分する点を $Q(\vec{q})$ とすると，

$$\vec{p} = \frac{\vec{a} + 2\,\vec{b}}{2+1} = \frac{\vec{a} + 2\,\vec{b}}{3}, \quad \vec{q} = \frac{-\vec{a} + 2\,\vec{b}}{2-1} = -\vec{a} + 2\,\vec{b}$$

ここで，$\vec{a} = \begin{pmatrix} -2 \\ 8 \end{pmatrix}$, $\vec{b} = \begin{pmatrix} 4 \\ -1 \end{pmatrix}$ とすると，

$$\vec{p} = \frac{1}{3}\begin{pmatrix} -2 \\ 8 \end{pmatrix} + \frac{2}{3}\begin{pmatrix} 4 \\ -1 \end{pmatrix} = \begin{pmatrix} 2 \\ 2 \end{pmatrix},$$

$$\vec{q} = -\begin{pmatrix} -2 \\ 8 \end{pmatrix} + 2\begin{pmatrix} 4 \\ -1 \end{pmatrix} = \begin{pmatrix} 10 \\ -10 \end{pmatrix}$$

のように計算できる.

3 点が一直線上にあるための条件　3 点が一直線上にあるための条件をベクトルを用いて表すと次のようになる.

P は直線 AB 上にある $\Longleftrightarrow$ $\overrightarrow{\text{AP}} = t\overrightarrow{\text{AB}}$ を満たす実数 t が存在する

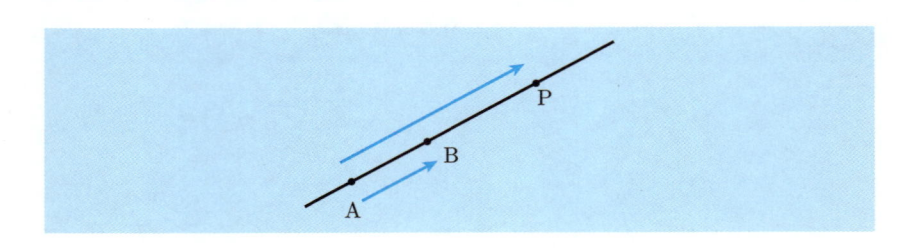

例題 1.4　平面上の 3 点 A$(-1, 1)$, B$(2, 3)$, P$(\alpha, 0)$ が一直線上にあるとき, 定数 α を求めよ. また, このときの $\overrightarrow{\text{AP}} = k\overrightarrow{\text{AB}}$ を満たす定数 k を求めよ.

【解答】　3 点が一直線上にあることから, $\overrightarrow{\text{AP}} = k\overrightarrow{\text{AB}}$ を満たす定数 k が存在する.

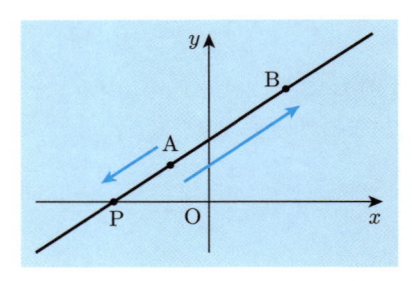

このとき, $\begin{pmatrix} \alpha + 1 \\ -1 \end{pmatrix} = k \begin{pmatrix} 3 \\ 2 \end{pmatrix}$ より,

$$\begin{cases} \alpha + 1 = 3k \\ -1 = 2k \end{cases}$$

$$\therefore \quad \begin{cases} \alpha = -\dfrac{5}{2} \\ k = -\dfrac{1}{2} \end{cases} \quad \text{答}$$

問 1.7　$\triangle$OAB において, $\vec{a} = \overrightarrow{\text{OA}}$, $\vec{b} = \overrightarrow{\text{OB}}$ とおく. $\overrightarrow{\text{OP}} = 2\vec{a} + 3\vec{b}$ を満たす点を P, 線分 AB を $3:2$ に内分する点を Q とする. このとき, 3 点 O, P, Q が一直線上にあることを示せ.

■ **1.5 空間の座標**

空間の座標 xy 平面の原点 O を通り，xy 平面に垂直な直線を z 軸として，互いに直交する x 軸，y 軸，z 軸を座標軸と定めると，空間内の点 P の位置が 3 つの実数の組 (a, b, c) で表される．(a, b, c) を P の**座標**といい，a, b, c を P の $\boldsymbol{x}$ **座標**，$\boldsymbol{y}$ **座標**，$\boldsymbol{z}$ **座標**という．

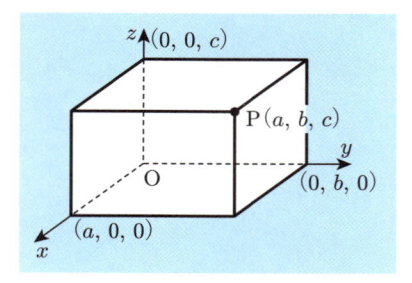

x 軸と y 軸を含む平面を $\boldsymbol{xy}$ **平面**，

y 軸と z 軸を含む平面を $\boldsymbol{yz}$ **平面**，

x 軸と z 軸を含む平面を $\boldsymbol{xz}$ **平面**といい，これらを**座標平面**とよぶ．

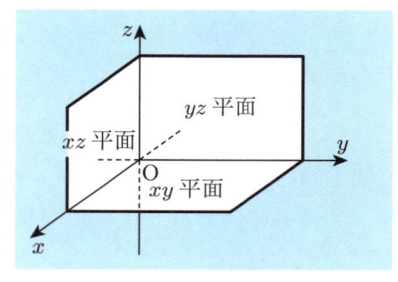

例 1.14 座標空間において点 A(3, 4, 1) の xy 平面に関して対称な点 B の座標は，B(3, 4, −1) である．　□

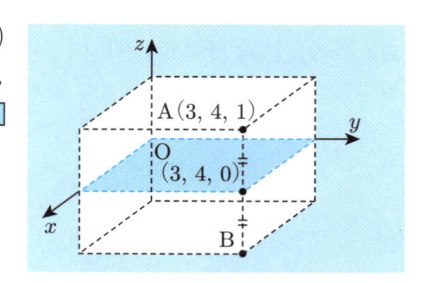

例題 1.5 例 1.14 における点 A(3, 4, 1) の次の図形に関して対称な点の座標を求めよ．

(1) yz 平面　(2) xz 平面　(3) x 軸　(4) y 軸　(5) z 軸

【**解答**】 (1) $(-3, 4, 1)$ 答　　(2) $(3, -4, 1)$ 答

(3) $(3, -4, -1)$ 答　　(4) $(-3, 4, -1)$ 答

(5) $(-3, -4, 1)$ 答

例 1.15　　P(a, b, c) から，x 軸，y 軸，z 軸へ下ろした垂線の足を Q, R, S とすると，Q$(a, 0, 0)$, R$(0, b, 0)$, S$(0, 0, c)$ である.

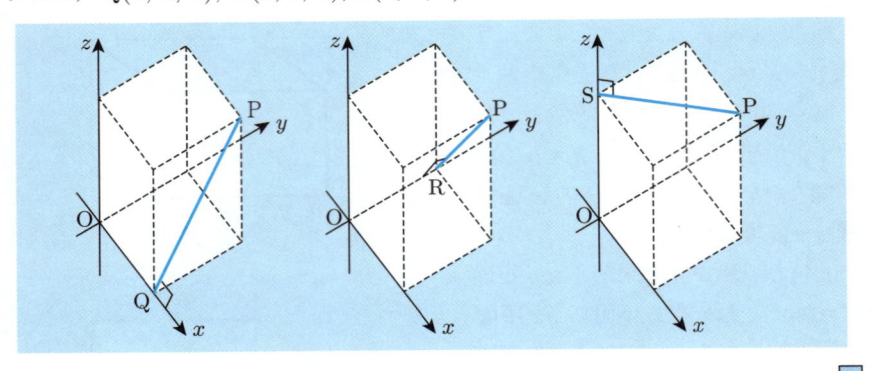

例 1.16　　P(x, y, z) から xy 平面へ下ろした垂線の足を H とすると，H$(x, y, 0)$ である.

ここで，OH $= \sqrt{x^2 + y^2}$, PH $= |z|$ であるから，直角三角形 OHP にピタゴラスの定理を用いて，

$$OP = \sqrt{OH^2 + PH^2}$$
$$= \sqrt{x^2 + y^2 + z^2}$$

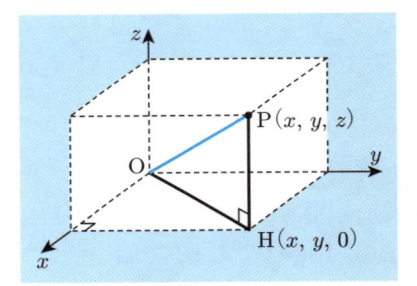

⚠ **知っておきたいこと**　　この例より，次の公式を得る.

O$(0, 0, 0)$ と P(x, y, z) の距離は，
$$OP = \sqrt{x^2 + y^2 + z^2} \quad \textbf{（原点からの距離）}$$

問 1.8　　原点 $(0, 0, 0)$ と次の点との距離を求めよ.

(1)　$(2, -2, 1)$　　　(2)　$(2, -3, 4)$　　　(3)　$(1, 0, -3)$　　　(4)　$(0, 0, 4)$

■ **1.6 空間のベクトル**

平面におけるベクトルと同じように空間におけるベクトルも考えられる．大きさと向きが同じ有向線分は，同じベクトルを表す．加法・実数倍の定義や法則も，平面上の場合と同様である．

ベクトルの和・実数倍

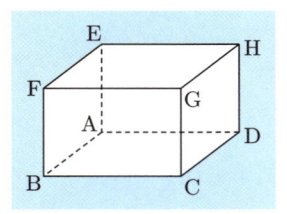

(i) 空間内の 4 点 O, A, B, C について,

 (1) $\overrightarrow{AB} + \overrightarrow{BC} = \overrightarrow{AC}$

 (2) $\overrightarrow{OB} - \overrightarrow{OA} = \overrightarrow{AB}$

 (3) $\overrightarrow{AA} = \vec{0}$

 (4) $\overrightarrow{BA} = -\overrightarrow{AB}$

(ii) ベクトルの和・実数倍における法則 (k, l は実数)

 (1) $\vec{a} + \vec{b} = \vec{b} + \vec{a}$ (2) $(\vec{a} + \vec{b}) + \vec{c} = \vec{a} + (\vec{b} + \vec{c})$

 (3) $k(l\vec{a}) = (kl)\vec{a}$ (4) $(k + l)\vec{a} = k\vec{a} + l\vec{a}$

 (5) $k(\vec{a} + \vec{b}) = k\vec{a} + k\vec{b}$

例 1.17 図の直方体 ABCDEFGH において,

$$\overrightarrow{AB} = \overrightarrow{DC} = \overrightarrow{EF} = \overrightarrow{HG},$$
$$\overrightarrow{CH} = \overrightarrow{CD} + \overrightarrow{DH} = -\overrightarrow{AB} + \overrightarrow{AE},$$
$$\overrightarrow{AG} = \overrightarrow{AC} + \overrightarrow{CG} = \overrightarrow{AB} + \overrightarrow{BC} + \overrightarrow{CG} \quad \square$$

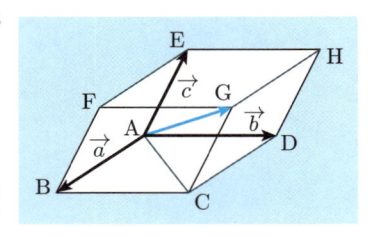

3 組の向かい合った面が平行な六面体を**平行六面体**という．平行六面体のどの面も平行四辺形である．

例 1.18 平行六面体 ABCDEFGH において, $\vec{a} = \overrightarrow{AB},\ \vec{b} = \overrightarrow{AD},\ \vec{c} = \overrightarrow{AE}$ とすると,

$$\overrightarrow{AD} = \overrightarrow{BC} = \overrightarrow{FG} = \overrightarrow{EH} = \vec{b},$$
$$\overrightarrow{AG} = \overrightarrow{AC} + \overrightarrow{CG} = \overrightarrow{AB} + \overrightarrow{BC} + \overrightarrow{CG}$$
$$= \vec{a} + \vec{b} + \vec{c} \quad \square$$

ベクトルの 1 次独立　同一平面上にない 4 点 O, A, B, C に対して，$\vec{a} = \overrightarrow{OA}$，$\vec{b} = \overrightarrow{OB}$，$\vec{c} = \overrightarrow{OC}$ とすると，空間内の任意のベクトル $\vec{p}$ は，

$$\vec{p} = x\vec{a} + y\vec{b} + z\vec{c}$$

の形でただ 1 通りに表せる．このようなとき，$\vec{a}$, $\vec{b}$, $\vec{c}$ は，**1 次独立**である
という．

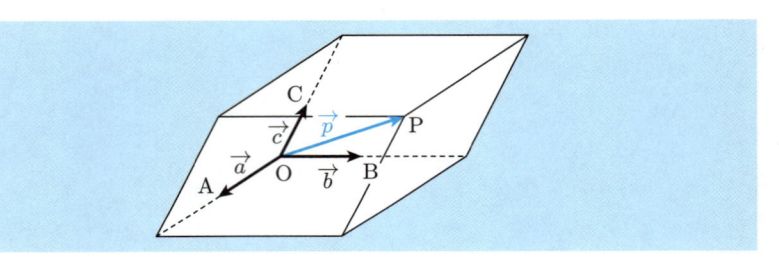

$\vec{a}$, $\vec{b}$, $\vec{c}$ は，1 次独立であるとき，次が成り立つ．

$$x\vec{a} + y\vec{b} + z\vec{c} = x'\vec{a} + y'\vec{b} + z'\vec{c} \iff x = x', y = y', z = z'$$

平面のときと同様に，

$$x\vec{a} + y\vec{b} + z\vec{c} \quad (x, y, z \text{ は実数})$$

の形のベクトルを $\vec{a}$, $\vec{b}$, $\vec{c}$ の **1 次結合**もしくは**線形結合**という．

問 1.9　例 1.18 の平行六面体 ABCDEFGH において，次のベクトルを $\vec{a}$, $\vec{b}$, $\vec{c}$
を用いて表せ．

(1) $\overrightarrow{CD}$　　(2) $\overrightarrow{BF}$　　(3) $\overrightarrow{AF}$　　(4) $\overrightarrow{CE}$　　(5) $\overrightarrow{BH}$

■ 1.7　ベクトルの成分表示

ベクトルの成分表示　xyz 空間において，O(0, 0, 0)，A(1, 0, 0)，B(0, 1, 0)，C(0, 0, 1) とし，$\vec{e_1} = \overrightarrow{OA}$，$\vec{e_2} = \overrightarrow{OB}$，$\vec{e_3} = \overrightarrow{OC}$ とおく．このとき，点 P(α, β, γ) に対して，$\vec{p} = \overrightarrow{OP}$ とすると，

$$\vec{p} = \alpha\vec{e_1} + \beta\vec{e_2} + \gamma\vec{e_3}$$

と表される．この α, β, γ を $\vec{p}$ の**成分**といい，

$$\vec{p} = \begin{pmatrix} \alpha \\ \beta \\ \gamma \end{pmatrix}$$

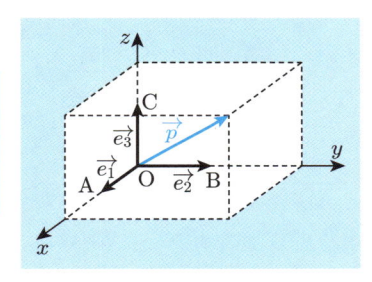

とかく．

〈注〉　ベクトルの成分表示を (α, β, γ) のように行ベクトルとして表すこともある．

　一般に，平面のときと同様に，空間においても次のことが成り立つ．

ベクトルの成分による計算　$\vec{a} = \begin{pmatrix} a_1 \\ a_2 \\ a_3 \end{pmatrix}$，$\vec{b} = \begin{pmatrix} b_1 \\ b_2 \\ b_3 \end{pmatrix}$ のとき，

(1)　$\vec{a} = \vec{b} \iff a_1 = b_1,\ a_2 = b_2,\ a_3 = b_3$

(2)　$|\vec{a}| = \sqrt{a_1{}^2 + a_2{}^2 + a_3{}^2}$

(3)　$\vec{a} + \vec{b} = \begin{pmatrix} a_1 + b_1 \\ a_2 + b_2 \\ a_3 + b_3 \end{pmatrix}$，$\vec{a} - \vec{b} = \begin{pmatrix} a_1 - b_1 \\ a_2 - b_2 \\ a_3 - b_3 \end{pmatrix}$

(4)　$k\vec{a} = \begin{pmatrix} ka_1 \\ ka_2 \\ ka_3 \end{pmatrix}$　　（k は実数）

例 1.19　$\vec{a} = \begin{pmatrix} 2 \\ 2 \\ -1 \end{pmatrix}$, $\vec{b} = \begin{pmatrix} 1 \\ -3 \\ 1 \end{pmatrix}$ のとき,

$$2\vec{a} + 3\vec{b} = 2\begin{pmatrix} 2 \\ 2 \\ -1 \end{pmatrix} + 3\begin{pmatrix} 1 \\ -3 \\ 1 \end{pmatrix} = \begin{pmatrix} 7 \\ -5 \\ 1 \end{pmatrix}$$

$$|2\vec{a} + 3\vec{b}| = \sqrt{7^2 + (-5)^2 + 1^2} = 5\sqrt{3}$$

$\overrightarrow{AB} = \overrightarrow{OB} - \overrightarrow{OA}$ であるから, 次のことが成り立つ.

知っておきたいこと　$A(a_1, a_2, a_3)$, $B(b_1, b_2, b_3)$ のとき,

$$\overrightarrow{AB} = \begin{pmatrix} b_1 - a_1 \\ b_2 - a_2 \\ b_3 - a_3 \end{pmatrix}, \quad |\overrightarrow{AB}| = \sqrt{(b_1 - a_1)^2 + (b_2 - a_2)^2 + (b_3 - a_3)^2}$$

例 1.20　$O(0, 0, 0)$, $A(2\sqrt{3}, 0, 0)$, $B(\sqrt{3}, 3, 0)$, $C(\sqrt{3}, 1, 2\sqrt{2})$ について, $\overrightarrow{AB}, \overrightarrow{AC}, \overrightarrow{BC}$ を成分表示すると

$$\overrightarrow{AB} = \begin{pmatrix} -\sqrt{3} \\ 3 \\ 0 \end{pmatrix}, \quad \overrightarrow{AC} = \begin{pmatrix} -\sqrt{3} \\ 1 \\ 2\sqrt{2} \end{pmatrix}, \quad \overrightarrow{BC} = \begin{pmatrix} 0 \\ -2 \\ 2\sqrt{2} \end{pmatrix}$$

$\overrightarrow{AB}, \overrightarrow{AC}, \overrightarrow{BC}$ の大きさを求めると

$$|\overrightarrow{AB}| = \sqrt{(-\sqrt{3})^2 + 3^2 + 0^2} = 2\sqrt{3},$$
$$|\overrightarrow{AC}| = \sqrt{(-\sqrt{3})^2 + 1^2 + (2\sqrt{2})^2} = 2\sqrt{3},$$
$$|\overrightarrow{BC}| = \sqrt{0^2 + (-2)^2 + (2\sqrt{2})^2} = 2\sqrt{3}$$

したがって, △ABC は正三角形である.

また, $|\overrightarrow{OA}| = |\overrightarrow{OB}| = |\overrightarrow{OC}| = |\overrightarrow{AB}| = |\overrightarrow{AC}| = |\overrightarrow{BC}| = 2\sqrt{3}$ であるから, 四面体 OABC は正四面体である.

例題 1.6

$$\vec{a} = \begin{pmatrix} 1 \\ 1 \\ -1 \end{pmatrix}, \quad \vec{b} = \begin{pmatrix} 2 \\ -1 \\ 3 \end{pmatrix}, \quad \vec{c} = \begin{pmatrix} 1 \\ 2 \\ 4 \end{pmatrix}, \quad \vec{d} = \begin{pmatrix} 7 \\ 0 \\ -2 \end{pmatrix}$$

とする. このとき, $\vec{d}$ を $\vec{a}$, $\vec{b}$, $\vec{c}$ の 1 次結合で表せ.

【解答】
$$\begin{pmatrix} 7 \\ 0 \\ -2 \end{pmatrix} = x \begin{pmatrix} 1 \\ 1 \\ -1 \end{pmatrix} + y \begin{pmatrix} 2 \\ -1 \\ 3 \end{pmatrix} + z \begin{pmatrix} 1 \\ 2 \\ 4 \end{pmatrix}$$

$$= \begin{pmatrix} x + 2y + z \\ x - y + 2z \\ -x + 3y + 4z \end{pmatrix}$$

より,

$$\begin{cases} x + 2y + z = 7 \\ x - y + 2z = 0 \\ -x + 3y + 4z = -2 \end{cases}$$

を満たす x, y, z を求めて,

$$\begin{cases} x = 4 \\ y = 2 \\ z = -1 \end{cases}$$

よって, $\vec{d} = 4\vec{a} + 2\vec{b} - \vec{c}$ 【答】

3 点が一直線上にあるための条件　空間においても，点が一直線上にあるための条件は，次の通りである．

> 点 P は直線 AB 上にある
> $\iff \overrightarrow{AP} = t\overrightarrow{AB}$ を満たす実数 t が存在する

例題 1.7　3 点 P$(1, 2, 3)$, Q$(4, 0, 2)$, R$(-8, 8, 6)$ が一直線上にあることを示せ．また，PQ : QR を求めよ．

【解答】　$\overrightarrow{PQ} = \begin{pmatrix} 3 \\ -2 \\ -1 \end{pmatrix}$, $\overrightarrow{PR} = \begin{pmatrix} -9 \\ 6 \\ 3 \end{pmatrix}$ より，

$$\overrightarrow{PR} = -3 \begin{pmatrix} 3 \\ -2 \\ -1 \end{pmatrix} = -3\overrightarrow{PQ}$$

ゆえに，P, Q, R は一直線上にある．**証終**

また，PQ : QR = 1 : 4　**答**

問 1.10　$\vec{a} = \begin{pmatrix} 1 \\ 2 \\ -3 \end{pmatrix}$, $\vec{b} = \begin{pmatrix} 2 \\ -1 \\ -1 \end{pmatrix}$ のとき，$2\vec{a} - 3\vec{b}$ および $|2\vec{a} - 3\vec{b}|$ を求めよ．

問 1.11　O$(0, 0, 0)$, A$(1, -1, 3)$, B$(-1, 4, 2)$, C$(2, 2, 1)$, D$(9, -3, 2)$ とする．このとき，$\overrightarrow{OD}$ を $x\overrightarrow{OA} + y\overrightarrow{OB} + z\overrightarrow{OC}$ の形で表せ．

問 1.12　空間内に 2 点 A$(1, 4, 2)$, B$(-1, 7, 4)$ がある．このとき，直線 AB と xy 平面の交点 P の座標を求めよ．

■ 1.8 空間におけるベクトルの内積

空間におけるベクトルの内積の定義も，平面の場合と同様である．

空間におけるベクトルの内積　$\vec{0}$ でないベクトル $\vec{a}$，$\vec{b}$
に対して，$\vec{a}$ と $\vec{b}$ のなす角を θ とすると，$\vec{a}$ と $\vec{b}$ の
内積は $\vec{a} \cdot \vec{b} = |\vec{a}||\vec{b}|\cos\theta$ で定義される．ただし，
$0° \leqq \theta \leqq 180°$ とする．

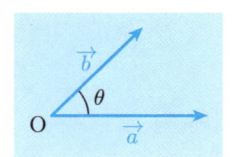

〈注〉　$\vec{a} = \vec{0}$ または $\vec{b} = \vec{0}$ のときは，$\vec{a} \cdot \vec{b} = 0$ と定める．

成分表示されたベクトルの内積について，次の公式が成り立つ．

$$\vec{a} = \begin{pmatrix} a_1 \\ a_2 \\ a_3 \end{pmatrix}, \vec{b} = \begin{pmatrix} b_1 \\ b_2 \\ b_3 \end{pmatrix} \text{ のとき,}$$

$$\vec{a} \cdot \vec{b} = a_1 b_1 + a_2 b_2 + a_3 b_3 \quad \text{(ベクトルの内積の成分表示)}$$

〈注〉　平面の場合と同様，余弦定理を用いて導かれる．

例 1.21　$\vec{a} = \begin{pmatrix} 0 \\ -1 \\ 1 \end{pmatrix}$ と $\vec{b} = \begin{pmatrix} 2 \\ 1 \\ -2 \end{pmatrix}$ の内積の値は，

$$\vec{a} \cdot \vec{b} = 0 \cdot 2 + (-1) \cdot 1 + 1 \cdot (-2) = -3$$

ここで，$\vec{a}$ と $\vec{b}$ のなす角を θ とすると，内積の定義より，

$$\vec{a} \cdot \vec{b} = |\vec{a}||\vec{b}|\cos\theta = \sqrt{2} \cdot 3 \cdot \cos\theta = 3\sqrt{2}\cos\theta$$

したがって，$3\sqrt{2}\cos\theta = -3$ より　$\cos\theta = -\dfrac{1}{\sqrt{2}}$　∴ $\theta = 135°$　□

知っておきたいこと　平面の場合と同様に，以下のベクトルの内積の性質が空間
のベクトルについても成り立つ．

(i)　$\vec{a} \cdot \vec{b} = \vec{b} \cdot \vec{a}$　　(ii)　$\vec{a} \cdot (\vec{b} + \vec{c}) = \vec{a} \cdot \vec{b} + \vec{a} \cdot \vec{c}$

(iii)　$(k\vec{a}) \cdot \vec{b} = \vec{a} \cdot (k\vec{b}) = k(\vec{a} \cdot \vec{b})$　　(iv)　$\vec{a} \cdot \vec{a} = |\vec{a}|^2$

例題 1.8

$$\vec{a} = \begin{pmatrix} 1 \\ 3 \\ -2 \end{pmatrix}, \ \vec{b} = \begin{pmatrix} 3 \\ 5 \\ 1 \end{pmatrix} \ \text{のとき,次の値を求めよ.}$$

(1) $|\vec{a}|$ (2) $|\vec{b}|$ (3) $\vec{a} \cdot \vec{b}$ (4) $|5\vec{a} - 4\vec{b}|$

【解答】 (1) $|\vec{a}| = \sqrt{1^2 + 3^2 + (-2)^2} = \sqrt{14}$ 答

(2) $|\vec{b}| = \sqrt{3^2 + 5^2 + 1^2} = \sqrt{35}$ 答

(3) $\vec{a} \cdot \vec{b} = 1 \cdot 3 + 3 \cdot 5 + (-2) \cdot 1 = 16$ 答

(4) $|5\vec{a} - 4\vec{b}|^2 = 25|\vec{a}|^2 - 40(\vec{a} \cdot \vec{b}) + 16|\vec{b}|^2$
$$= 350 - 640 + 560 = 270$$

ゆえに, $|\vec{a} + 2\vec{b}| = \sqrt{270} = 3\sqrt{30}$ 答

〈注〉 (4) では,$5\vec{a} - 4\vec{b} = (-7, -5, -14)$ であることから,

$$|5\vec{a} - 4\vec{b}| = \sqrt{(-7)^2 + (-5)^2 + (-14)^2} = \sqrt{270} = 3\sqrt{30}$$

と計算した方が速いかもしれない.

問 1.13 $\vec{a}$ と $\vec{b}$ のなす角を θ とするとき,$\vec{a} \cdot \vec{b}$ および $\cos\theta$ の値を求めよ.

(1) $\vec{a} = \begin{pmatrix} -1 \\ 1 \\ 2 \end{pmatrix}, \ \vec{b} = \begin{pmatrix} 1 \\ 1 \\ 1 \end{pmatrix}$ (2) $\vec{a} = \begin{pmatrix} 1 \\ 2 \\ 1 \end{pmatrix}, \ \vec{b} = \begin{pmatrix} 7 \\ -1 \\ -5 \end{pmatrix}$

問 1.14 3 点 A(0, 1, −2), B(3, 0, −1), C(1, 2, −4) がある.このとき,$\overrightarrow{AB} \cdot \overrightarrow{AC}$ の値を求めよ.また,△ABC の面積を求めよ.

問 1.15 AB = 4, AD = 3, AE = 2, ∠BAD = 120°, ∠DAE = 60°, ∠BAE = 90° を満たす平行六面体 ABCDEFGH において,$\vec{a} = \overrightarrow{AB}, \ \vec{b} = \overrightarrow{AD}, \ \vec{c} = \overrightarrow{AE}$ とおくとき,次の内積の値を求めよ.

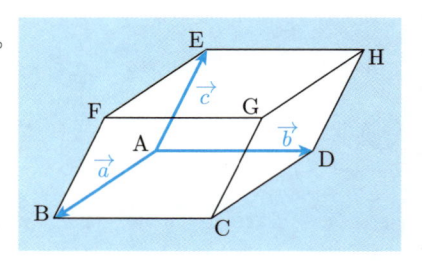

(1) $\vec{a} \cdot \vec{b}$ (2) $\vec{a} \cdot \vec{c}$
(3) $\vec{b} \cdot \vec{c}$ (4) $\overrightarrow{AB} \cdot \overrightarrow{DE}$
(5) $\overrightarrow{AC} \cdot \overrightarrow{AH}$

■ 1.9 空間内における位置ベクトル

空間内に点 O をとると，任意の点 P に対して，ベクトル $\vec{p} = \overrightarrow{OP}$ が決まる．このとき，この $\vec{p}$ を O を基準点とする点 P の**位置ベクトル**という．点を位置ベクトルで，$P(\vec{p})$ のように表す．

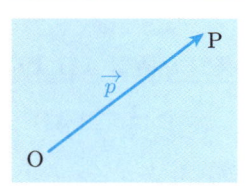

内分点・外分点の位置ベクトルについても，平面の場合と同様に 2 点 $A(\vec{a})$, $B(\vec{b})$ を結ぶ線分 AB を $m:n$ に内分する点を $P(\vec{p})$，$m:n$ に外分する点を $Q(\vec{q})$ とすると

$$\vec{p} = \frac{n\vec{a} + m\vec{b}}{m+n}, \quad \vec{q} = \frac{-n\vec{a} + m\vec{b}}{m-n}$$

例題 1.9　図において，A(6, 0, 0), B(0, 9, 0), C(0, 0, 6) で，OADBCEFG は直方体である．AB の中点を M，CM を $2:1$ に内分する点を N とする．

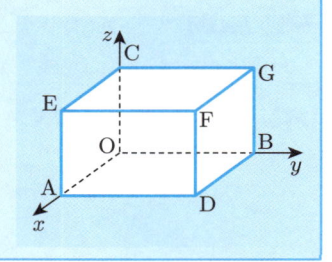

(1) $\overrightarrow{OM}, \overrightarrow{ON}$ を成分表示せよ．

(2) 3 点 O, N, F が同一直線上にあることを示せ．

【解答】　(1) $\overrightarrow{OM} = \dfrac{\overrightarrow{OA} + \overrightarrow{OB}}{2} = \left(3, \dfrac{9}{2}, 0\right)$ **答**

$\overrightarrow{ON} = \dfrac{\overrightarrow{OC} + 2\overrightarrow{OM}}{3} = (2, 3, 2)$ **答**

(2) $\overrightarrow{OF} = (6, 9, 6) = 3(2, 3, 2) = 3\overrightarrow{ON}$ より，3 点 O, N, F は同一直線上にある．**証終**

問 1.16　1 辺の長さが 1 の正四面体 OABC において，AB の中点を M，OC の中点を N とする．このとき，次の値を求めよ．

(1) $\overrightarrow{AB} \cdot \overrightarrow{OC}$　　(2) $|\overrightarrow{MN}|$

■ 1.10   直線の方程式

この節では，直線の方程式を学ぶ．

点 P が直線 AB 上にあるための条件

P は直線 AB 上にある $\Longleftrightarrow$ $\overrightarrow{\mathrm{AP}} = t\overrightarrow{\mathrm{AB}}$ を満たす実数 t が存在する

が成り立つ．

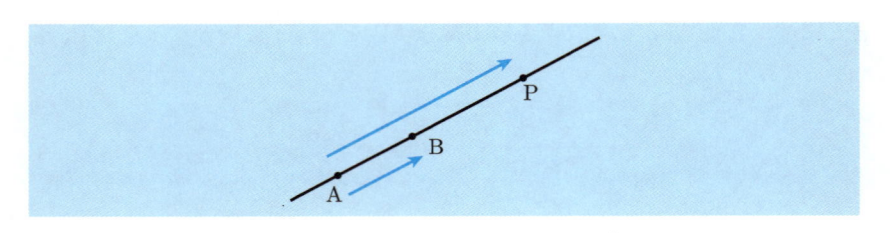

> **例題 1.10**   2 点 A$(3, -4, 3)$, B$(5, -3, 0)$ を通る直線上に点 P(x, y, z) が
> あるとき，x, y, z の満たすべき関係式を求めよ．

【解答】   P$(x, y, z) \in$ 直線 AB $\Longleftrightarrow$ $\overrightarrow{\mathrm{AP}} = t\overrightarrow{\mathrm{AB}}$ を満たす実数 t が存在する

$$\Longleftrightarrow \begin{pmatrix} x-3 \\ y+4 \\ z-3 \end{pmatrix} = t \begin{pmatrix} 2 \\ 1 \\ -3 \end{pmatrix} \cdots ①$$

を満たす実数 t が存在する

したがって，x, y, z の満たすべき関係式は

$$\begin{pmatrix} x \\ y \\ z \end{pmatrix} = \begin{pmatrix} 3 \\ -4 \\ 3 \end{pmatrix} + t \begin{pmatrix} 2 \\ 1 \\ -3 \end{pmatrix} \quad \text{答}$$

〈注〉   ① から t を消去して，$\dfrac{x-3}{2} = \dfrac{y+4}{1} = \dfrac{z-3}{-3}$ と答えてもよい．

一般に，直線の方程式について次のようにまとめることができる．

直線の方程式 点 (α, β, γ) を通り $\begin{pmatrix} a \\ b \\ c \end{pmatrix}$ に平行な直線は

$$\begin{pmatrix} x \\ y \\ z \end{pmatrix} = \begin{pmatrix} \alpha \\ \beta \\ \gamma \end{pmatrix} + t \begin{pmatrix} a \\ b \\ c \end{pmatrix} \ (t \in \mathbb{R})$$ の方程式で表せる．ここで t を消去して，

$$\frac{x - \alpha}{a} = \frac{y - \beta}{b} = \frac{z - \gamma}{c}$$

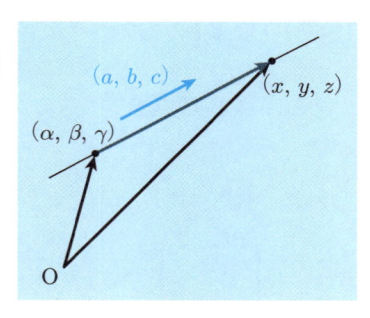

とも表せる．このベクトル $\begin{pmatrix} a \\ b \\ c \end{pmatrix}$ を直線の**方向ベクトル**といい，t を**媒介変数**もしくは**パラメータ**という．

〈注〉 $\mathbb{R}$ は実数全体の集合を表す記号である．

直線は，通る点 1 点と方向ベクトルで決まる

例 1.22 (1) $A(2, 1, -5)$, $B(3, 5, -7)$ を通る直線は，$\overrightarrow{AB} = \begin{pmatrix} 1 \\ 4 \\ -2 \end{pmatrix}$ が方

向ベクトルであるから，$\begin{pmatrix} x \\ y \\ z \end{pmatrix} = \begin{pmatrix} 2 \\ 1 \\ -5 \end{pmatrix} + t \begin{pmatrix} 1 \\ 4 \\ -2 \end{pmatrix}$ $(t \in \mathbb{R})$ と表せる．

(2) $A(2, 1, -5)$, $B(3, 1, -7)$ を通る直線は，$\overrightarrow{AB} = \begin{pmatrix} 1 \\ 0 \\ -2 \end{pmatrix}$ が方向ベクトル

であるから，$\begin{pmatrix} x \\ y \\ z \end{pmatrix} = \begin{pmatrix} 2 \\ 1 \\ -5 \end{pmatrix} + t \begin{pmatrix} 1 \\ 0 \\ -2 \end{pmatrix}$ $(t \in \mathbb{R})$ と表せる． $\blacksquare$

〈注〉 t を消去すると次のようになる.

(1) では $\dfrac{x-2}{1} = \dfrac{y-1}{4} = \dfrac{z+5}{-2}$, (2) では $\dfrac{x-2}{1} = \dfrac{z+5}{-2}$, $y = 1$.

例題 1.11 点 A$(3, 5, -2)$ から直線 $l : \dfrac{x-1}{3} = \dfrac{y}{2} = z$ へ下ろした垂線の足 H の座標を求めよ.

【解答】 直線 l の方向ベクトル $\vec{d}$ は $\vec{d} = \begin{pmatrix} 3 \\ 2 \\ 1 \end{pmatrix}$

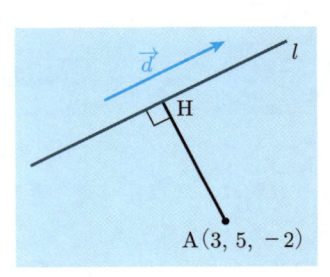

である. 点 H は直線 l にあるから,

$$\frac{x-1}{3} = \frac{y}{2} = z = t$$

とおき, H$(3t+1, 2t, t)$ と表せる. このとき,

$\overrightarrow{\text{AH}} = \begin{pmatrix} 3t-2 \\ 2t-5 \\ t+2 \end{pmatrix}$ は, l の方向ベクトル $\vec{d} =$

$\begin{pmatrix} 3 \\ 2 \\ 1 \end{pmatrix}$ と垂直であるから

$$\vec{d} \cdot \overrightarrow{\text{AH}} = 3(3t-2) + 2(2t-5) + (t+2) = 0$$

$$\therefore \quad t = 1, \text{H}(4, 2, 1) \quad \boxed{\text{答}}$$

問 1.17 次の直線の方程式を求めよ.

(1) 点 $(4, -2, 3)$ を通り, 方向ベクトルが $\begin{pmatrix} 5 \\ 3 \\ -6 \end{pmatrix}$ の直線

(2) 2点 $(2, -1, 0)$, $(4, -1, 3)$ を通る直線

問 1.18 点 $(a, b, 2)$ が, 直線 $\dfrac{x+2}{3} = \dfrac{y-1}{-4} = \dfrac{z-7}{5}$ 上にあるような定数 a, b の値を求めよ.

■ **1.11 平面の方程式**

この節では平面の方程式について学ぶ.

まずは，ベクトルの内積について次のことを思い出そう.

(1) $\vec{a} = \begin{pmatrix} a_1 \\ a_2 \\ a_3 \end{pmatrix}$, $\vec{b} = \begin{pmatrix} b_1 \\ b_2 \\ b_3 \end{pmatrix}$ のとき，$\vec{a} \cdot \vec{b} = a_1 b_1 + a_2 b_2 + a_3 b_3$

(2) $\vec{a} \perp \vec{b} \iff \vec{a} \cdot \vec{b} = 0$

例題 1.12

2 点 A$(1, 2, -1)$ を通り，$\vec{n} = \begin{pmatrix} 5 \\ -2 \\ 7 \end{pmatrix}$ に垂直な平面 π 上に点 P(x, y, z) があるとき，x, y, z の満たすべき関係式を求めよ.

【解答】 点 P(x, y, z) が平面 π 上にある

$$\iff \vec{n} \perp \overrightarrow{AP}$$
$$\iff \vec{n} \cdot \overrightarrow{AP} = 0$$

ここで，

$$\vec{n} \cdot \overrightarrow{AP} = 5(x - 1) - 2(y - 2) + 7(z + 1)$$

であるから，x, y, z の満たすべき関係式は

$$5(x - 1) - 2(y - 2) + 7(z + 1) = 0 \quad \text{答}$$

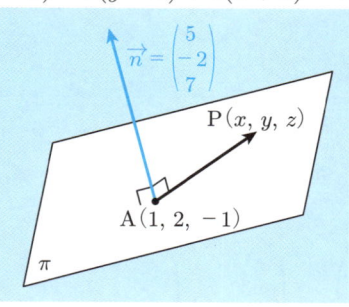

平面の方程式　平面に垂直なベクトルをこの平面の**法線ベクトル**という. 点 (α, β, γ) を通り, 法線ベクトルが $\begin{pmatrix} a \\ b \\ c \end{pmatrix}$ の平面の方程式は

$$a(x - \alpha) + b(y - \beta) + c(z - \gamma) = 0$$

平面は, 通る点 1 点と法線ベクトルで決まる

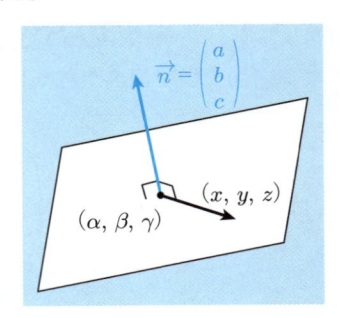

例 1.23　(1)　点 $(1, -2, 3)$ を通り, 法線ベクトルが $\vec{n} = \begin{pmatrix} 4 \\ 3 \\ -5 \end{pmatrix}$ の平面の方程式は

$$4(x - 1) + 3(y + 2) - 5(z - 3) = 0 \qquad \therefore \quad 4x + 3y - 5z + 17 = 0$$

(2)　点 $(0, 4, -5)$ を通り, 法線ベクトルが $\vec{n} = \begin{pmatrix} 7 \\ 0 \\ 3 \end{pmatrix}$ の平面の方程式は

$$7(x - 0) + 0(y - 4) + 3(z + 5) = 0 \qquad \therefore \quad 7x + 3z + 15 = 0 \quad \blacksquare$$

例題 1.13　$A(4, 2, 3)$, $\pi : 2x - y + 4z + 3 = 0$ について.
(1)　点 A を通り平面 π に垂直な直線 l の方程式を求めよ.
(2)　平面 π と法線 l の交点 H の座標を求めよ.
(3)　AH の長さを求めよ.

【解答】　(1)　直線 l の方向ベクトルは, 平面 π の法線ベクトル $\begin{pmatrix} 2 \\ -1 \\ 4 \end{pmatrix}$ である

から, l の方程式は $\begin{pmatrix} x \\ y \\ z \end{pmatrix} = \begin{pmatrix} 4 \\ 2 \\ 3 \end{pmatrix} + t \begin{pmatrix} 2 \\ -1 \\ 4 \end{pmatrix}$ $(t \in \mathbb{R})$ **答**

(2) H は l 上にあるから,

$$H(4 + 2t,\, 2 - t,\, 3 + 4t)$$

と表せる. H は π 上にもあるから,

$$2(4 + 2t) - (2 - t) + 4(3 + 4t) + 3 = 0$$

より,

$$t = -1 \qquad \therefore \quad H(2,\, 3,\, -1) \quad \boxed{答}$$

(3) AH
$$= \sqrt{(2 - 4)^2 + (3 - 2)^2 + (-1 - 3)^2}$$
$$= \sqrt{21} \quad \boxed{答}$$

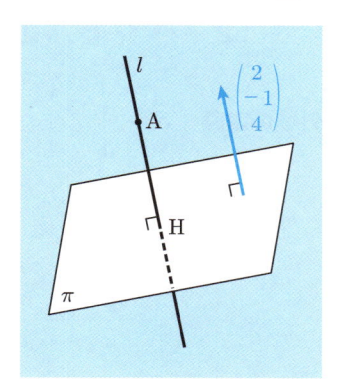

🔵 知っておきたいこと　　点と平面の距離について，一般に次の公式が成り立つ.

点と平面の距離の公式

点 (x_0, y_0, z_0) と平面 $ax + by + cz + d = 0$ の距離 h は,

$$h = \frac{|ax_0 + by_0 + cz_0 + d|}{\sqrt{a^2 + b^2 + c^2}}$$

〈注〉　公式を用いて例題 1.13(3) を解くと,

$$AH = \frac{|2 \cdot 4 - 2 + 4 \cdot 3 + 3|}{\sqrt{2^2 + (-1)^2 + 4^2}} = \sqrt{21}$$

問 1.19　　点 A を通り，法線ベクトルが $\vec{n}$ の平面の方程式を求めよ. また，点 $(1, -2, 3)$ からその平面への距離を求めよ.

(1)　$A(1, 0, -1), \vec{n} = \begin{pmatrix} 7 \\ 1 \\ -5 \end{pmatrix}$　　　(2)　$A(1, 2, 3), \vec{n} = \begin{pmatrix} 0 \\ 0 \\ 1 \end{pmatrix}$

問 1.20　　次の図形を表す方程式をそれぞれ求めよ.

(1)　点 $(5, 2, -7)$ を通り，平面 $9x - y + 6z = 0$ に垂直な直線

(2)　直線 $\dfrac{x - 1}{3} = y = 2 - z$ に垂直で，点 $(-3, 2, 1)$ を通る平面

■ 1.12　ベクトルの外積

外積の定義　$\vec{a} = \begin{pmatrix} a_1 \\ a_2 \\ a_3 \end{pmatrix}$, $\vec{b} = \begin{pmatrix} b_1 \\ b_2 \\ b_3 \end{pmatrix}$ に対して，$\begin{pmatrix} a_2b_3 - a_3b_2 \\ a_3b_1 - a_1b_3 \\ a_1b_2 - a_2b_1 \end{pmatrix}$ を $\vec{a}$ と $\vec{b}$

との**外積**といい，$\vec{a} \times \vec{b}$ とかく．次のように計算できる．

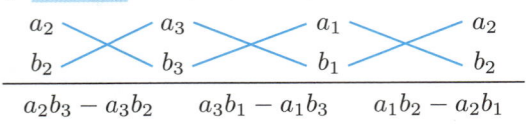

知っておきたいこと　外積について次の性質が成り立つことが知られている．

外積の性質

(1)　$(\vec{a} \times \vec{b}) \perp \vec{a}$, $(\vec{a} \times \vec{b}) \perp \vec{b}$

(2)　$|\vec{a} \times \vec{b}| = (\vec{a},\ \vec{b}$ で張られる平行四辺形
　　の面積)

(3)　$\vec{a}$, $\vec{b}$, $\vec{a} \times \vec{b}$ は右手系である．つまり，
　　右手の親指が $\vec{a}$ で人差し指が $\vec{b}$ であると，
　　$\vec{a} \times \vec{b}$ は中指の向きにある．

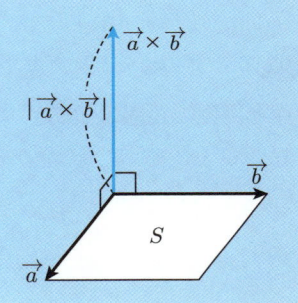

例 1.24　$\vec{a} = \begin{pmatrix} a_1 \\ a_2 \\ a_3 \end{pmatrix}$, $\vec{b} = \begin{pmatrix} b_1 \\ b_2 \\ b_3 \end{pmatrix}$ として，外積の性質の (1) と (2) を確

かめよう．

$\vec{a} \cdot (\vec{a} \times \vec{b}) = a_1(a_2b_3 - a_3b_2) + a_2(a_3b_1 - a_1b_3) + a_3(a_1b_2 - a_2b_1) = 0$
であるから，$(\vec{a} \times \vec{b}) \perp \vec{a}$. 同様にして，$(\vec{a} \times \vec{b}) \perp \vec{b}$

$$(\vec{a},\ \vec{b}\ で張られる平行四辺形の面積) = |\vec{a}||\vec{b}|\sin\theta$$
$$= \sqrt{|\vec{a}|^2|\vec{b}|^2(1 - \cos^2\theta)} = \sqrt{|\vec{a}|^2|\vec{b}|^2 - (\vec{a} \cdot \vec{b})^2}$$
$$= \sqrt{(a_2b_3 - a_3b_2)^2 + (a_3b_1 - a_1b_3)^2 + (a_1b_2 - a_2b_1)^2}$$
$$= |\vec{a} \times \vec{b}|$$

例題 1.14   3 点 A(1, 2, 3), B(2, 0, 6), C(5, 3, 1) について.

(1) $\overrightarrow{AB} \times \overrightarrow{AC}$ を求めよ.

(2)   3 点 A, B, C を通る平面の方程式を求めよ.

(3)   △ABC の面積を求めよ.

【解答】 (1) $\overrightarrow{AB} = \begin{pmatrix} 1 \\ -2 \\ 3 \end{pmatrix}$ と $\overrightarrow{AC} = \begin{pmatrix} 4 \\ 1 \\ -2 \end{pmatrix}$ の外積を求めて

$$\overrightarrow{AB} \times \overrightarrow{AC} = \begin{pmatrix} 1 \\ 14 \\ 9 \end{pmatrix} \quad 答$$

$$\begin{array}{ccc} -2 \quad 3 & 1 \quad -2 \\ 1 \quad -2 & 4 \quad 1 \\ \hline 4-3 \quad 12+2 \quad 1+8 \end{array}$$

(2) $\overrightarrow{AB} \times \overrightarrow{AC}$ は, $\overrightarrow{AB}$, $\overrightarrow{AC}$ のいずれにも垂直であるから, 3 点 A, B, C を通る平面の法線ベクトルである.

よって, 求める平面の方程式は,

$$(x - 1) + 14(y - 2) + 9(z - 3) = 0$$

$$\therefore \quad x + 14y + 9z - 56 = 0 \quad 答$$

(3)   △ABC の面積 S は

$$S = \frac{1}{2}|\overrightarrow{AB} \times \overrightarrow{AC}|$$

$$= \frac{1}{2}\sqrt{1^2 + 14^2 + 9^2}$$

$$= \frac{\sqrt{278}}{2} \quad 答$$

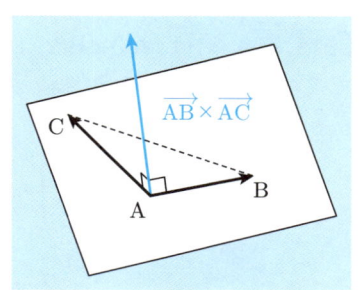

問 1.21   3 点 A(1, -1, -1), B(-1, 1, 3), C(2, 2, 3) を通る平面の方程式を求めよ. また, $\overrightarrow{AB}$, $\overrightarrow{AC}$ で張られる平行四辺形および △ABC の面積を求めよ.

平行六面体の体積

$$\vec{a} = \begin{pmatrix} a_1 \\ a_2 \\ a_3 \end{pmatrix},\ \vec{b} = \begin{pmatrix} b_1 \\ b_2 \\ b_3 \end{pmatrix},\ \vec{c} = \begin{pmatrix} c_1 \\ c_2 \\ c_3 \end{pmatrix}$$

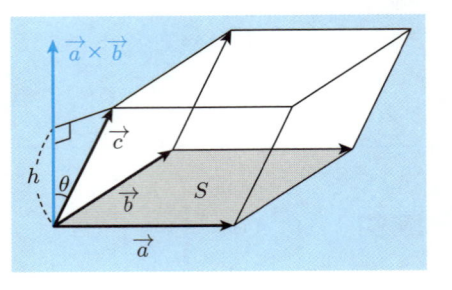

で張られる平行六面体において，底面の $\vec{a},\ \vec{b}$ で張られる平行四辺形の面積は $S = |\vec{a} \times \vec{b}|$ で，高さは $h = |\vec{c}||\cos\theta|$ （θ は $\vec{a} \times \vec{b}$ と $\vec{c}$ のなす角）であるから，平行六面体の体積 V は，

$$V = Sh = |\vec{a} \times \vec{b}||\vec{c}||\cos\theta| = |(\vec{a} \times \vec{b}) \cdot \vec{c}|$$

$$V = |(\vec{a} \times \vec{b}) \cdot \vec{c}| \quad \text{（平行六面体の体積）}$$

例 1.25　$A(1, 2, 3), B(2, 1, 5), C(4, -3, 5), D(1, 3, 6)$ のとき，$\overrightarrow{AB}, \overrightarrow{AC}, \overrightarrow{AD}$ で張られる平行六面体の体積と四面体 ABCD の体積を求めよう.

$$\overrightarrow{AB} = \begin{pmatrix} 1 \\ -1 \\ 2 \end{pmatrix}, \quad \overrightarrow{AC} = \begin{pmatrix} 3 \\ -5 \\ 2 \end{pmatrix}, \quad \overrightarrow{AD} = \begin{pmatrix} 0 \\ 1 \\ 3 \end{pmatrix}$$

であるから，$\overrightarrow{AB} \times \overrightarrow{AC} = \begin{pmatrix} 8 \\ 4 \\ -2 \end{pmatrix}$. したがって，平行六面体の体積 V は，

$$V = (\overrightarrow{AB} \times \overrightarrow{AC}) \cdot \overrightarrow{AD} = |8 \cdot 0 + 4 \cdot 1 + (-2) \cdot 3| = 2$$

また，四面体の体積は，平行六面体の体積の $\dfrac{1}{6}$ 倍であるから，

$$\text{（四面体の体積）} = \frac{1}{6}V = \frac{1}{3}$$

問 1.22　$A(2, 1, 1), B(3, 3, 4), C(0, 1, 5), D(1, 2, 2)$ のとき，$\overrightarrow{AB}, \overrightarrow{AC}, \overrightarrow{AD}$ で張られる平行六面体と四面体 ABCD の体積を求めよ.

■ **1.13　直線と平面**

この節では，平面のパラメータ表示，2 直線の位置関係，および，2 平面の位置関係を学ぶ.

3 点を通る平面上に点 P があるための条件

一直線上にない 3 点 A, B, C を通る平面を π とする.

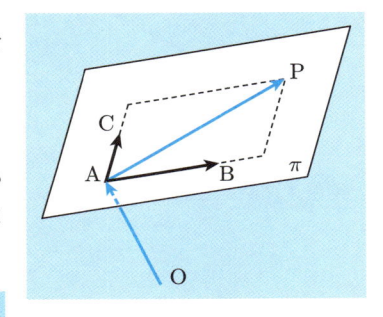

点 P は平面 π 上にある
$\Longleftrightarrow \overrightarrow{AP} = s\overrightarrow{AB} + t\overrightarrow{AC}$ $(s, t \in \mathbb{R})$ と表せる
$\Longleftrightarrow \overrightarrow{OP} = \overrightarrow{OA} + s\overrightarrow{AB} + t\overrightarrow{AC}$ $(s, t \in \mathbb{R})$ と表せる

> 平面は 2 つの 1 次独立なベクトルで張られる

例 1.26　一直線上にない 3 点 A$(-1, 5, -3)$, B$(0, 3, -1)$, C$(1, 2, -3)$ を通る平面上に点 P(x, y, z) があるとき，x, y, z の満たすべき関係式を上の基本事項を用いて求めると

$$\overrightarrow{OP} = \overrightarrow{OA} + s\overrightarrow{AB} + t\overrightarrow{AC} \quad (s, t \in \mathbb{R}), \quad \text{つまり}$$

$$\begin{pmatrix} x \\ y \\ z \end{pmatrix} = \begin{pmatrix} -1 \\ 5 \\ -3 \end{pmatrix} + s \begin{pmatrix} 1 \\ -2 \\ 2 \end{pmatrix} + t \begin{pmatrix} 2 \\ -3 \\ 0 \end{pmatrix} \quad (s, t \in \mathbb{R}) \qquad ■$$

〈注〉　この方程式は，平面のパラメータ表示である.

この両辺と $\begin{pmatrix} 1 \\ -2 \\ 2 \end{pmatrix} \times \begin{pmatrix} 2 \\ -3 \\ 0 \end{pmatrix} = \begin{pmatrix} 6 \\ 4 \\ 1 \end{pmatrix}$ との内積をとると，

$$\begin{pmatrix} 6 \\ 4 \\ 1 \end{pmatrix} \cdot \begin{pmatrix} x \\ y \\ z \end{pmatrix} = \begin{pmatrix} 6 \\ 4 \\ 1 \end{pmatrix} \cdot \left\{ \begin{pmatrix} -1 \\ 5 \\ -3 \end{pmatrix} + s \begin{pmatrix} 1 \\ -2 \\ 2 \end{pmatrix} + t \begin{pmatrix} 2 \\ -3 \\ 0 \end{pmatrix} \right\}$$

$$\therefore \quad 6x + 4y + z = 11$$

のようにパラメータ s, t を消去できる.

2 直線の位置関係　2 直線の位置関係は交わるか，平行か，ねじれかのいずれ
かである．2 直線がねじれの関係であるとは，2 直線を含む平面が存在しないこ
とである．

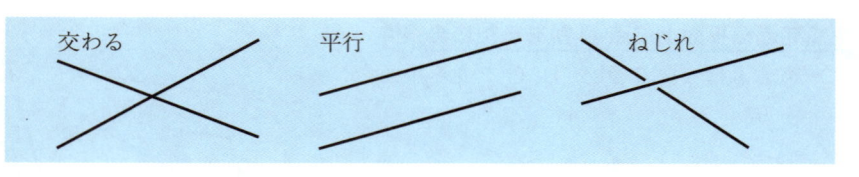

交わる　　　　　　　平行　　　　　　　ねじれ

例題 1.15　　2 直線

$$l : \frac{x-1}{a} = \frac{y+3}{2} = \frac{z-7}{-1}, \quad m : 2-2x = 9-3y = 6z+6$$

について，$l \,/\!/\, m$ となるような定数 a を求めよ．

【解答】　m の方程式は辺々を 6 で割ると，

$$\frac{x-1}{3} = \frac{y-3}{-2} = \frac{z+1}{1}$$

となるから，m の方向ベクトルは $\begin{pmatrix} 3 \\ -2 \\ 1 \end{pmatrix}$ である．$l \,/\!/\, m$ となるための条件は，

l, m の方向ベクトル $\begin{pmatrix} a \\ 2 \\ -1 \end{pmatrix}, \begin{pmatrix} 3 \\ -2 \\ 1 \end{pmatrix}$ が平行であること．

したがって，$l \,/\!/\, m$ となるような定数 a は，$a = -3$　**答**

問 1.23　　2 直線

$$l : x-4 = \frac{y+3}{2} = \frac{z+7}{2}, \quad m : \frac{x-10}{a} = \frac{y-9}{6} = \frac{z-3}{4}$$

が交わるような定数 a の値を求めよ．また，そのときの交点の座標を求めよ．

2 平面の位置関係 2平面の位置関係は，交わるか平行かのいずれかである．交わるとき，2平面のなす角は，交線から垂直に引いた各平面上の直線のなす角のことである．図を参照すると，2平面のなす角は法線どうしのなす角であることがわかる．

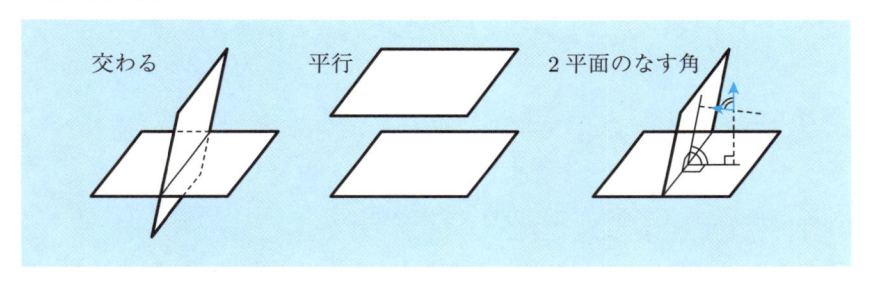

交わる　　　　　平行　　　　　2平面のなす角

例 1.27 2平面

$$3x + z - 1 = 0, \quad x - \sqrt{5}\,y + 2z = 0$$

のなす角を求めよう．

法線ベクトル $\overrightarrow{n_1} = \begin{pmatrix} 3 \\ 0 \\ 1 \end{pmatrix}, \overrightarrow{n_2} = \begin{pmatrix} 1 \\ -\sqrt{5} \\ 2 \end{pmatrix}$ のなす角を θ とすると，

$$\cos\theta = \frac{\overrightarrow{n_1} \cdot \overrightarrow{n_2}}{|\overrightarrow{n_1}||\overrightarrow{n_2}|} = \frac{5}{(\sqrt{10})^2} = \frac{1}{2} \qquad \therefore \quad \theta = 60°$$

よって，2平面のなす角は 60°

問 1.24 2平面

$$\pi_1 : 4x + 2y - z = 6, \quad \pi_2 : x + y - z = 5$$

のなす鋭角を θ とするとき，$\cos\theta$ の値を求めよ．また，π_1 と π_2 の交線の方程式を求めよ．

■■■■■■■■■■ 第1章　演習問題 ■■■■■■■■■■

▌演習 1.1　2 直線

$$l : \frac{x+3}{4} = y+3 = \frac{z-1}{-2}, \quad m : \frac{x-2}{-1} = \frac{y-5}{2} = z$$

が交わるかどうか調べよ．l と m が交わるとしたら，l と m を含む平面の方程式を求めよ．

▌演習 1.2　2 平面

$$x+y-3z-4=0, \quad 5x+2y-8z-1=0$$

の交線に垂直で原点を通る平面の方程式を求めよ．

▌演習 1.3　4 点 A(1, 2, −1), B(3, 1, 1), C(0, 5, −3), D(4, 0, 0) のとき，次を求めよ．

　(1)　$\overrightarrow{AB} \times \overrightarrow{AC}$

　(2)　$\triangle ABC$ の面積

　(3)　四面体 ABCD の体積

▌演習 1.4　空間において，4 点 A(0, 2, 3), B(2, 1, 2), C(2, 6, 4), D(1, 4, 8) がある．AB, AC, AD を 3 辺とする平行六面体を T とし，図のように他の 4 頂点を E, F, G, H とする．

　(1)　外積 $\overrightarrow{AB} \times \overrightarrow{AC}$ を求めよ．

　(2)　平行四辺形 ABEC の面積を求めよ．

　(3)　3 点 A, B, C を通る平面の方程式を求めよ．

　(4)　平行六面体 T の体積を求めよ．

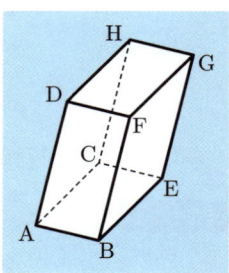

第2章 行列とその演算

この章では，行列を導入し行列の和，実数倍，積を定義し計算に慣れることが目標である．最後に 2 次正方行列の逆行列および 2 元連立 1 次方程式の解法を学ぶ．行列の理論は，連立 1 次方程式の解法から発生した．江戸時代の和算家たちも随分深く研究していた．

■ 2.1 行列とその加法，実数倍 ■

行列とは まず，行列を定義し，行列の和と実数倍を定義する．ベクトルの和と実数倍のときと同様の性質が成り立つことを見る．

$$\begin{pmatrix} 2 & 0 \\ 3 & 2 \\ 1 & 3 \end{pmatrix}, \quad \begin{pmatrix} 7 & -1 & 5 \\ -5 & 2 & 7 \end{pmatrix}, \quad \begin{pmatrix} 7 & 5 \\ -6 & -8 \end{pmatrix} \quad$$ のように数を並べたものを

行列という．

横の数の並びを**行**といい，上から順に第 1 行，第 2 行，$\cdots$，

縦の数の並びを**列**といい，左から順に第 1 列，第 2 列，$\cdots$，

とよぶ．並べられた各々の数をその行列の**成分**という．i 行 j 列目の成分を (i, j) **成分**という．

例 2.1 行列 $\begin{pmatrix} 7 & -1 & 5 \\ -5 & 2 & 7 \end{pmatrix}$ の

第 1 行は $7, -1, 5$，第 2 行は $-5, 2, 7$

第 1 列は $\begin{matrix} 7 \\ -5 \end{matrix}$，第 2 列は $\begin{matrix} -1 \\ 2 \end{matrix}$，第 3 列は $\begin{matrix} 5 \\ 7 \end{matrix}$

$(1, 2)$ 成分は -1，$(2, 1)$ 成分は -5，$(2, 3)$ 成分は 7　　□

m 個の行と n 個の列からなる行列を m 行 n 列 の行列，もしくは **$m \times n$ 行列**という．$n \times n$ 行列を **n 次正方行列**という．たとえば，

$$\begin{pmatrix} 7 & -1 & 5 \\ -5 & 2 & 7 \end{pmatrix} \text{ は } 2 \times 3 \text{ 行列,} \quad \begin{pmatrix} 7 & 5 \\ -6 & -8 \end{pmatrix} \text{ は 2 次正方行列である.}$$

行の個数と列の個数が同じ行列を**同じ型**の行列であるという．たとえば，

$$\begin{pmatrix} 7 & -1 & 5 \\ -5 & 2 & 7 \end{pmatrix} \text{ と } \begin{pmatrix} 6 & -1 & -6 \\ -8 & 0 & 3 \end{pmatrix} \text{ は同じ型の行列である.}$$

行列 A, B が同じ型の行列であり，しかも対応するすべての成分が等しいとき，A と B は**等しい**といい，$A = B$ とかく．

例 2.2 (1) $\begin{pmatrix} a & 1 \\ -4 & 2d \end{pmatrix} = \begin{pmatrix} 2 & -b \\ c+1 & 6 \end{pmatrix}$ となる a, b, c, d の値を求めると，$a = 2, 1 = -b, -4 = c + 1, 2d = 6$ より，$a = 2, b = -1, c = -5, d = 3$

(2) $\begin{pmatrix} x & 2 & y-1 \\ 5 & 2z+1 & 2x \end{pmatrix} = \begin{pmatrix} 3 & 2s & 1 \\ 3t-1 & -7 & u \end{pmatrix}$ となる x, y, z, s, t, u の値を求めると，$x = 3, 2 = 2s, y - 1 = 1, 5 = 3t - 1, 2z + 1 = -7, 2x = u$ より，$x = 3, y = 2, z = -4, s = 1, t = 2, u = 6$ ■

行列の和 行列 A, B が同じ型であるとする．対応する成分同士を加えてできる行列を A と B の**和**といい，$A + B$ で表す．同様に，対応する成分同士を引いてできる行列を A と B の**差**といい，$A - B$ で表す．また，行列 A の各成分の符号を変えてできる行列を $-A$ で表す．たとえば，

$$A = \begin{pmatrix} a & b \\ c & d \end{pmatrix}, B = \begin{pmatrix} p & q \\ r & s \end{pmatrix} \text{ のとき, } A + B = \begin{pmatrix} a+p & b+q \\ c+r & d+s \end{pmatrix},$$

$$A - B = \begin{pmatrix} a-p & b-q \\ c-r & d-s \end{pmatrix}, -A = \begin{pmatrix} -a & -b \\ -c & -d \end{pmatrix}$$

〈注〉 行列の和は，ベクトルの和と同様である．

例 2.3 $A = \begin{pmatrix} 7 & -1 & 5 \\ -5 & 2 & 7 \end{pmatrix}, B = \begin{pmatrix} 6 & -1 & -6 \\ -8 & 0 & 3 \end{pmatrix}$ のとき，

$$A + B = \begin{pmatrix} 7+6 & -1+(-1) & 5+(-6) \\ -5+(-8) & 2+0 & 7+3 \end{pmatrix} = \begin{pmatrix} 13 & -2 & -1 \\ -13 & 2 & 10 \end{pmatrix},$$

$$A - B = \begin{pmatrix} 7-6 & -1-(-1) & 5-(-6) \\ -5-(-8) & 2-0 & 7-3 \end{pmatrix} = \begin{pmatrix} 1 & 0 & 11 \\ 3 & 2 & 4 \end{pmatrix},$$

$$-A = \begin{pmatrix} -7 & -(-1) & -5 \\ -(-5) & -2 & -7 \end{pmatrix} = \begin{pmatrix} -7 & 1 & -5 \\ 5 & -2 & -7 \end{pmatrix}$$

知っておきたいこと 行列の和については，次が成り立つ．

> (1)　$A + B = B + A$　（**交換法則**）
> (2)　$(A + B) + C = A + (B + C)$　（**結合法則**）

〈注〉　結合法則が成り立つことから，$(A+B)+C$ や $A+(B+C)$ は，$A+B+C$ とかいてよい．

　$m \times n$ 行列 A の (i,j) 成分を a_{ij} で表し，

$$A = \begin{pmatrix} a_{11} & a_{12} & \cdots & a_{1n} \\ a_{21} & a_{22} & \cdots & a_{2n} \\ \vdots & \vdots & \vdots & \vdots \\ a_{m1} & a_{m2} & \cdots & a_{mn} \end{pmatrix}$$

とかいたり，略記して $A = \begin{pmatrix} a_{ij} \end{pmatrix}$ とかくこともある．上で述べた交換法則，結合法則を証明するには，同じ型の行列 $A = \begin{pmatrix} a_{ij} \end{pmatrix}$, $B = \begin{pmatrix} b_{ij} \end{pmatrix}$, $C = \begin{pmatrix} c_{ij} \end{pmatrix}$ に対して，示したい等式の両辺の (i,j) 成分が等しいことを示せばよい．

　すべての成分が 0 である行列を**零行列**といい，O で表す．$m \times n$ 型の零行列を $O_{m,n}$ で表す．行列 A と同じ型の零行列を O とすると，

$$A + O = A, \quad A - A = O$$

が成り立つ．

行列の実数倍　行列 A の各成分を k 倍してできる行列を kA とかく.

$$(-1)A = -A$$

である. たとえば, $A = \begin{pmatrix} a & b \\ c & d \end{pmatrix}$ のとき,

$$kA = \begin{pmatrix} ka & kb \\ kc & kd \end{pmatrix}$$

例 2.4　$A = \begin{pmatrix} 2 & -1 & 3 \\ -3 & 4 & 5 \end{pmatrix}$, $B = \begin{pmatrix} 1 & 2 & -4 \\ 2 & 0 & -3 \end{pmatrix}$ について.

$$2A + 3B = \begin{pmatrix} 4 & -2 & 6 \\ -6 & 8 & 10 \end{pmatrix} + \begin{pmatrix} 3 & 6 & -12 \\ 6 & 0 & -9 \end{pmatrix}$$

$$= \begin{pmatrix} 7 & 4 & -6 \\ 0 & 8 & 1 \end{pmatrix}$$

知っておきたいこと　行列の実数倍については, 次のことが成り立つ. ただし, A, B は同じ型の行列で, k, l は実数とする.

(1)　$k(lA) = (kl)A$

(2)　$(k + l)A = kA + lA$

(3)　$k(A + B) = kA + kB$

問 2.1　$A = \begin{pmatrix} 3 & 2 \\ -5 & -3 \end{pmatrix}$, $B = \begin{pmatrix} -1 & 3 \\ 2 & 7 \end{pmatrix}$ のとき, 次の行列を計算せよ.

(1)　$A + B$　　(2)　$A - B$　　(3)　$-A$

(4)　$5A - 3B$　　(5)　$123A + 77A$

■ **2.2 行列の積**

行列の積　行列の積を定義する．慣れるまで例や問を通して計算練習しよう．

$1 \times m$ 行列と $m \times 1$ 行列の積を次のように定義する．

$$
\begin{pmatrix} a_1 \ a_2 \ \cdots \ a_m \end{pmatrix} \begin{pmatrix} b_1 \\ b_2 \\ \vdots \\ b_m \end{pmatrix} = a_1 b_1 + a_2 b_2 + \cdots + a_m b_m
$$

$m \times k$ 行列 A と $k \times n$ 行列 B の (i, j) 成分が「A の第 i 行と B の第 j 列の積」となるような $m \times n$ 行列を**積 AB** と定義する．

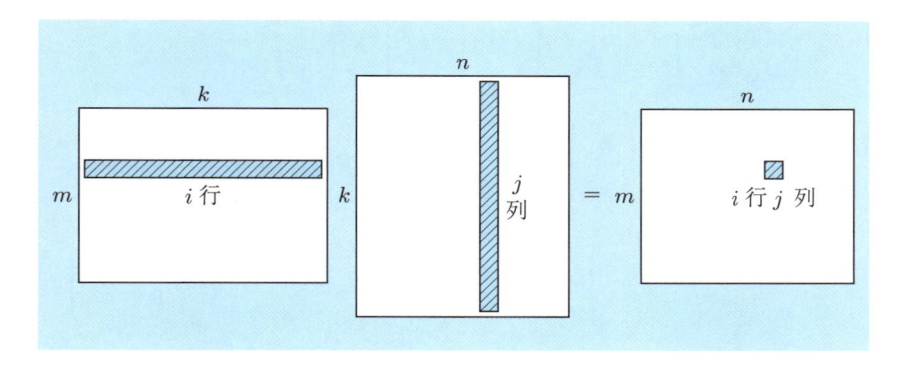

つまり $A = \begin{pmatrix} a_{ij} \end{pmatrix}$ $(1 \leqq i \leqq m, 1 \leqq j \leqq k)$, $B = \begin{pmatrix} b_{ij} \end{pmatrix}$ $(1 \leqq i \leqq k, 1 \leqq j \leqq n)$ に対して，$AB = \begin{pmatrix} c_{ij} \end{pmatrix}$ $(1 \leqq i \leqq m, 1 \leqq j \leqq n)$ の (i, j) 成分は

$$
c_{ij} = a_{i1} b_{1j} + a_{i2} b_{2j} + \cdots + a_{ik} b_{kj} \quad (1 \leqq i \leqq m, 1 \leqq j \leqq n)
$$

と定義する．

例 2.5 $A = \begin{pmatrix} 2 & 0 \\ 3 & 2 \\ 1 & 3 \end{pmatrix}$, $B = \begin{pmatrix} 2 & -5 \\ -1 & 3 \end{pmatrix}$, $C = \begin{pmatrix} 3 \\ 2 \end{pmatrix}$ のとき

$$AB = \begin{pmatrix} 2 & 0 \\ 3 & 2 \\ 1 & 3 \end{pmatrix} \begin{pmatrix} 2 & -5 \\ -1 & 3 \end{pmatrix} = \begin{pmatrix} 2\cdot2+0\cdot(-1) & 2\cdot(-5)+0\cdot3 \\ 3\cdot2+2\cdot(-1) & 3\cdot(-5)+2\cdot3 \\ 1\cdot2+3\cdot(-1) & 1\cdot(-5)+3\cdot3 \end{pmatrix}$$

$$= \begin{pmatrix} 4 & -10 \\ 4 & -9 \\ -1 & 4 \end{pmatrix},$$

$$AC = \begin{pmatrix} 2 & 0 \\ 3 & 2 \\ 1 & 3 \end{pmatrix} \begin{pmatrix} 3 \\ 2 \end{pmatrix} = \begin{pmatrix} 2\cdot3+0\cdot2 \\ 3\cdot3+2\cdot2 \\ 1\cdot3+3\cdot2 \end{pmatrix} = \begin{pmatrix} 6 \\ 13 \\ 9 \end{pmatrix},$$

$$BC = \begin{pmatrix} 2 & -5 \\ -1 & 3 \end{pmatrix} \begin{pmatrix} 3 \\ 2 \end{pmatrix} = \begin{pmatrix} 2\cdot3-5\cdot2 \\ -1\cdot3+3\cdot2 \end{pmatrix} = \begin{pmatrix} -4 \\ 3 \end{pmatrix},$$

$$(AB)C = \begin{pmatrix} 4 & -10 \\ 4 & -9 \\ -1 & 4 \end{pmatrix} \begin{pmatrix} 3 \\ 2 \end{pmatrix} = \begin{pmatrix} 4\cdot3+(-10)\cdot2 \\ 4\cdot3+(-9)\cdot2 \\ (-1)\cdot3+4\cdot2 \end{pmatrix} = \begin{pmatrix} -8 \\ -6 \\ 5 \end{pmatrix},$$

$$A(BC) = \begin{pmatrix} 2 & 0 \\ 3 & 2 \\ 1 & 3 \end{pmatrix} \begin{pmatrix} -4 \\ 3 \end{pmatrix} = \begin{pmatrix} 2\cdot(-4)+0\cdot3 \\ 3\cdot(-4)+2\cdot3 \\ 1\cdot(-4)+3\cdot3 \end{pmatrix} = \begin{pmatrix} -8 \\ -6 \\ 5 \end{pmatrix}$$

例 2.6 $A = \begin{pmatrix} 1 & 5 \\ 2 & -7 \\ -1 & 6 \end{pmatrix}$, $B = \begin{pmatrix} 8 & 0 & 3 \\ 2 & 1 & -4 \end{pmatrix}$ のとき

$$AB = \begin{pmatrix} 18 & 5 & -17 \\ 2 & -7 & 34 \\ 4 & 6 & -27 \end{pmatrix}, \quad BA = \begin{pmatrix} 5 & 58 \\ 8 & -21 \end{pmatrix}$$

! 知っておきたいこと　行列の積については，次のことが成り立つ.

> (1)　$(kA)B = A(kB) = k(AB)$
>
> (2)　$A(B + C) = AB + AC$
>
> 　　　$(A + B)C = AC + BC$　　**（分配法則）**
>
> (3)　$(AB)C = A(BC)$　　**（結合法則）**

〈注〉　結合法則が成り立つことから，$(AB)C$ や $A(BC)$ は ABC とかいてよい. 行列 A, B に対して，$AB = BA$ が成り立つとは限らない（例 2.6 参照）.

例 2.7　$A = \begin{pmatrix} 3 & 5 \\ -1 & 2 \end{pmatrix}$, $B = \begin{pmatrix} 5 & -7 \\ 4 & 1 \end{pmatrix}$, $C = \begin{pmatrix} -2 & 1 \\ -3 & 2 \end{pmatrix}$ のとき，

$$2AB + 3AC = A(2B) + A(3C) = A(2B + 3C)$$

$$= \begin{pmatrix} 3 & 5 \\ -1 & 2 \end{pmatrix} \begin{pmatrix} 4 & -11 \\ -1 & 8 \end{pmatrix}$$

$$= \begin{pmatrix} 7 & 7 \\ -6 & 27 \end{pmatrix},$$

$$ABC = (AB)C$$

$$= \begin{pmatrix} 35 & -16 \\ 3 & 9 \end{pmatrix} \begin{pmatrix} -2 & 1 \\ -3 & 2 \end{pmatrix}$$

$$= \begin{pmatrix} -22 & 3 \\ -33 & 21 \end{pmatrix}$$

問 2.2　例 2.7 の行列 A, B, C について，次の行列を求めよ.

(1)　$3AC - 4BC$

(2)　CAB

転置行列　行列 A の行と列を入れ替えてできる行列を A の**転置行列**といい，^tA で表す．すなわち，$m \times n$ 行列

$$A = \begin{pmatrix} a_{11} & a_{12} & \cdots & a_{1n} \\ a_{21} & a_{22} & \cdots & a_{2n} \\ \vdots & \vdots & \vdots & \vdots \\ a_{m1} & a_{m2} & \cdots & a_{mn} \end{pmatrix}$$

に対して

$$^tA = \begin{pmatrix} a_{11} & a_{21} & \cdots & a_{m1} \\ a_{12} & a_{22} & \cdots & a_{m2} \\ \vdots & \vdots & \vdots & \vdots \\ a_{1n} & a_{2n} & \cdots & a_{mn} \end{pmatrix}$$

と定義する．^tA は $n \times m$ 行列である．

例 2.8　例 2.6 の行列 A, B に対して

$$^tA = \begin{pmatrix} 1 & 2 & -1 \\ 5 & -7 & 6 \end{pmatrix}, \quad ^tB = \begin{pmatrix} 8 & 2 \\ 0 & 1 \\ 3 & -4 \end{pmatrix},$$

$$^tB\,^tA = \begin{pmatrix} 8 & 2 \\ 0 & 1 \\ 3 & -4 \end{pmatrix} \begin{pmatrix} 1 & 2 & -1 \\ 5 & -7 & 6 \end{pmatrix} = \begin{pmatrix} 18 & 2 & 4 \\ 5 & -7 & 6 \\ -17 & 34 & -27 \end{pmatrix}$$

$$= {}^t(AB)$$

問 2.3　例 2.6 の行列に対して，$^t(BA) = {}^tA\,^tB$ であることを確かめよ．

⚠ 知っておきたいこと　転置行列について，一般に次が成り立つ．

(1)　$^t(A + B) = {}^tA + {}^tB$

(2)　$^t(AB) = {}^tB\,^tA$

(3)　$^t({}^tA) = A$

■ **2.3　正 方 行 列**

正方行列については，累乗が定義できる．また，単位行列が定義できる．

行列の累乗　正方行列 A に対して，A の n 個の積 $\overbrace{AA\cdots A}^{n\ 個の積}$ を A^n とかく．

例 2.9　$A = \begin{pmatrix} 3 & 5 \\ -1 & 2 \end{pmatrix}$ のとき，

$$A^2 = \begin{pmatrix} 3 & 5 \\ -1 & 2 \end{pmatrix} \begin{pmatrix} 3 & 5 \\ -1 & 2 \end{pmatrix}$$

$$= \begin{pmatrix} 4 & 25 \\ -5 & -1 \end{pmatrix},$$

$$A^3 = A^2 A$$

$$= \begin{pmatrix} 4 & 25 \\ -5 & -1 \end{pmatrix} \begin{pmatrix} 3 & 5 \\ -1 & 2 \end{pmatrix}$$

$$= \begin{pmatrix} -13 & 70 \\ -14 & -27 \end{pmatrix} \qquad\qquad ☐$$

問 2.4　例 2.9 の行列 A について，A^4, A^5 を求めよ．

例 2.10　同じ型の正方行列 A, B に対して，

$$(A + B)(A - B) = A(A - B) + B(A - B)$$
$$= A^2 - AB + BA - B^2 \qquad\qquad ☐$$

〈注〉　行列の積に関して分配法則が成り立つから展開はできるが，交換法則が成り立たないのが通常なので AB と BA は区別しなければならない．

対角行列，単位行列　n 次正方行列 $A = \begin{pmatrix} a_{11} & a_{12} & \cdots & a_{1n} \\ a_{21} & a_{22} & \cdots & a_{2n} \\ \vdots & \vdots & \vdots & \vdots \\ a_{n1} & a_{n2} & \cdots & a_{nn} \end{pmatrix}$ におい

て $(1,1)$ 成分から (n,n) 成分まで対角線上に並ぶ成分 $a_{11}, a_{22}, \ldots, a_{nn}$ を A の**対角成分**という．対角成分以外の成分がすべて 0 の行列を**対角行列**という．

例 2.11　$A = \begin{pmatrix} 3 & 0 \\ 0 & -2 \end{pmatrix}, B = \begin{pmatrix} 1 & 0 & 0 \\ 0 & -2 & 0 \\ 0 & 0 & 3 \end{pmatrix}$ はいずれも対角行列で

ある．　　　　　　　　　　　　　　　　　　　　　　　　　　　　□

問 2.5　例 2.11 の行列 A, B に対して，A^2, A^3, B^2, B^3 を求めよ．

$\begin{pmatrix} 1 & 0 \\ 0 & 1 \end{pmatrix}, \begin{pmatrix} 1 & 0 & 0 \\ 0 & 1 & 0 \\ 0 & 0 & 1 \end{pmatrix}, \ldots$ のように，正方行列の対角成分がすべて 1

である対角行列を**単位行列**といい，E もしくは I で表す．この本では，E を用いる．$n \times n$ の型の単位行列を n 次単位行列といい，E_n と表すときもある．

　正方行列 A に対して，同じ型の零行列，単位行列をそれぞれ O, E とすると，

$$AO = OA = O, \quad AE = EA = A$$

例 2.12　同じ型の正方行列 A と単位行列 E に対して，
$$(A+E)(A-E) = A(A-E) + E(A-E)$$
$$= A^2 - AE + EA - E^2 = A^2 - E$$
　　　　　　　　　　　　　　　　　　　　　　　　　　　　　□

〈注〉　$AE = EA, E^2 = E$ を用いている．A と E の積に関しては，普通の数と同じように展開できる．

問 2.6　同じ型の正方行列 A, B と単位行列 E に対して，例 2.10 や例 2.12 のように展開せよ．

(1) $(A+B)^2$　　(2) $(A-B)^2$　　(3) $(A+2B)(3A-B)$

(4) $(A+E)^2$　　(5) $(A-E)^2$　　(6) $(A+2E)(3A-E)$

■ 2.4 2次の正方行列の逆行列

逆行列 正方行列の逆行列を定義し，2次の正方行列の逆行列を考える．より一般には 3.5 節で扱う．

同じ型の正方行列 A と単位行列 E に対して，

$$AB = BA = E$$

を満たす正方行列 B が存在するとき，この行列 B を A の**逆行列**といい，A^{-1} で表す．また，逆行列 A^{-1} が存在するとき，A は**正則**であるという．

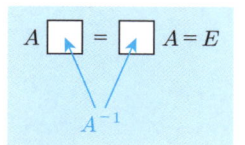

例題 2.1

$A = \begin{pmatrix} a & b \\ c & d \end{pmatrix}$ $(ad - bc \neq 0)$ に対して，$B = \begin{pmatrix} x & y \\ z & w \end{pmatrix}$ とおく．

(1) $AB = E$ となるような行列 B を求めよ．

(2) (1) で求めた行列 B は，$BA = E$ も満たすことを示せ．

(3) (1), (2) から何がわかるか．

【解答】 (1) $AB = \begin{pmatrix} ax + bz & ay + bw \\ cx + dz & cy + dw \end{pmatrix}$ であるから，$AB = E$ より

$$\begin{cases} ax + bz = 1 \cdots ① \\ cx + dz = 0 \cdots ② \end{cases} \quad \text{および} \quad \begin{cases} ay + bw = 0 \cdots ③ \\ cy + dw = 1 \cdots ④ \end{cases}$$

が成り立つ．

$$\begin{cases} ① \times d - ② \times b : \quad (ad - bc)x = d \\ ① \times c - ② \times a : \quad (ad - bc)z = -c \end{cases}$$

$$\begin{cases} ③ \times d - ④ \times b : \quad (ad - bc)y = -b \\ ③ \times c - ④ \times a : \quad (ad - bc)w = a \end{cases}$$

したがって求める B は，

$$B = \begin{pmatrix} x & y \\ z & w \end{pmatrix} = \frac{1}{ad - bc} \begin{pmatrix} d & -b \\ -c & a \end{pmatrix} \quad \text{答}$$

(2)　(1) で求めた B に対して,

$$BA = \frac{1}{ad-bc} \begin{pmatrix} d & -b \\ -c & a \end{pmatrix} \begin{pmatrix} a & b \\ c & d \end{pmatrix}$$

$$= \begin{pmatrix} 1 & 0 \\ 0 & 1 \end{pmatrix} = E$$

が成り立つ.　証終

(3)　(1), (2) より, A の逆行列は,

$$A^{-1} = \frac{1}{ad-bc} \begin{pmatrix} d & -b \\ -c & a \end{pmatrix}$$

であることがわかる.　答

⚠ 知っておきたいこと　例題でみたように, 2 次の正方行列については, 次のことが成り立つ.

$A = \begin{pmatrix} a & b \\ c & d \end{pmatrix}$ について.

(1)　「A が逆行列をもつ」$\Longleftrightarrow ad - bc \neq 0$

(2)　$ad - bc \neq 0$ のとき,

$$A^{-1} = \frac{1}{ad-bc} \begin{pmatrix} d & -b \\ -c & a \end{pmatrix}$$

〈注〉　$ad - bc$ を行列 A の**行列式**といい, $\det A$ もしくは $|A|$ で表す.

例2.13　$A = \begin{pmatrix} 1 & 2 \\ 3 & 4 \end{pmatrix}$ のとき,

$|A| = 1 \cdot 4 - 2 \cdot 3 = -2 \neq 0$ であるから, A^{-1} は存在し,

$$A^{-1} = \frac{1}{|A|} \begin{pmatrix} 4 & -2 \\ -3 & 1 \end{pmatrix} = \begin{pmatrix} -2 & 1 \\ \frac{3}{2} & -\frac{1}{2} \end{pmatrix} \qquad \square$$

例2.14　連立1次方程式

$$\begin{cases} x + 2y = 5 \\ 3x + 4y = 6 \end{cases} \quad \cdots (*)$$

は, $\begin{pmatrix} 1 & 2 \\ 3 & 4 \end{pmatrix} \begin{pmatrix} x \\ y \end{pmatrix} = \begin{pmatrix} 5 \\ 6 \end{pmatrix}$ と表せる. $\qquad \square$

例2.14 のように行列 A, ベクトル $\vec{b}$ を用いて, 連立1次方程式が $A\vec{x} = \vec{b}$ のように行列表示できるとき, A を連立1次方程式 $(*)$ の**係数行列**, $\left(A \mid \vec{b} \right)$ を**拡大係数行列**という. たとえば, 例2.14 の連立1次方程式 $(*)$ の

係数行列は $\begin{pmatrix} 1 & 2 \\ 3 & 4 \end{pmatrix}$, 拡大係数行列は $\left(\begin{array}{cc|c} 1 & 2 & 5 \\ 3 & 4 & 6 \end{array} \right)$

である.

例2.15　例2.14 の行列表示において両辺の左から A^{-1} を掛けると,

$$\begin{pmatrix} x \\ y \end{pmatrix} = A^{-1} \begin{pmatrix} 5 \\ 6 \end{pmatrix} = -\frac{1}{2} \begin{pmatrix} 4 & -2 \\ -3 & 1 \end{pmatrix} \begin{pmatrix} 5 \\ 6 \end{pmatrix} = \begin{pmatrix} -4 \\ \frac{9}{2} \end{pmatrix}$$

よって, 連立1次方程式 $(*)$ の解は, $x = -4, y = \dfrac{9}{2}$ $\qquad \square$

問2.7　次の行列の逆行列を求めよ.

(1) $A = \begin{pmatrix} -1 & 1 \\ 1 & -2 \end{pmatrix}$ 　(2) $B = \begin{pmatrix} 7 & 5 \\ 5 & 4 \end{pmatrix}$ 　(3) $C = \begin{pmatrix} 4 & 7 \\ 3 & 5 \end{pmatrix}$

問2.8　次の連立1次方程式を例2.15 のようにして解け.

(1) $\begin{cases} 4x + 7y = -2 \\ 3x + 5y = 1 \end{cases}$ 　(2) $\begin{cases} 7x + 5y = -1 \\ 5x + 4y = -2 \end{cases}$

■■■■■■■■ 第2章　演習問題 ■■■■■■■■

■ **演習 2.1**　$A = \begin{pmatrix} 2 & 0 & 1 \\ 3 & -1 & 0 \end{pmatrix}$, $B = \begin{pmatrix} 1 & -2 & 0 \\ -1 & 0 & 3 \\ 2 & 4 & 1 \end{pmatrix}$, $C = \begin{pmatrix} 3 \\ -2 \\ 4 \end{pmatrix}$

について，AB, BA, BC, CB をそれぞれ計算せよ．なければ存在しないと答えよ．

■ **演習 2.2**　次の対角行列 A, B の n 乗 A^n, B^n を求めよ．ただし，n は正の整数とする．

(1)　$A = \begin{pmatrix} 3 & 0 \\ 0 & 4 \end{pmatrix}$　　(2)　$B = \begin{pmatrix} 2 & 0 & 0 \\ 0 & 3 & 0 \\ 0 & 0 & -4 \end{pmatrix}$

■ **演習 2.3**　${}^tA = A$ が成り立つとき，A を**対称行列**という．任意の正方行列 A に対して，$A + {}^tA$ は対称行列であることを示せ．

■ **演習 2.4**　行列 $A = \begin{pmatrix} 8 & 5 \\ 4 & 3 \end{pmatrix}$ の逆行列を求めよ．また，それを利用して連立 1

次方程式 $\begin{cases} 8x + 5y = -1 \\ 4x + 3y = -3 \end{cases}$ を解け．

■ **演習 2.5**　(1)　行列 $A = \begin{pmatrix} a & b \\ c & d \end{pmatrix}$ に対して，等式

$$A^2 - (a + d)A + (ad - bc)E = O$$

が成り立つことを示せ．

(2)　行列 $A = \begin{pmatrix} 11 & -8 \\ 7 & -5 \end{pmatrix}$ のとき，

$$A^{-1} = 6E - A$$

が成り立つことを示せ．

第3章
行列の基本変形とその応用

　連立1次方程式の解法において，加減法による同値変形を拡大係数行列の変形と考える．ここから生まれた行列の行基本変形は，行列のもつ様々な特性を機械的な計算で求めてくれる．この章では，連立1次方程式の解法，行列の階数（ランク），逆行列などを行列の行基本変形による計算で求めていく．

　今まではベクトルを $\vec{a}$ のように → を用いて表していたが，この章より，ベクトルを太字を用いて $\boldsymbol{a}$ のように表す．

■ 3.1　連立1次方程式の解法

連立1次方程式の解法のプロセスと拡大係数行列の行基本変形　連立1次方程式の加減法のプロセスが，その拡大係数行列にどのような変形を施すのかを観察する．連立1次方程式が拡大係数行列の行基本変形に帰着できることを学ぶ．

例 3.1
$$\begin{cases} x - 2y = 4 & \cdots ① \\ 2x + 3y = 1 & \cdots ② \end{cases}$$

を解くプロセスをみてみよう．

$$\begin{pmatrix} 1 & -2 & \bigm| & 4 \\ 2 & 3 & \bigm| & 1 \end{pmatrix}$$

①かつ② $\iff \begin{cases} ①: x - 2y = 4 \\ ② - ① \times 2 : 7y = -7 \cdots ②' \end{cases}$

$\rightarrow \begin{pmatrix} 1 & -2 & \bigm| & 4 \\ 0 & 7 & \bigm| & -7 \end{pmatrix}$

$\iff \begin{cases} ①: x - 2y = 4 \\ ②' \times \frac{1}{7} : y = -1 \cdots ②'' \end{cases}$

$\rightarrow \begin{pmatrix} 1 & -2 & \bigm| & 4 \\ 0 & 1 & \bigm| & -1 \end{pmatrix}$

$\iff \begin{cases} ① + ②'' \times 2 : x = 2 \\ ②'' : y = -1 \end{cases}$

$\rightarrow \begin{pmatrix} 1 & 0 & \bigm| & 2 \\ 0 & 1 & \bigm| & -1 \end{pmatrix}$

□

　このように，加減法による同値変形により連立 1 次方程式の解が求まる．その加減法による解法のプロセスは，同値変形された連立 1 次方程式の係数だけを取り出してできる拡大係数行列の変形を施すことであることがわかる．拡大係数行列については，2.4 節で定義した．

行基本変形

　(1)　ある行と別の行を入れ換える
　(2)　ある行を α 倍する　$(\alpha \neq 0)$
　(3)　ある行に別の行の何倍かを加える

これら (1), (2), (3) を行列の**行に関する基本変形**もしくは**行基本変形**という．

行基本変形を表す記号

　i 行目と j 行目を入れ換えることを　　$(i) \longleftrightarrow (j)$
　i 行目を α 倍することを　　$(i) \times \alpha$
　i 行目に j 行目の α 倍を加えることを　　$(i) + (j) \times \alpha$
で表すことにする．

　例 3.1 における，

　1 つ目の変形は (3)：2 行目に 1 行目の -2 倍を加える であり $(2) + (1) \times (-2)$ で，

　2 つ目の変形は (2)：2 行目を $\dfrac{1}{7}$ 倍する であり $(2) \times \dfrac{1}{7}$ で，

　3 つ目の変形は (3)：1 行目に 2 行目の 2 倍を加える であり $(1) + (2) \times 2$ で表される．

　このように，連立 1 次方程式の加減法による解法のプロセスは，拡大係数行列の行基本変形を施していくことに他ならない．

　なお行基本変形 (1) は，並んでいる方程式の順を入れ換えることに相当する．

例題 3.1 行列の行基本変形を用いて，次の連立1次方程式を解け．

$$(1) \begin{cases} 2x + y + z = 1 \\ -x + y + z = -2 \\ x + y + 2z = 1 \end{cases} \qquad (2) \begin{cases} x - 2y - z = 4 \\ x + y + 2z = -2 \quad \cdots (*) \\ 2x - y + z = 2 \end{cases}$$

【解答】 (1)

$$\begin{pmatrix} 2 & 1 & 1 & | & 1 \\ -1 & 1 & 1 & | & -2 \\ 1 & 1 & 2 & | & 1 \end{pmatrix} \xrightarrow{① \longleftrightarrow ③} \begin{pmatrix} 1 & 1 & 2 & | & 1 \\ -1 & 1 & 1 & | & -2 \\ 2 & 1 & 1 & | & 1 \end{pmatrix} \xrightarrow[③ + ① \times (-2)]{② + ① \times 1}$$

$$\begin{pmatrix} 1 & 1 & 2 & | & 1 \\ 0 & 2 & 3 & | & -1 \\ 0 & -1 & -3 & | & -1 \end{pmatrix} \xrightarrow{② + ③ \times 1} \begin{pmatrix} 1 & 1 & 2 & | & 1 \\ 0 & 1 & 0 & | & -2 \\ 0 & -1 & -3 & | & -1 \end{pmatrix} \xrightarrow[③ + ② \times 1]{① + ② \times (-1)}$$

$$\begin{pmatrix} 1 & 0 & 2 & | & 3 \\ 0 & 1 & 0 & | & -2 \\ 0 & 0 & -3 & | & -3 \end{pmatrix} \xrightarrow{③ \times (-\frac{1}{3})} \begin{pmatrix} 1 & 0 & 2 & | & 3 \\ 0 & 1 & 0 & | & -2 \\ 0 & 0 & 1 & | & 1 \end{pmatrix}$$

$$\xrightarrow{① + ③ \times (-2)} \begin{pmatrix} 1 & 0 & 0 & | & 1 \\ 0 & 1 & 0 & | & -2 \\ 0 & 0 & 1 & | & 1 \end{pmatrix}$$

より求める解は，$\begin{cases} x = 1 \\ y = -2 \quad \boxed{答} \\ z = 1 \end{cases}$

〈注〉 1番目のプロセスでは $(1,1)$ 成分に1を作るために，2番目のプロセスでは1列目を e_1 にするために，3番目のプロセスでは $(2,2)$ 成分に1を作るために，4番目のプロセスでは2列目を e_2 にするために，5番目のプロセスでは $(3,3)$ 成分に1を作るために，6番目のプロセスでは3列目を e_3 にするために，それぞれ行基本変形を行った．なお，2, 4番目のプロセスでは，行基本変形2回分をまとめてかいている．

(2) $\begin{pmatrix} 1 & -2 & -1 & \bigm| & 4 \\ 1 & 1 & 2 & \bigm| & -2 \\ 2 & -1 & 1 & \bigm| & 2 \end{pmatrix}$

$\xrightarrow[\text{③ + ① × (−2)}]{\text{② + ① × (−1)}} \begin{pmatrix} 1 & -2 & -1 & \bigm| & 4 \\ 0 & 3 & 3 & \bigm| & -6 \\ 0 & 3 & 3 & \bigm| & -6 \end{pmatrix}$

$\xrightarrow{\text{② × } \frac{1}{3}} \begin{pmatrix} 1 & -2 & -1 & \bigm| & 4 \\ 0 & 1 & 1 & \bigm| & -2 \\ 0 & 3 & 3 & \bigm| & -6 \end{pmatrix} \xrightarrow[\text{③ + ② × (−3)}]{\text{① + ② × 2}} \begin{pmatrix} 1 & 0 & 1 & \bigm| & 0 \\ 0 & 1 & 1 & \bigm| & -2 \\ 0 & 0 & 0 & \bigm| & 0 \end{pmatrix}$

より, $(*) \iff \begin{cases} x + z = 0 \\ y + z = -2 \end{cases}$

ここで, $z = t$ とおくと,

$$\begin{cases} x = -t \\ y = -2 - t \qquad (t \text{ は任意}) \quad \boxed{答} \\ z = t \end{cases}$$

〈注〉　(1)　解答のように, 拡大係数行列を行基本変形で階段行列（階段の左と下の成分はすべて 0 の行列で詳しくは次の節を参照）にしていけばよい.

(2)　例題 3.1 (2) の連立 1 次方程式の解は, 1 組ではなく無数にある. したがって, **パラメータ** t を用いて表さなければならない. 解を表すときに最小 p 個のパラメータが要るとき, この p を方程式の**解の自由度**という. たとえば, 例題 3.1 (2) の連立方程式の解の自由度は 1 である. 座標空間において, $(*)$ の 3 つの方程式は, それぞれ平面を表す. 例題の (2) の結果は, この 3 つの平面の共通部分が直線

$$\begin{pmatrix} x \\ y \\ z \end{pmatrix} = \begin{pmatrix} 0 \\ -2 \\ 0 \end{pmatrix} + t \begin{pmatrix} -1 \\ -1 \\ 1 \end{pmatrix} \quad (t \in \mathbb{R})$$

であることを意味する（図参照）.

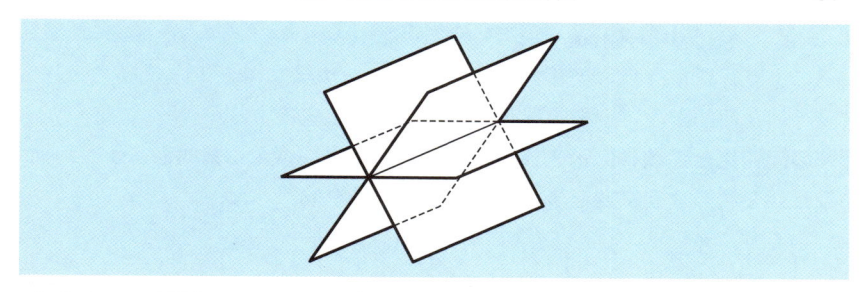

　ちなみに，例題 3.1 の (1) の連立方程式の解の自由度は 0 である．このよう
に解の自由度は，解の集合が何次元の図形をなすかとも解釈できる．

問 3.1　　係数行列が同じ 2 つの連立 1 次方程式 (1), (2) を解け．

(1)
$$\begin{cases} 3x - 2y + z = 4 \\ 2x - y + 3z = 0 \\ 3x - 2y + 2z = 3 \end{cases}$$
(2)
$$\begin{cases} 3x - 2y + z = 7 \\ 2x - y + 3z = 2 \\ 3x - 2y + 2z = -4 \end{cases}$$

問 3.2　　行列の行基本変形を用いて，次の連立 1 次方程式を解け．またその解の自
由度を求めよ．

(1)
$$\begin{cases} 2x + 3y + z = 1 \\ x - 2y - 3z = 4 \\ 3x - 4y - 7z = 10 \\ 2x - 3y - 5z = 7 \end{cases}$$

(2)
$$\begin{cases} x + 2y + z + 3w = 0 \\ 4x - y - 5z - 6w = 9 \\ x - 3y - 4z - 7w = 5 \\ 2x + y - z = 3 \end{cases}$$

■ **3.2　行列の階数**

　どこまで行列を行基本変形すればよいのか．その問い掛けに答えるためにも，階段行列と簡約階段行列を定義し，行列の階数を定義する．

行列の簡約化と階数　例題 3.1(1), (2) では，行基本変形の繰返しにより，拡大係数行列を次のように変形することにより問題を解決した．

$$
(1) \quad \begin{pmatrix} 2 & 1 & 1 & 1 \\ -1 & 1 & 1 & -2 \\ 1 & 1 & 2 & 1 \end{pmatrix} \to \cdots \to \begin{pmatrix} 1 & 0 & 0 & 1 \\ 0 & 1 & 0 & -2 \\ 0 & 0 & 1 & 1 \end{pmatrix}
$$

$$
(2) \quad \begin{pmatrix} 1 & -2 & -1 & 4 \\ 1 & 1 & 2 & -2 \\ 2 & -1 & 1 & 2 \end{pmatrix} \to \cdots \to \begin{pmatrix} 1 & 0 & 1 & 0 \\ 0 & 1 & 1 & -2 \\ 0 & 0 & 0 & 0 \end{pmatrix}
$$

変形した結果の行列を簡約階段行列とよぶ．

　階段行列と簡約階段行列の定義をしよう．次のように，

$$
\begin{pmatrix}
0 & \cdots & 0 & a_1 & * & \cdots & * & * & * & \cdots & * & * & * & \cdots & * \\
0 & \cdots & 0 & 0 & 0 & \cdots & 0 & a_2 & * & \cdots & * & * & * & \cdots & * \\
0 & \cdots & 0 & 0 & 0 & \cdots & 0 & 0 & 0 & \cdots & * & * & * & \cdots & * \\
\vdots & & & & & & & & & \ddots & & & & \cdots & \\
0 & \cdots & 0 & 0 & 0 & \cdots & 0 & 0 & 0 & \cdots & 0 & a_r & * & \cdots & * \\
0 & \cdots & 0 & 0 & 0 & \cdots & 0 & 0 & 0 & \cdots & 0 & 0 & 0 & \cdots & 0 \\
\vdots & & & & & & & & & & & & & \cdots & \\
0 & \cdots & 0 & 0 & 0 & \cdots & 0 & 0 & 0 & \cdots & 0 & 0 & 0 & \cdots & 0
\end{pmatrix}
$$

「$1, 2, \ldots, r$ 行目は，初めて 0 でないところが a_i $(i = 1, 2, \ldots, r)$ で，その列を第 j_i 列とすると，$j_1 < j_2 < \cdots < j_r$ であり，しかも横棒の下はすべて 0 である」という条件を満たす行列を**階段行列**とよぶ．さらに，$a_i = 1$ $(i = 1, 2, \ldots, r)$ で，$j_1, j_2, \ldots, j_r$ 列目は基本ベクトル $e_1, e_2, \ldots, e_r$ であるという条件を満たす行列を**簡約階段行列**とよぶ．

定理 3.1　**簡約階段行列の一意性**

　どんな行列でも有限回の行基本変形で階段行列に変形することができる．さらに，もう何回かの行基本変形で簡約階段行列に変形することができる．そのときの変形の仕方はいろいろあるが，簡約階段行列は一意に定まる（行列によって決まる）．

定義 3.1　行列のランク

　定理 3.1 において，階段行列，簡約階段行列の階段の階数（定理 3.1 の直前の説明における r）を行列 A の**階数**（**ランク**）といい，$\text{rank}\,A$ で表す．行列 A が有限回の行基本変形で簡約階段行列になるとき，そのプロセスを A の**簡約化**という．

例 3.2　行列 $A = \begin{pmatrix} 0 & 0 & 0 & 4 & -2 \\ 0 & 2 & -4 & 4 & 1 \\ 0 & 3 & -6 & 5 & 2 \end{pmatrix}$ を行基本変形を繰り返し行い，

簡約階段行列になるまで続ける（A を簡約化する）．

$$A = \begin{pmatrix} 0 & 0 & 0 & 4 & -2 \\ 0 & 2 & -4 & 4 & 1 \\ 0 & 3 & -6 & 5 & 2 \end{pmatrix} \xrightarrow{(1):①\leftrightarrow③} \begin{pmatrix} 0 & 3 & -6 & 5 & 2 \\ 0 & 2 & -4 & 4 & 1 \\ 0 & 0 & 0 & 4 & -2 \end{pmatrix}$$

$$\xrightarrow{(2):①+②\times(-1)} \begin{pmatrix} 0 & 1 & -2 & 1 & 1 \\ 0 & 2 & -4 & 4 & 1 \\ 0 & 0 & 0 & 4 & -2 \end{pmatrix} \xrightarrow{(3):②+①\times(-2)} \begin{pmatrix} 0 & 1 & -2 & 1 & 1 \\ 0 & 0 & 0 & 2 & -1 \\ 0 & 0 & 0 & 4 & -2 \end{pmatrix}$$

$$\xrightarrow{(4):②\times\frac{1}{2}} \begin{pmatrix} 0 & 1 & -2 & 1 & 1 \\ 0 & 0 & 0 & 1 & -\frac{1}{2} \\ 0 & 0 & 0 & 4 & -2 \end{pmatrix} \xrightarrow{(5):\begin{subarray}{l}①+②\times(-1)\\③+②\times(-4)\end{subarray}} \begin{pmatrix} 0 & 1 & -2 & 0 & \frac{3}{2} \\ 0 & 0 & 0 & 1 & -\frac{1}{2} \\ 0 & 0 & 0 & 0 & 0 \end{pmatrix}$$

　よって，行列 A の階数（ランク）は，$\text{rank}\,A = 2$　である．　□

〈注〉　A の 1 列目は **0**，2 列目は **0** でないから，

　(1) では $(1,2)$ 成分を 0 でない数にするために行基本変形を行った．さらに，

　(2) では $(1,2)$ 成分を 1 にするために，(3) では 2 列目を e_1 にするために，

　(4) では $(2,4)$ 成分を 1 にするために，(5) では 4 列目を e_2 にするために，

それぞれ行基本変形を行った．

問 3.3　行列 $A = \begin{pmatrix} 1 & 2 & 2 & 0 & -3 \\ 2 & 4 & 4 & 3 & 0 \\ -1 & -1 & 1 & 0 & 3 \\ 0 & 1 & 3 & 2 & 4 \end{pmatrix}$ を簡約化して階数を求めよ．

■ 3.3 　連立 1 次方程式の解と拡大係数行列の階数 ■

連立 1 次方程式の係数行列と拡大係数行列の階数を考えると，連立 1 次方程式の解の状況をうまく記述できることがこの節のねらいである．

拡大係数行列の簡約化 　簡約化という言葉を用いると，連立 1 次方程式の解法は次のようにいえる．

> **連立 1 次方程式の解法** 　連立 1 次方程式 $A\bm{x} = \bm{b}$ の解法は，拡大係数行列 $(A \mid \bm{b})$ を簡約化することに帰着できる．

> **例題 3.2** 　連立 1 次方程式
> $$\begin{cases} x + y = 5 \\ y + kz = 4 \qquad (k \text{ は定数}) \quad \cdots (*) \\ 2x + k^2 z = -k \end{cases}$$
> の解を求めよ．

【解答】 　連立 1 次方程式 $(*)$ の拡大係数行列を行基本変形していくと

$$\begin{pmatrix} 1 & 1 & 0 & 5 \\ 0 & 1 & k & 4 \\ 2 & 0 & k^2 & -k \end{pmatrix} \to \begin{pmatrix} 1 & 1 & 0 & 5 \\ 0 & 1 & k & 4 \\ 0 & -2 & k^2 & -k-10 \end{pmatrix}$$

$$\to \begin{pmatrix} 1 & 0 & -k & 1 \\ 0 & 1 & k & 4 \\ 0 & 0 & k^2+2k & -k-2 \end{pmatrix} \quad (= B \text{ とおく})$$

「$k=0$」，「$k=-2$」，「$k \neq 0$ かつ $k \neq -2$」で場合分けする．

(i) 　$k=0$ のとき，B を簡約化すると

$$B = \begin{pmatrix} 1 & 0 & 0 & 1 \\ 0 & 1 & 0 & 4 \\ 0 & 0 & 0 & -2 \end{pmatrix} \to \begin{pmatrix} 1 & 0 & 0 & 1 \\ 0 & 1 & 0 & 4 \\ 0 & 0 & 0 & 1 \end{pmatrix} \to \begin{pmatrix} 1 & 0 & 0 & 0 \\ 0 & 1 & 0 & 0 \\ 0 & 0 & 0 & 1 \end{pmatrix}$$

となるから，$(*)$ は解なし．　**答**

(ii) $k = -2$ のとき

$$B = \begin{pmatrix} 1 & 0 & 2 & | & 1 \\ 0 & 1 & -2 & | & 4 \\ 0 & 0 & 0 & | & 0 \end{pmatrix}$$ がすでに簡約階段行列であり、 $\begin{cases} x + 2z = 1 \\ y - 2z = 4 \end{cases}$

において $z = t$ とおき $(*)$ の解は、 $x = 1 - 2t,\ 4 + 2t,\ z = t$ （t は任意） 答

(iii) $k \neq 0$ かつ $k \neq -2$ のとき、B を簡約すると

$$B \to \begin{pmatrix} 1 & 0 & -k & | & 1 \\ 0 & 1 & k & | & 4 \\ 0 & 0 & 1 & | & -\frac{1}{k} \end{pmatrix} \to \begin{pmatrix} 1 & 0 & 0 & | & 0 \\ 0 & 1 & 0 & | & 5 \\ 0 & 0 & 1 & | & -\frac{1}{k} \end{pmatrix}$$

となり $(*)$ の解は、 $x = 0,\ y = 5,\ z = -\frac{1}{k}$ 答

🛈 **知っておきたいこと** 連立 1 次方程式の解と（拡大）係数行列の階数について次が成り立つ.

定理 3.2 連立 1 次方程式の解の個数

係数行列 A が $m \times n$ 行列で、$\boldsymbol{b} \in \mathbb{R}^n$ の n 個の変数 $x_1, x_2, \ldots, x_n$ に関する連立 1 次方程式 $A\boldsymbol{x} = \boldsymbol{b} \cdots (*)$ について.

(1) $\operatorname{rank} A = \operatorname{rank}\left(A \,|\, \boldsymbol{b}\right) = n$ のとき、$(*)$ はただ 1 組の解をもつ.

(2) $\operatorname{rank} A = \operatorname{rank}\left(A \,|\, \boldsymbol{b}\right) < n$ のとき、$(*)$ は解を無数にもち、その解の自由度は $n - \operatorname{rank} A$ である.

(3) $\operatorname{rank} A < \operatorname{rank}\left(A \,|\, \boldsymbol{b}\right)$ のとき、$(*)$ は解なし.

〈注〉 (1) $(*)$ が解をもつための条件は、$\operatorname{rank} A = \operatorname{rank}\left(A \,|\, \boldsymbol{b}\right)$ である.

(2) $\operatorname{rank} A < \operatorname{rank}\left(A \,|\, \boldsymbol{b}\right)$ のとき、

$$\operatorname{rank}\left(A \,|\, \boldsymbol{b}\right) = \operatorname{rank} A + 1$$

である.

例題 3.3　連立 1 次方程式 $A\boldsymbol{x} = \boldsymbol{b}\cdots(*)$ の拡大係数行列 $\left(A\,|\,\boldsymbol{b}\right)$ が有限回の行基本変形で右のような行列になった．このとき，連立 1 次方程式 $(*)$ の解は存在することを示し，その解の自由度を求めよ．

$$\left(\begin{array}{cccccc|c} 1 & -2 & 0 & 0 & 0 & 4 & 8 \\ 0 & 0 & 1 & -5 & 0 & -3 & 6 \\ 0 & 0 & 0 & 0 & 1 & 1 & -3 \\ 0 & 0 & 0 & 0 & 0 & 0 & 0 \end{array}\right)$$

【解答】　得られた簡約階段行列の形より，

$$\mathrm{rank}\,A \;=\; \mathrm{rank}\left(A\,|\,\boldsymbol{b}\right) = 3$$

であり，連立 1 次方程式の未知数の数 n は，$n = 6$ である．したがって，連立 1 次方程式 $(*)$ は解をもち，その解の自由度は $6 - 3 = 3$ である．　答

問 3.4　例題 3.3 の連立 1 次方程式 $(*)$ を解け．

例題 3.4

$$A = \begin{pmatrix} 1 & -2 & 0 & 2 & 1 \\ -1 & 2 & 1 & 3 & 2 \\ 2 & -4 & 1 & 3 & -1 \\ -1 & 2 & -2 & 0 & 5 \end{pmatrix},\quad \boldsymbol{x} = \begin{pmatrix} x_1 \\ x_2 \\ x_3 \\ x_4 \\ x_5 \end{pmatrix}\ \text{について．}$$

(1)　行列 A の階数を求めよ．

(2)　連立 1 次方程式 $A\boldsymbol{x} = \boldsymbol{0}$ を解け．また，その解の自由度を求めよ．

【解答】　(1)　$A \to \begin{pmatrix} 1 & -2 & 0 & 2 & 1 \\ 0 & 0 & 1 & 5 & 3 \\ 0 & 0 & 1 & -1 & -3 \\ 0 & 0 & -2 & 2 & 6 \end{pmatrix} \to \begin{pmatrix} 1 & -2 & 0 & 2 & 1 \\ 0 & 0 & 1 & 5 & 3 \\ 0 & 0 & 0 & -6 & -6 \\ 0 & 0 & 0 & 12 & 12 \end{pmatrix}$

$\to \begin{pmatrix} 1 & -2 & 0 & 2 & 1 \\ 0 & 0 & 1 & 5 & 3 \\ 0 & 0 & 0 & 1 & 1 \\ 0 & 0 & 0 & 1 & 1 \end{pmatrix} \to \begin{pmatrix} 1 & -2 & 0 & 0 & -1 \\ 0 & 0 & 1 & 0 & -2 \\ 0 & 0 & 0 & 1 & 1 \\ 0 & 0 & 0 & 0 & 0 \end{pmatrix}$　（A の簡約化）

より，$\mathrm{rank}\,A = 3$　答

(2) 連立 1 次方程式 $A\boldsymbol{x} = \boldsymbol{0}$ の拡大係数行列 $\left(A \mid \boldsymbol{0}\right)$ の第 6 列ベクトルは $\boldsymbol{0}$ であり，行基本変形によって $\boldsymbol{0}$ のままであるから，拡大係数行列の簡約化は，

$$\left(A \mid \boldsymbol{0}\right) \rightarrow \begin{pmatrix} 1 & -2 & 0 & 0 & -1 & 0 \\ 0 & 0 & 1 & 0 & -2 & 0 \\ 0 & 0 & 0 & 1 & 1 & 0 \\ 0 & 0 & 0 & 0 & 0 & 0 \end{pmatrix} \text{となり，} \begin{cases} x_1 - 2x_2 - x_5 = 0 \\ x_3 - 2x_5 = 0 \\ x_4 + x_5 = 0 \end{cases}$$

において，$x_2 = s, x_5 = t$ とおいて，求める解は

$$x_1 = 2s + t, \quad x_2 = s, \quad x_3 = 2t, \quad x_4 = -t, \quad x_5 = t \quad (s, t \text{ は任意})$$

であり，解の自由度 $= 2$ **答**

$\boldsymbol{b} = \boldsymbol{0}$ の場合，$(*) : A\boldsymbol{x} = \boldsymbol{b}$ は，

$$A\boldsymbol{x} = \boldsymbol{0} \cdots (**)$$

である．このような形の連立 1 次方程式を**同次連立 1 次方程式**とよぶ．

$A\boldsymbol{0} = \boldsymbol{0}$ が成り立つから，同次連立 1 次方程式 $(**)$ は必ず解 $\boldsymbol{x} = \boldsymbol{0}$ をもつ．この明らかな解を同次連立 1 次方程式 $(**)$ の**自明な解**という．

定理 3.2 を用いると，例題 3.4 (2) の解の自由度は $5 - 3 = 2$

同次連立 1 次方程式について 係数行列 A が $m \times n$ 行列で n 個の変数 $x_1, x_2, \ldots, x_n$ に関する同次連立 1 次方程式 $A\boldsymbol{x} = \boldsymbol{0} \cdots (**)$ の解の自由度は，$n - \operatorname{rank} A$ である．
(1) $\operatorname{rank} A = n$ のとき，$(**)$ は自明な解 $\boldsymbol{x} = \boldsymbol{0}$ のみをもつ．
(2) $\operatorname{rank} A < n$ のとき，$(**)$ は，自明な解 $\boldsymbol{x} = \boldsymbol{0}$ 以外にも解をもつ．

問 3.5 行列 $A = \begin{pmatrix} 1 & 2 & 1 & 0 \\ -4 & 1 & 5 & -9 \\ 3 & -1 & -4 & 7 \\ 6 & 1 & -5 & 11 \end{pmatrix}$ の階数を求めよ．また，連立 1 次方程式 $A\boldsymbol{x} = \boldsymbol{0}$ を解き，その解の自由度を求めよ．

■ **3.4　基本変形と基本行列**

　行基本変形は，ある行列を左から掛けることに相当する．この節では列に関する基本変形についても学ぶ．

基本行列

例 3.3　例題 3.1 (1) における行基本変形について考える．

$$
\begin{pmatrix} 2 & 1 & 1 & 1 \\ -1 & 1 & 1 & -2 \\ 1 & 1 & 2 & 1 \end{pmatrix} \xrightarrow{①\longleftrightarrow③} \begin{pmatrix} 1 & 1 & 2 & 1 \\ -1 & 1 & 1 & -2 \\ 2 & 1 & 1 & 1 \end{pmatrix}
$$

の行基本変形 ① $\longleftrightarrow$ ③ は，次のように左から＿＿＿の行列を掛けることに相当する．

$$
\begin{pmatrix} 0 & 0 & 1 \\ 0 & 1 & 0 \\ 1 & 0 & 0 \end{pmatrix}\begin{pmatrix} 2 & 1 & 1 & 1 \\ -1 & 1 & 1 & -2 \\ 1 & 1 & 2 & 1 \end{pmatrix} = \begin{pmatrix} 1 & 1 & 2 & 1 \\ -1 & 1 & 1 & -2 \\ 2 & 1 & 1 & 1 \end{pmatrix}
$$

　このように行列の基本変形に対応する行列を**基本行列**という．　　　　　　■

問 3.6　例題 3.1 (1) における残りの行基本変形

(1) $\begin{cases} ② + ① \times 1 \\ ③ + ① \times (-2) \end{cases}$　　　(2)　$② + ③ \times 1$　　　(3) $\begin{cases} ① + ② \times (-1) \\ ③ + ② \times 1 \end{cases}$

(4)　$③ \times \left(-\frac{1}{3}\right)$　　　(5)　$① + ③ \times (-2)$

を例 3.3 と同じように基本行列を用いて表現せよ．

定義 3.2　列基本変形

　行基本変形の定義における行を列に置き換えると，**列基本変形**の定義となる．行基本変形と列基本変形を合わせて**基本変形**という．

定理 3.3　基本行列

$\begin{cases} 行基本変形は，対応する基本行列を左から掛ける \\ 列基本変形は，対応する基本行列を右から掛ける \end{cases}$

ことに相当する．

例 3.4 行列 $A = \begin{pmatrix} -2 & -4 & 7 & -9 \\ 1 & 2 & -3 & 4 \\ -1 & -2 & 5 & -6 \end{pmatrix}$ に基本変形を繰り返し,

$$A \to \begin{pmatrix} 1 & 2 & -3 & 4 \\ -2 & -4 & 7 & -9 \\ -1 & -2 & 5 & -6 \end{pmatrix} \to \begin{pmatrix} 1 & 2 & -3 & 4 \\ 0 & 0 & 1 & -1 \\ 0 & 0 & 2 & -2 \end{pmatrix}$$

$$\overset{(1)}{\to} \begin{pmatrix} 1 & 2 & 0 & 1 \\ 0 & 0 & 1 & -1 \\ 0 & 0 & 0 & 0 \end{pmatrix} \overset{(2)}{\to} \begin{pmatrix} 1 & 0 & 0 & 0 \\ 0 & 0 & 1 & -1 \\ 0 & 0 & 0 & 0 \end{pmatrix}$$

$$\overset{(3)}{\to} \begin{pmatrix} 1 & 0 & 0 & 0 \\ 0 & 0 & 1 & 0 \\ 0 & 0 & 0 & 0 \end{pmatrix} \overset{(4)}{\to} \begin{pmatrix} 1 & 0 & 0 & 0 \\ 0 & 1 & 0 & 0 \\ 0 & 0 & 0 & 0 \end{pmatrix}$$

(1) までは行基本変形で,行列 A を簡約階段行列にして,(2)～(4) で列基本変形を用いて標準形に変形した.実際,
(2):2 列目に 1 列目の -2 倍を加え,ついで 4 列目に 1 列目の -1 倍を加える,
(3):4 列目に 3 列目の 1 倍を加える,(4):2 列目と 3 列目を交換する
のように列基本変形を行った.行基本変形同様,列基本変形も次のように表す.
(2):$\boxed{2}+\boxed{1}\times(-2)$, $\boxed{4}+\boxed{1}\times(-1)$, (3):$\boxed{4}+\boxed{3}\times 1$, (4):$\boxed{2}\leftrightarrow\boxed{3}$ ☐

問 3.7 行列 $A = \begin{pmatrix} 0 & 1 & 1 & 2 \\ 1 & 2 & 3 & 7 \\ 2 & 5 & 7 & 16 \end{pmatrix}$ を基本変形を繰り返して

$$O, \quad \begin{pmatrix} 1 & 0 & 0 & 0 \\ 0 & 0 & 0 & 0 \\ 0 & 0 & 0 & 0 \end{pmatrix}, \quad \begin{pmatrix} 1 & 0 & 0 & 0 \\ 0 & 1 & 0 & 0 \\ 0 & 0 & 0 & 0 \end{pmatrix}, \quad \begin{pmatrix} 1 & 0 & 0 & 0 \\ 0 & 1 & 0 & 0 \\ 0 & 0 & 1 & 0 \end{pmatrix}$$

のいずれかの形にせよ.

⚠ **知っておきたいこと** 一般に次が成り立つ.

定理 3.4 **行列の標準形**

任意の行列 A は,有限回の行列の基本変形で標準形

$$\begin{pmatrix} E_r & O_{r,n-r} \\ O_{m-r,r} & O_{m-r,n-r} \end{pmatrix}$$ にできる.このとき,$r = \operatorname{rank} A$

■ **3.5　逆行列の計算**

2.4 節では，2 次の正方行列の逆行列の定義について扱った．この節では，正方行列の逆行列が行基本変形の簡約化により計算できることを学ぶ．

逆行列　n 次正方行列 A に対して，$AB = BA = E$ となる n 次正方行列 B が存在するとき，この行列 B を A の**逆行列**といい，$\boxed{A^{-1}}$ で表す．逆行列をもつ行列を**正則行列**とよぶ．

例 3.5　$A = \begin{pmatrix} 1 & 2 \\ 3 & 4 \end{pmatrix}$ の逆行列は，$AB = BA = E$ を満たす行列 B である．ここで，$B = \begin{pmatrix} x_1 & x_2 \\ y_1 & y_2 \end{pmatrix}$ とおくと，$AB = E$ から

$$\begin{pmatrix} 1 & 2 \\ 3 & 4 \end{pmatrix} \begin{pmatrix} x_1 & x_2 \\ y_1 & y_2 \end{pmatrix} = \begin{pmatrix} 1 & 0 \\ 0 & 1 \end{pmatrix}$$

この等式は，

$$\begin{pmatrix} 1 & 2 \\ 3 & 4 \end{pmatrix} \begin{pmatrix} x_1 \\ y_1 \end{pmatrix} = \begin{pmatrix} 1 \\ 0 \end{pmatrix} \quad \text{と} \quad \begin{pmatrix} 1 & 2 \\ 3 & 4 \end{pmatrix} \begin{pmatrix} x_2 \\ y_2 \end{pmatrix} = \begin{pmatrix} 0 \\ 1 \end{pmatrix}$$

をまとめたものである．この 2 つの連立 1 次方程式を次のように同時に解くと

$$\begin{pmatrix} 1 & 2 & | & 1 & 0 \\ 3 & 4 & | & 0 & 1 \end{pmatrix} \xrightarrow{②+①×(-3)} \begin{pmatrix} 1 & 2 & | & 1 & 0 \\ 0 & -2 & | & -3 & 1 \end{pmatrix}$$

$$\xrightarrow{①+②×1} \begin{pmatrix} 1 & 0 & | & -2 & 1 \\ 0 & -2 & | & -3 & 1 \end{pmatrix} \xrightarrow{②×(-\frac{1}{2})} \begin{pmatrix} 1 & 0 & | & -2 & 1 \\ 0 & 1 & | & \frac{3}{2} & -\frac{1}{2} \end{pmatrix} \cdots (*)$$

より，

$$\begin{pmatrix} x_1 \\ y_1 \end{pmatrix} = \begin{pmatrix} -2 \\ \frac{3}{2} \end{pmatrix}, \quad \begin{pmatrix} x_2 \\ y_2 \end{pmatrix} = \begin{pmatrix} 1 \\ -\frac{1}{2} \end{pmatrix}$$

すなわち，$AB = E$ を満たす B は $B = \begin{pmatrix} -2 & 1 \\ \frac{3}{2} & -\frac{1}{2} \end{pmatrix}$

この B は $BA = E$ も満たす（各自確かめよ）から $A^{-1} = \begin{pmatrix} -2 & 1 \\ \frac{3}{2} & -\frac{1}{2} \end{pmatrix}$　　■

〈注〉 (∗) における行基本変形 ②＋①×(−3), ①＋②×1, ②×(−½) に対応する基本行列を P_1, P_2, P_3 とおき，次のように $BA = E$ を示すこともできる．

$$\left(A \,|\, E\right) \xrightarrow{②+①×(-3)} \left(P_1A \,|\, P_1\right) \xrightarrow{①+②×1} \left(P_2P_1A \,|\, P_2P_1\right)$$

$$\xrightarrow{②×(-\frac{1}{2})} \left(P_3P_2P_1A \,|\, P_3P_2P_1\right),$$

$$P_3P_2P_1A = E, \quad P_3P_2P_1 = B$$

となるから，$BA = E$ が示される．

　一般に次の定理が成り立つ．

定理 3.5　逆行列の求め方

　n 次正方行列 A に対して，$\left(A \,|\, E\right)$ を行基本変形で簡約化すると

$$\left(A \,|\, E\right) \overset{\text{有限回の行基本変形}}{\longrightarrow \cdots \cdots \longrightarrow} \left(E \,|\, B\right) \cdots (*)$$

$\left(E \,|\, B\right)$ の形に変形できるとき，$B = A^{-1}$

〈注〉 $\mathrm{rank}\, A = n$ のとき，(∗) のように簡約化される．$\mathrm{rank}\, A < n$ のとき，(∗) のようには簡約化されないから，A は逆行列をもたない．したがって，次が成り立つ．

定理 3.6　正則行列であるための条件

　n 次正方行列 A が正則行列であるための必要十分条件は，$\mathrm{rank}\, A = n$ が成り立つことである．

例題 3.5

　行列 $A = \begin{pmatrix} 1 & -1 & -2 \\ 2 & -1 & 3 \\ 3 & -2 & 2 \end{pmatrix}$ について．

(1)　A の逆行列があれば求めよ．

(2)　$\boldsymbol{x} = \begin{pmatrix} x \\ y \\ z \end{pmatrix}$, $\boldsymbol{b} = \begin{pmatrix} 3 \\ -2 \\ -4 \end{pmatrix}$ とする．連立 1 次方程式 $A\boldsymbol{x} = \boldsymbol{b}$ を解け．

【解答】　(1)

$$
\begin{pmatrix}
1 & -1 & -2 & 1 & 0 & 0 \\
2 & -1 & 3 & 0 & 1 & 0 \\
3 & -2 & 2 & 0 & 0 & 1
\end{pmatrix}
\rightarrow
\begin{pmatrix}
1 & -1 & -2 & 1 & 0 & 0 \\
0 & 1 & 7 & -2 & 1 & 0 \\
0 & 1 & 8 & -3 & 0 & 1
\end{pmatrix}
$$

$$
\rightarrow
\begin{pmatrix}
1 & 0 & 5 & -1 & 1 & 0 \\
0 & 1 & 7 & -2 & 1 & 0 \\
0 & 0 & 1 & -1 & -1 & 1
\end{pmatrix}
\rightarrow
\begin{pmatrix}
1 & 0 & 0 & 4 & 6 & -5 \\
0 & 1 & 0 & 5 & 8 & -7 \\
0 & 0 & 1 & -1 & -1 & 1
\end{pmatrix}
$$

$$
A^{-1} =
\begin{pmatrix}
4 & 6 & -5 \\
5 & 8 & -7 \\
-1 & -1 & 1
\end{pmatrix}
\quad \text{答}
$$

(2)　$A\boldsymbol{x} = \boldsymbol{b}$ の両辺の左から A^{-1} を掛けて

$$
\boldsymbol{x} = A^{-1}\boldsymbol{b} =
\begin{pmatrix}
4 & 6 & -5 \\
5 & 8 & -7 \\
-1 & -1 & 1
\end{pmatrix}
\begin{pmatrix}
3 \\
-2 \\
-4
\end{pmatrix}
=
\begin{pmatrix}
20 \\
27 \\
-5
\end{pmatrix}
\quad \text{答}
$$

問 3.8　次の行列の逆行列を求めよ.

(1)　$A =
\begin{pmatrix}
1 & 1 & 1 \\
2 & 3 & 4 \\
1 & 3 & 6
\end{pmatrix}$
　　(2)　$B =
\begin{pmatrix}
1 & -1 & -4 & 1 \\
2 & 2 & 5 & 1 \\
3 & 0 & -2 & 1 \\
5 & 2 & 3 & 3
\end{pmatrix}$

問 3.9　(1)　行列 $A =
\begin{pmatrix}
-3 & 0 & 1 \\
0 & -2 & 1 \\
1 & 1 & -1
\end{pmatrix}$
の逆行列を求めよ.

(2)　連立 1 次方程式 $
\begin{pmatrix}
-3 & 0 & 1 \\
0 & -2 & 1 \\
1 & 1 & -1
\end{pmatrix}
\begin{pmatrix}
x_1 \\
x_2 \\
x_3
\end{pmatrix}
=
\begin{pmatrix}
1 \\
0 \\
-1
\end{pmatrix}$ を解け.

■■■■■■■■■■ **第3章 演習問題** ■■■■■■■■■■

■ **演習 3.1** 拡大係数行列の行基本変形を用いて，次の連立 1 次方程式を解け.

(1) $\begin{cases} x + 2y + 5z = -3 \\ 3x + 5y + 11z = -7 \end{cases}$

(2) $\begin{cases} x + 3y - 2z = -1 \\ -3x - 8y + 7z = 5 \\ x + 2y - z = 1 \end{cases}$

(3) $\begin{cases} x_1 + 2x_2 + x_3 + 3x_4 = 0 \\ 4x_1 - x_2 - 5x_3 - 6x_4 = 9 \\ x_1 - 3x_2 - 4x_3 - 7x_4 = 5 \\ 2x_1 + x_2 - x_3 = 3 \end{cases}$

■ **演習 3.2** 次の連立 1 次方程式を解け. ただし，k は定数である.

(1) $\begin{cases} 2x - y - 3z = 7 \\ x + 2y + z = -4 \\ kx + 2y - z = 0 \end{cases}$ (2) $\begin{cases} x + y = 3 \\ y - 2kz = 2 \\ x + 2k^2 z = k \end{cases}$

■ **演習 3.3** 行列 $A = \begin{pmatrix} 1 & -2 & 0 & 2 & 1 \\ -1 & 2 & 1 & 3 & 2 \\ 2 & -4 & 1 & 3 & -1 \\ -1 & 2 & -2 & 0 & 5 \end{pmatrix}$ について.

(1) 行列 A を何回かの行基本変形で簡約化せよ. また，行列 A の階数を求めよ.

(2) 連立 1 次方程式 $A\boldsymbol{x} = \boldsymbol{0}$ を解け. また，その解の自由度を求めよ.

■ **演習 3.4** 行列 $A = \begin{pmatrix} 1 & -2 & 1 & 5 & -1 & -1 & -5 \\ 0 & 0 & 1 & 3 & -2 & -2 & -3 \\ 0 & 0 & 0 & 0 & 0 & 1 & 2 \\ 0 & 0 & 0 & 0 & 0 & 0 & 0 \end{pmatrix}$ について.

(1) 行列 A を簡約化せよ. また，行列 A の階数を求めよ.

(2) 連立 1 次方程式 $A\boldsymbol{x} = \boldsymbol{0}$ を解け. また，その解の自由度を求めよ.

▌**演習 3.5**　行列 $A = \begin{pmatrix} 1 & 2 & 1 \\ -1 & -1 & 2 \\ 3 & 4 & -1 \end{pmatrix}$ について.

(1)　A の逆行列 A^{-1} を求めよ.

(2)　(1) の結果を用いて，連立 1 次方程式

$$A \begin{pmatrix} x \\ y \\ z \end{pmatrix} = \begin{pmatrix} 2 \\ 3 \\ -2 \end{pmatrix}$$

を解け.

▌**演習 3.6**　正方行列 A に対して，逆行列が存在するとしたら，それはただ 1 つであることを示せ.

▌**演習 3.7**　同じ型の正方行列 A, B, C に対して，$AB = CA = E$ ならば，$B = C$ であることを示せ.

▌**演習 3.8**　同じ型の正方行列 A, B が正則ならば，AB も正則であり，

$$(AB)^{-1} = B^{-1} A^{-1}$$

が成り立つことを示せ.

▌**演習 3.9**　n 次正方行列 A, B について，

$$\begin{cases} A + B = -E \\ A^2 + B^2 = -E \end{cases}$$

が成り立つならば，$B = A^{-1}$ であることを証明せよ.

▌**演習 3.10**　同じ型の正方行列 A, B について，$AB = E$ ならば，$BA = E$ が成り立つことを証明せよ（**ヒント**：例 3.5 とその〈**注**〉を参照）.

第4章

行　列　式

行列式を発見した人はライプニッツといわれているが，同時期に日本人数学者関孝和も行列式について随分深く研究していた．この章では 2 次の正方行列の行列式から始めどのような性質をもつかを考え，次に一般の n 次正方行列に対する行列式をきちんと定義して，行列式の性質を学んでいく．

■ 4.1　2 次の正方行列の行列式

この節では，2.4 節で定義した 2 次の正方行列の行列式の性質を調べる．

2 次正方行列の行列式

$$\begin{vmatrix} a & b \\ c & d \end{vmatrix} = ad - bc \quad （\text{2 次正方行列の行列式}）$$

例 4.1　$\begin{vmatrix} 1 & 3 \\ -4 & -1 \end{vmatrix} = 1 \times (-1) - 3 \times (-4) = 11$ □

問 4.1　次の行列の行列式を求めよ．

(1) $\begin{pmatrix} 3 & -5 \\ -1 & 2 \end{pmatrix}$ (2) $\begin{pmatrix} -5 & 1 \\ 2 & 3 \end{pmatrix}$

定理 4.1　列ベクトルで張られる平行四辺形と行列式

$\boldsymbol{a} = \begin{pmatrix} a_1 \\ a_2 \end{pmatrix}$, $\boldsymbol{b} = \begin{pmatrix} b_1 \\ b_2 \end{pmatrix}$ で張られる平行四辺形について.

(1) 面積は，行列 $\begin{pmatrix} \boldsymbol{a}, & \boldsymbol{b} \end{pmatrix}$ の行列式の絶対値と等しい．

(2) $\boldsymbol{a}, \boldsymbol{b}$ が平行である $\Longleftrightarrow$ $\begin{vmatrix} a_1 & b_1 \\ a_2 & b_2 \end{vmatrix} = 0$

例題 4.1 2 点 A$(-2, -3)$, B$(1, -2)$ について.

(1) $\overrightarrow{\mathrm{OA}}$, $\overrightarrow{\mathrm{OB}}$ で張られる平行四辺形の面積を求めよ.

(2) 2 点 A, B を通る直線 l の方程式を求めよ.

【解答】 (1) 求める面積 S は $S = \left| \det \begin{pmatrix} -2 & 1 \\ -3 & -2 \end{pmatrix} \right| = |4 + 3| = 7$ **答**

(2) $\qquad \mathrm{P}(x, y) \in$ 直線 l

$\qquad \Longleftrightarrow \overrightarrow{\mathrm{AP}}, \overrightarrow{\mathrm{AB}}$ が平行である

$$\Longleftrightarrow \det(\overrightarrow{\mathrm{AP}}, \overrightarrow{\mathrm{AB}}) = \begin{vmatrix} x + 2 & 3 \\ y + 3 & 1 \end{vmatrix} = 0$$

$$\Longleftrightarrow (x + 2) - 3(y + 3) = 0$$

より, 直線 l の方程式は $x - 3y - 7 = 0$ **答**

問 4.2 $\overrightarrow{\mathrm{OA}}$, $\overrightarrow{\mathrm{OB}}$ で張られる平行四辺形の面積を求めよ.

(1) A$(1, 0)$, B$(0, 2)$

(2) A$(-2, 2)$, B$(-1, 3)$

(3) A$(1, -1)$, B$(-1, 1)$

例 4.2 (1) $A = \begin{pmatrix} 2 & 3 \\ 4 & 5 \end{pmatrix}$ に対して, ${}^{t}A = \begin{pmatrix} 2 & 4 \\ 3 & 5 \end{pmatrix}$ であり,

$$|A| = 2 \cdot 5 - 3 \cdot 4 = 2 \cdot 5 - 4 \cdot 3 = |{}^{t}A|$$

(2) $\begin{vmatrix} 2a + 4 & 3a + 8 \\ 5 & 8 \end{vmatrix} = \begin{vmatrix} 2a & 3a \\ 5 & 8 \end{vmatrix} + \begin{vmatrix} 4 & 8 \\ 5 & 8 \end{vmatrix} = a \begin{vmatrix} 2 & 3 \\ 5 & 8 \end{vmatrix} + 8 \begin{vmatrix} 4 & 1 \\ 5 & 1 \end{vmatrix}$

(3) $\begin{vmatrix} 4 & 5 \\ 2 & 3 \end{vmatrix} = - \begin{vmatrix} 2 & 3 \\ 4 & 5 \end{vmatrix}$ \qquad (4) $\begin{vmatrix} 1 & 0 \\ 0 & 1 \end{vmatrix} = 1$

〈注〉 例 4.2 の (1) のように, 2 次の正方行列 A とその転置行列の行列式は等しい.

また, (2) における 2 つの等号のような性質を**多重線形性**とよぶ.

(3) のような性質 (1 行目と 2 行目を交換すると行列式は -1 倍) を**交代性**といい, 多重線形性とともに行列式の重要な性質である. さらに, (4) のように, 単位行列 E の行列式の値は 1 である.

実は, これらの性質が成り立つように正方行列の行列式が定義される.

■ **4.2 置 換**

この節で学ぶ置換は，行列式を定義するために必要な概念である．

定義 4.1 置換

n 個の文字 $\{1, 2, \ldots, n\}$ から $\{1, 2, \ldots, n\}$ 自身への全単射写像を n 文字の**置換**とよび，その全体を S_n で表し，**n 次対称群**とよぶ．

また，$\sigma \in S_n$ は，$\sigma = \begin{pmatrix} 1 & 2 & \cdots & n \\ \sigma(1) & \sigma(2) & \cdots & \sigma(n) \end{pmatrix}$ のように表す．恒等写像を ε で表し**恒等置換**とよぶ．

例 4.3
$$S_3 = \left\{ \begin{pmatrix} 1 & 2 & 3 \\ 1 & 2 & 3 \end{pmatrix}, \begin{pmatrix} 1 & 2 & 3 \\ 1 & 3 & 2 \end{pmatrix}, \begin{pmatrix} 1 & 2 & 3 \\ 2 & 1 & 3 \end{pmatrix}, \right.$$
$$\left. \begin{pmatrix} 1 & 2 & 3 \\ 2 & 3 & 1 \end{pmatrix}, \begin{pmatrix} 1 & 2 & 3 \\ 3 & 1 & 2 \end{pmatrix}, \begin{pmatrix} 1 & 2 & 3 \\ 3 & 2 & 1 \end{pmatrix} \right\},$$
$$|S_3| = 6$$

定義 4.2 置換の積

$\sigma, \tau \in S_n$ に対して，σ を施した後 τ を施す合成写像 $\tau \circ \sigma$ を**置換の積**とよび，$\tau\sigma$ で表す．また，σ の逆写像 $\begin{pmatrix} \sigma(1) & \sigma(2) & \cdots & \sigma(n) \\ 1 & 2 & \cdots & n \end{pmatrix}$ を σ の**逆置換**とよび，σ^{-1} で表す．

例 4.4
$\sigma = \begin{pmatrix} 1 & 2 & 3 \\ 1 & 3 & 2 \end{pmatrix}$, $\tau = \begin{pmatrix} 1 & 2 & 3 \\ 2 & 3 & 1 \end{pmatrix}$ とおくと，

$$\tau\sigma = \tau \circ \sigma = \begin{pmatrix} 1 & 2 & 3 \\ 2 & 1 & 3 \end{pmatrix}, \sigma\tau = \sigma \circ \tau = \begin{pmatrix} 1 & 2 & 3 \\ 3 & 2 & 1 \end{pmatrix}$$

となる．このように一般には，$\tau\sigma \neq \sigma\tau$ となる．また，

$$\sigma^{-1} = \begin{pmatrix} 1 & 3 & 2 \\ 1 & 2 & 3 \end{pmatrix} = \begin{pmatrix} 1 & 2 & 3 \\ 1 & 3 & 2 \end{pmatrix},$$

$$\tau^{-1} = \begin{pmatrix} 2 & 3 & 1 \\ 1 & 2 & 3 \end{pmatrix} = \begin{pmatrix} 1 & 2 & 3 \\ 3 & 1 & 2 \end{pmatrix}$$

定義 4.3　**巡回置換**

$\{1, 2, \ldots, n\}$ の部分集合 $\{k_1, k_2, \ldots, k_r\}$ に対して,

$$\sigma(k_1) = k_2, \quad \sigma(k_2) = k_3, \quad \ldots, \quad \sigma(k_{r-1}) = k_r, \quad \sigma(k_r) = k_1$$

つまり,

$$\sigma = \begin{pmatrix} k_1 & k_2 & \cdots & k_r \\ k_2 & k_3 & \cdots & k_1 \end{pmatrix}$$

で定義される $\sigma \in S_n$ を**長さ r の巡回置換**とよび,

$$(k_1\, k_2\, \cdots\, k_r)$$

で表す. 特に, 長さ 2 の巡回置換を**互換**とよぶ.

例 4.5　$\sigma = \begin{pmatrix} 1 & 2 & 3 & 4 & 5 & 6 & 7 & 8 \\ 3 & 5 & 2 & 8 & 1 & 6 & 4 & 7 \end{pmatrix} = (4\,8\,7)\,(1\,3\,2\,5),$

$(1\,3\,2\,5) = (1\,5)\,(1\,2)\,(1\,3), \quad (4\,8\,7) = (4\,7)\,(4\,8)$　　　□

一般に,

$$(k_1\, k_2\, \cdots\, k_r) = (k_1\, k_r) \cdots (k_1\, k_3)(k_1\, k_2)$$

が成り立つ. したがって

定理 4.2　**巡回置換**
(1) 任意の置換は巡回置換の積に分解できる.
(2) 巡回置換は互換の積に分解できる.

定理 4.3　**互換の積**

任意の置換は互換の積に分解できる. その方法はいろいろあるが積に用いられる互換の個数の偶奇は, 置換によって決まる.

例 4.6 $\sigma = \begin{pmatrix} 1 & 2 & 3 & 4 & 5 & 6 \\ 3 & 5 & 2 & 4 & 1 & 6 \end{pmatrix} = (1\,3\,2\,5) \in S_6$ について.

$$\sigma = (1\,5)\,(1\,2)\,(1\,3) = (2\,5)\,(3\,5)\,(1\,5)$$
$$= (2\,3)\,(1\,2)\,(4\,5)\,(2\,3)\,(3\,4)\,(4\,5)\,(2\,3)$$

のように，この σ は必ず奇数個の互換の積で表せる．偶数個の互換の積にはならない． ◻

定義 4.4　置換の符号

偶数個，奇数個の互換の積で表される置換をそれぞれ**偶置換**，**奇置換**という．また置換の**符号**（sign）を次のように定義する．

$$\mathrm{sgn}(\sigma) = \begin{cases} 1 & (\sigma \text{ が偶置換のとき}) \\ -1 & (\sigma \text{ が奇置換のとき}) \end{cases}$$

定理 4.4　置換の符号

任意の $\sigma, \tau \in S_n$ に対して，

(1)　$\mathrm{sgn}(\tau\sigma) = \mathrm{sgn}(\tau)\mathrm{sgn}(\sigma)$

(2)　$\mathrm{sgn}(\sigma^{-1}) = \mathrm{sgn}(\sigma)$

が成り立つ．

例 4.7　例 4.3 を参照すると，S_3 において

$\sigma_1 = \varepsilon$, $\sigma_2 = (1\,2\,3) = (1\,3)(1\,2)$, $\sigma_3 = (1\,3\,2) = (1\,2)(1\,3)$ は偶置換.

$\sigma_4 = (1\,2)$, $\sigma_5 = (2\,3)$, $\sigma_6 = (1\,3)$ は奇置換.

したがって

$$\mathrm{sgn}(\sigma_1) = \mathrm{sgn}(\sigma_2) = \mathrm{sgn}(\sigma_3) = 1,$$
$$\mathrm{sgn}(\sigma_4) = \mathrm{sgn}(\sigma_5) = \mathrm{sgn}(\sigma_6) = -1$$ ◻

問 4.3　次の置換の符号を求めよ．

(1)　$\sigma = \begin{pmatrix} 1 & 2 & 3 & 4 & 5 & 6 & 7 \\ 3 & 5 & 2 & 6 & 1 & 7 & 4 \end{pmatrix}$ 　　(2)　$\tau = \begin{pmatrix} 1 & 2 & 3 & 4 & 5 & 6 & 7 \\ 4 & 5 & 3 & 7 & 6 & 2 & 1 \end{pmatrix}$

問 4.4　長さ r の巡回置換 $(k_1\,k_2\,\cdots\,k_r)$ の符号を求めよ．

■ 4.3　行列式の定義

この節では行列式を定義する.

行列式の定義

> **定義 4.5**　**行列式の定義**
>
> n 次正方行列 $A = \left(a_{ij} \right)$ に対して,
>
> $$\sum_{\sigma \in S_n} \mathrm{sgn}(\sigma)\, a_{1\sigma(1)} a_{2\sigma(2)} \cdots a_{n\sigma(n)}$$
>
> を行列 A の**行列式** (determinant) とよび, $\det(A)$ もしくは $|A|$ で表す.

例 4.8　(1)　定義に基づいて 2 次の正方行列 $\left(a_{ij} \right)$ の行列式を書き表そう.
$S_2 = \{\varepsilon,\, \sigma = (12)\}$ であり, $\mathrm{sgn}(\varepsilon) = 1,\, \mathrm{sgn}(\sigma) = -1$ であるから

$$\begin{vmatrix} a_{11} & a_{12} \\ a_{21} & a_{22} \end{vmatrix} = \mathrm{sgn}(\varepsilon) a_{1\varepsilon(1)} a_{2\varepsilon(2)} + \mathrm{sgn}(\sigma) a_{1\sigma(1)} a_{2\sigma(2)}$$

$$= a_{11} a_{22} - a_{12} a_{21}$$

(2)　定義に基づいて 3 次の正方行列 $\left(a_{ij} \right)$ の行列式を書き表そう. 例 4.7 より, $S_3 = \{\sigma_k | k = 1, 2, \ldots, 6\}$ の各置換の符号がわかるから

$$|A| = \begin{vmatrix} a_{11} & a_{12} & a_{13} \\ a_{21} & a_{22} & a_{23} \\ a_{31} & a_{32} & a_{33} \end{vmatrix}$$

$$= \sum_{k=1}^{6} \mathrm{sgn}(\sigma_k)\, a_{1\sigma_k(1)} a_{2\sigma_k(2)} a_{3\sigma_k(3)}$$

$$= a_{11} a_{22} a_{33} + a_{12} a_{23} a_{31} + a_{13} a_{21} a_{32}$$

$$- a_{11} a_{23} a_{32} - a_{12} a_{21} a_{33} - a_{13} a_{22} a_{31}$$

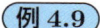

サラスの方法

例 4.9

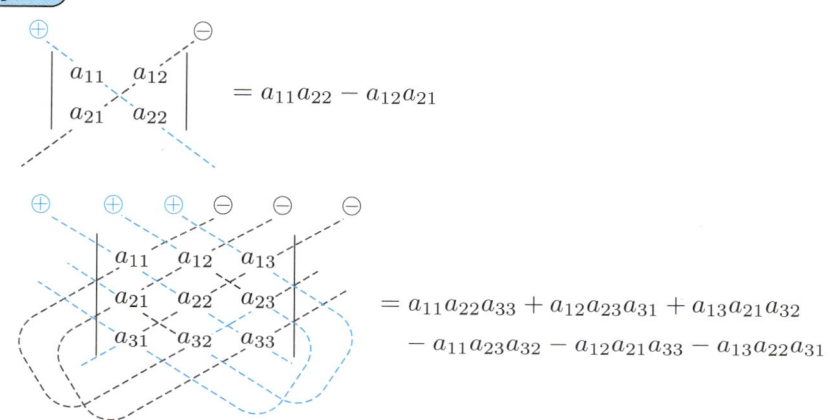

$$= a_{11}a_{22} - a_{12}a_{21}$$

$$= a_{11}a_{22}a_{33} + a_{12}a_{23}a_{31} + a_{13}a_{21}a_{32}$$
$$- a_{11}a_{23}a_{32} - a_{12}a_{21}a_{33} - a_{13}a_{22}a_{31}$$

このようなたすきがけの計算方法を**サラスの方法**という. ■

例 4.10 サラスの方法で行列式を計算すると

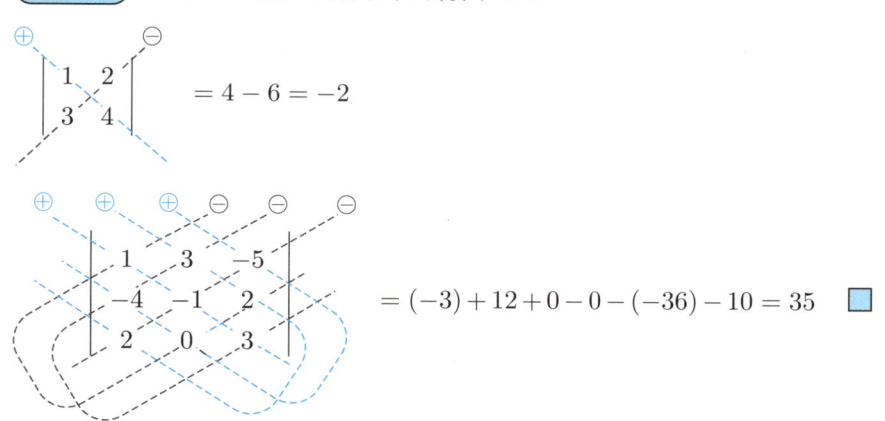

$$= 4 - 6 = -2$$

$$= (-3) + 12 + 0 - 0 - (-36) - 10 = 35 \quad ■$$

問 4.5 次の行列の行列式の値をサラスの方法で求めよ.

(1) $\begin{pmatrix} 1 & 3 \\ -4 & 2 \end{pmatrix}$ (2) $\begin{pmatrix} 2 & -1 & 9 \\ 3 & 4 & 2 \\ 0 & 3 & 1 \end{pmatrix}$ (3) $\begin{pmatrix} 1 & 3 & 0 \\ -1 & -5 & 1 \\ 2 & 2 & 3 \end{pmatrix}$

よく使われる公式

$\boxed{例\ 4.11}$　行列 $A = \begin{pmatrix} a_{11} & a_{12} & a_{13} & a_{14} \\ 0 & a_{22} & a_{23} & a_{24} \\ 0 & a_{32} & a_{33} & a_{34} \\ 0 & a_{42} & a_{43} & a_{44} \end{pmatrix}$ の行列式を求めよう.

$a_{21} = a_{31} = a_{41} = 0$ であるから, $\sigma \in S_4$ について $\sigma(1) \neq 1$ ならば, $\sigma(2), \sigma(3), \sigma(4)$ のいずれかは 1 で, $a_{2\sigma(2)}a_{3\sigma(3)}a_{4\sigma(4)} = 0$ となり

$$
\begin{aligned}
|A| &= \sum_{\sigma \in S_4} \mathrm{sgn}(\sigma)\, a_{1\sigma(1)}a_{2\sigma(2)}a_{3\sigma(3)}a_{4\sigma(4)} \\
&= \sum_{\sigma(1)=1} \mathrm{sgn}(\sigma)\, a_{11}a_{2\sigma(2)}a_{3\sigma(3)}a_{4\sigma(4)} \\
&= a_{11} \sum_{\sigma(1)=1} \mathrm{sgn}(\sigma)\, a_{2\sigma(2)}a_{3\sigma(3)}a_{4\sigma(4)}
\end{aligned}
$$

ここで, $\sigma(1) = 1$ を満たす $\sigma \in S_4$ に対して,

$$
\tau = \begin{pmatrix} 2 & 3 & 4 \\ \sigma(2) & \sigma(3) & \sigma(4) \end{pmatrix}
$$

とすると, 3 文字の置換 τ の集合は S_3 であり,

$$
\begin{aligned}
&\sum_{\sigma(1)=1} \mathrm{sgn}(\sigma)\, a_{2\sigma(2)}a_{3\sigma(3)}a_{4\sigma(4)} \\
&= \sum_{\tau \in S_3} \mathrm{sgn}(\tau)\, a_{2\tau(2)}a_{3\tau(3)}a_{4\tau(4)} \\
&= \begin{vmatrix} a_{22} & a_{23} & a_{24} \\ a_{32} & a_{33} & a_{34} \\ a_{42} & a_{43} & a_{44} \end{vmatrix}
\end{aligned}
$$

$$
\therefore \quad |A| = a_{11} \begin{vmatrix} a_{22} & a_{23} & a_{24} \\ a_{32} & a_{33} & a_{34} \\ a_{42} & a_{43} & a_{44} \end{vmatrix}
$$

一般に，次が成り立つ．この定理は行列式の計算でよく使われる．

定理 4.5　**よく使われる公式**

$$
\begin{vmatrix}
a_{11} & a_{12} & \cdots & a_{1n} \\
0 & a_{22} & \cdots & a_{2n} \\
\vdots & \vdots & & \vdots \\
0 & a_{n2} & \cdots & a_{nn}
\end{vmatrix}
= a_{11}
\begin{vmatrix}
a_{22} & \cdots & a_{2n} \\
\vdots & & \vdots \\
a_{n2} & \cdots & a_{nn}
\end{vmatrix}
$$

例 4.12　(1) $\begin{vmatrix} 3 & 4 & -8 \\ 0 & 1 & 5 \\ 0 & -2 & 6 \end{vmatrix} = 3 \begin{vmatrix} 1 & 5 \\ -2 & 6 \end{vmatrix} = 3 \cdot (6 + 10) = 48$

(2) $\begin{vmatrix}
a_{11} & a_{12} & \cdots & \cdots & a_{1n} \\
0 & a_{22} & \cdots & \cdots & a_{2n} \\
0 & 0 & \ddots & \cdots & \vdots \\
\vdots & \vdots & \ddots & \ddots & \vdots \\
0 & 0 & \cdots & 0 & a_{nn}
\end{vmatrix} = a_{11} a_{22} \cdots a_{nn}$

特に，$|E| = 1$

問 4.6　次の行列の行列式を求めよ．

(1) $A = \begin{pmatrix} -2 & 3 & -7 \\ 0 & 4 & -3 \\ 0 & -1 & 5 \end{pmatrix}$

(2) $B = \begin{pmatrix} 5 & 8 & -9 & 3 \\ 0 & 2 & -3 & 4 \\ 0 & 0 & 3 & -7 \\ 0 & 0 & -1 & 4 \end{pmatrix}$

■ 4.4　行列式の基本性質

　この節では，行列式の性質として最も重要な多重線形性と交代性を始めとして，行列式を計算するときによく使う公式について学ぶ.

行列の性質 1（転置不変性とよく使われる公式）

> **定理 4.6　転置不変性**
> n 次正方行列 $A = \left(a_{ij} \right)$ に対して，$\det A = \det({}^{t}A)$

〈注〉　この定理より，行列式に関する性質については，
「行」について成り立つことは「列」についても成り立つし，
「列」について成り立つことは「行」についても成り立つ.

例 4.13　$\begin{vmatrix} 2 & 0 & 0 \\ -4 & -1 & 3 \\ 5 & 1 & 4 \end{vmatrix} = \begin{vmatrix} 2 & -4 & 5 \\ 0 & -1 & 1 \\ 0 & 3 & 4 \end{vmatrix} = 2 \begin{vmatrix} -1 & 1 \\ 3 & 4 \end{vmatrix} = -14$ ☐

　2 番目の等式は定理 4.5 による.　定理 4.5，定理 4.6 より次が成り立つ.

> **定理 4.7　よく使われる公式**
> $$\begin{vmatrix} a_{11} & 0 & \cdots & 0 \\ a_{21} & a_{22} & \cdots & a_{2n} \\ \vdots & \vdots & \vdots & \vdots \\ a_{n1} & a_{n2} & \cdots & a_{nn} \end{vmatrix} = a_{11} \begin{vmatrix} a_{22} & \cdots & a_{2n} \\ \vdots & \vdots & \vdots \\ a_{n2} & \cdots & a_{nn} \end{vmatrix}$$

行列の性質 2（多重線形性と交代性）

> **定理 4.8　多重線形性**
> 行ベクトルが $\boldsymbol{a}_1, \boldsymbol{a}_2, \ldots, \boldsymbol{a}_n$ とする n 次正方行列 A の行列式について.
> (1)　$\boldsymbol{a}_i = \boldsymbol{x}_i + \boldsymbol{y}_i$ のとき
> $$\det A = \det \begin{pmatrix} \boldsymbol{a}_1 \\ \boldsymbol{a}_2 \\ \vdots \\ \boldsymbol{x}_i + \boldsymbol{y}_i \\ \vdots \\ \boldsymbol{a}_n \end{pmatrix} = \det \begin{pmatrix} \boldsymbol{a}_1 \\ \boldsymbol{a}_2 \\ \vdots \\ \boldsymbol{x}_i \\ \vdots \\ \boldsymbol{a}_n \end{pmatrix} + \det \begin{pmatrix} \boldsymbol{a}_1 \\ \boldsymbol{a}_2 \\ \vdots \\ \boldsymbol{y}_i \\ \vdots \\ \boldsymbol{a}_n \end{pmatrix}$$

が各 i について成り立つ.

(2)　$\boldsymbol{a_i} = c\boldsymbol{x_i}$ のとき

$$
\det A = \det \begin{pmatrix} \boldsymbol{a}_1 \\ \boldsymbol{a}_2 \\ \vdots \\ c\,\boldsymbol{x}_i \\ \vdots \\ \boldsymbol{a}_n \end{pmatrix} = c \cdot \det \begin{pmatrix} \boldsymbol{a}_1 \\ \boldsymbol{a}_2 \\ \vdots \\ \boldsymbol{x}_i \\ \vdots \\ \boldsymbol{a}_n \end{pmatrix}
$$

が各 i について成り立つ.

また, 列についても (1), (2) と同様のことが成り立つ.

〈注〉　証明は行列式の定義に基づき左辺を変形すると得られるが省略する.

例 4.14　$\left(2,\ 2a-4,\ 3a\right) = \left(0,\ 2a,\ 3a\right) + \left(2,\ -4,\ 0\right)$

であるから

$$
\begin{vmatrix} 1 & 2 & 4 \\ 2 & 2a-4 & 3a \\ 0 & 5 & -7 \end{vmatrix} = \begin{vmatrix} 1 & 2 & 4 \\ 0 & 2a & 3a \\ 0 & 5 & -7 \end{vmatrix} + \begin{vmatrix} 1 & 2 & 4 \\ 2 & -4 & 0 \\ 0 & 5 & -7 \end{vmatrix}
$$

$$
= a \begin{vmatrix} 1 & 2 & 4 \\ 0 & 2 & 3 \\ 0 & 5 & -8 \end{vmatrix} + 2 \begin{vmatrix} 1 & 2 & 4 \\ 1 & -2 & 0 \\ 0 & 5 & -7 \end{vmatrix}
$$

$$
= -31a + 96
$$

定理 4.9　交代性

n 次正方行列 $\left(a_{ij}\right)$ について,

(1)　ある行（列）と他の行（列）を入れ換えると, 行列式は -1 倍となる.

(2)　ある行（列）と他の行（列）が等しいとき, その行列の行列式は, 0 である.

例 4.15 (1) $\begin{vmatrix} 0 & 1 & -5 \\ 0 & 5 & -8 \\ 3 & 2 & 4 \end{vmatrix} = - \begin{vmatrix} 3 & 2 & 4 \\ 0 & 5 & -8 \\ 0 & 1 & -5 \end{vmatrix} = -3 \begin{vmatrix} 5 & -8 \\ 1 & -5 \end{vmatrix} = 51$

(2) $\begin{vmatrix} 7 & -5 & 2 \\ 2 & 4 & -6 \\ 1 & 2 & -3 \end{vmatrix} = 2 \begin{vmatrix} 7 & -5 & 2 \\ 1 & 2 & -3 \\ 1 & 2 & -3 \end{vmatrix} = 0, \quad \begin{vmatrix} 2 & 4 & 2 \\ -3 & 7 & -3 \\ 5 & 6 & 5 \end{vmatrix} = 0$ □

！知っておきたいこと 多重線形性と交代性から次の性質がわかる.

> **行列の基本変形による行列式の変化**
> n 次正方行列 $\left(a_{ij} \right)$ について 行列の基本変形 により行列式は次のようになる.
> (1) ある行（列）と他の行（列）を入れ換えると，行列式は -1 倍となる.
> (2) ある行（列）を α 倍すると，行列式も α 倍となる.
> (3) ある行（列）に他の行（列）の何倍かを加えても，行列式は不変である.

例 4.16 (1) $\begin{vmatrix} 0 & 11 & 33 \\ 5 & 23 & -8 \\ 0 & 18 & 42 \end{vmatrix} \overset{① \leftrightarrow ②}{=} - \begin{vmatrix} 5 & 23 & -8 \\ 0 & 11 & 33 \\ 0 & 18 & 42 \end{vmatrix}$

$= -5 \begin{vmatrix} 11 & 33 \\ 18 & 42 \end{vmatrix} = -5 \cdot 11 \cdot 6 \begin{vmatrix} 1 & 3 \\ 3 & 7 \end{vmatrix} = -5 \cdot 11 \cdot 6 \cdot (-2) = 660$

(2) $\begin{vmatrix} 1 & 1 & -2 \\ -1 & 2 & -5 \\ 2 & 8 & -9 \end{vmatrix} \overset{\substack{②+①\times 1 \\ ③+①\times(-2)}}{=} \begin{vmatrix} 1 & 1 & -2 \\ 0 & 3 & -7 \\ 0 & 6 & -5 \end{vmatrix}$

$= \begin{vmatrix} 3 & -7 \\ 6 & -5 \end{vmatrix} = 3 \begin{vmatrix} 1 & -7 \\ 2 & -5 \end{vmatrix} = 27$ □

問 4.7 次の行列の行列式の値を求めよ.

(1) $A = \begin{pmatrix} 31 & 34 & 37 \\ 32 & 35 & 38 \\ 33 & 36 & 43 \end{pmatrix}$ (2) $B = \begin{pmatrix} 2 & 0 & -2 & 6 \\ 1 & -1 & -3 & 5 \\ 3 & 2 & 0 & -1 \\ 2 & 0 & 1 & 0 \end{pmatrix}$

例 4.17 1列目についての多重線形性，交代性，および定理 4.5 を用いて

$$
\begin{vmatrix} 2 & -1 & -3 & 5 \\ 3 & 4 & 5 & 6 \\ 0 & 0 & 7 & 4 \\ 0 & 0 & 3 & 2 \end{vmatrix} = \begin{vmatrix} 2 & -1 & -3 & 5 \\ 0 & 4 & 5 & 6 \\ 0 & 0 & 7 & 4 \\ 0 & 0 & 3 & 2 \end{vmatrix} + \begin{vmatrix} 0 & -1 & -3 & 5 \\ 3 & 4 & 5 & 6 \\ 0 & 0 & 7 & 4 \\ 0 & 0 & 3 & 2 \end{vmatrix}
$$

$$
= 2 \cdot 4 \begin{vmatrix} 7 & 4 \\ 3 & 2 \end{vmatrix} - \begin{vmatrix} 3 & 4 & 5 & 6 \\ 0 & -1 & -3 & 5 \\ 0 & 0 & 7 & 4 \\ 0 & 0 & 3 & 2 \end{vmatrix} = \{2 \cdot 4 - 3 \cdot (-1)\} \begin{vmatrix} 7 & 4 \\ 3 & 2 \end{vmatrix} = 22
$$

一般に次が成り立つ.

定理 4.10　ブロック分けと行列式

k 次正方行列 A, l 次正方行列 D に対して，

$$
\det \begin{pmatrix} A & B \\ O & D \end{pmatrix} = \det \begin{pmatrix} A & O \\ C & D \end{pmatrix} = \det(A)\det(D)
$$

が成り立つ.

例 4.18 3 次正方行列 $A = \big(a_{ij}\big) = \big(\boldsymbol{a}_1, \boldsymbol{a}_2, \boldsymbol{a}_3\big)$, $B = \big(b_{ij}\big)$ について.

$$
AB = \big(b_{11}\boldsymbol{a}_1 + b_{21}\boldsymbol{a}_2 + b_{31}\boldsymbol{a}_3, b_{12}\boldsymbol{a}_1 + b_{22}\boldsymbol{a}_2 + b_{32}\boldsymbol{a}_3, b_{13}\boldsymbol{a}_1 + b_{23}\boldsymbol{a}_2 + b_{33}\boldsymbol{a}_3\big)
$$

そこで，多重線形性と交代性を用い，$\det\big(\boldsymbol{a}_1, \boldsymbol{a}_2, \boldsymbol{a}_3\big) = |A|$ に注意すると

$$
|AB| = b_{11}b_{22}b_{33} \det\big(\boldsymbol{a}_1, \boldsymbol{a}_2, \boldsymbol{a}_3\big) + b_{11}b_{32}b_{23} \det\big(\boldsymbol{a}_1, \boldsymbol{a}_3, \boldsymbol{a}_2\big) + \cdots
$$

$$
= \big(b_{11}b_{22}b_{33} - b_{11}b_{32}b_{23} - b_{21}b_{12}b_{33} + b_{21}b_{32}b_{13} + b_{31}b_{12}b_{23} - b_{31}b_{22}b_{13}\big) |A|
$$

$$
= |A||B|
$$

！知っておきたいこと 一般に次が成り立つ.

定理 4.11　積の行列式

n 次正方行列 A, B に対して， $|AB| = |A||B|$ が成り立つ.

問 4.8 n 次正方行列 A, P について，P が正則行列である（P^{-1} が存在する）とき，$|P^{-1}AP| = |A|$ が成り立つことを示せ.

■ 4.5　3 次正方行列の行列式

　この節では，3 次の正方行列も行列式を通して，前節で学んだ多重線形性と交代性の復習を，また次節で学ぶ余因子展開の準備を行う.

行列式の行，列に関する展開

（例 4.19）　3 次の正方行列

$$A = \begin{pmatrix} a_{11} & a_{12} & a_{13} \\ a_{21} & a_{22} & a_{23} \\ a_{31} & a_{32} & a_{33} \end{pmatrix}$$

について，1 行目

$$(a_{11}, a_{12}, a_{13}) = (a_{11}, 0, 0) + (0, a_{12}, 0) + (0, 0, a_{13})$$

に注目して，多重線形性と交代性を利用すると

$$|A| = \begin{vmatrix} a_{11} & 0 & 0 \\ a_{21} & a_{22} & a_{23} \\ a_{31} & a_{32} & a_{33} \end{vmatrix} + \begin{vmatrix} 0 & a_{12} & 0 \\ a_{21} & a_{22} & a_{23} \\ a_{31} & a_{32} & a_{33} \end{vmatrix} + \begin{vmatrix} 0 & 0 & a_{13} \\ a_{21} & a_{22} & a_{23} \\ a_{31} & a_{32} & a_{33} \end{vmatrix}$$

$$= \begin{vmatrix} a_{11} & 0 & 0 \\ a_{21} & a_{22} & a_{23} \\ a_{31} & a_{32} & a_{33} \end{vmatrix} - \begin{vmatrix} a_{12} & 0 & 0 \\ a_{22} & a_{21} & a_{23} \\ a_{32} & a_{31} & a_{33} \end{vmatrix} + (-1)^2 \begin{vmatrix} a_{13} & 0 & 0 \\ a_{23} & a_{21} & a_{22} \\ a_{33} & a_{31} & a_{32} \end{vmatrix}$$

$$= a_{11} \begin{vmatrix} a_{22} & a_{23} \\ a_{32} & a_{33} \end{vmatrix} - a_{12} \begin{vmatrix} a_{21} & a_{23} \\ a_{31} & a_{33} \end{vmatrix} + a_{13} \begin{vmatrix} a_{21} & a_{22} \\ a_{31} & a_{32} \end{vmatrix}$$

となる.　　　　　　　　　　　　　　　　　　　　　　　　　　　　　　　　■

〈注〉　$(-1)^2$ の部分は，交代性を次のように 2 回用いたからである.

$$\begin{vmatrix} 0 & 0 & a_{13} \\ a_{21} & a_{22} & a_{23} \\ a_{31} & a_{32} & a_{33} \end{vmatrix} = - \begin{vmatrix} 0 & a_{13} & 0 \\ a_{21} & a_{23} & a_{22} \\ a_{31} & a_{33} & a_{32} \end{vmatrix}$$

$$= (-1)^2 \begin{vmatrix} a_{13} & 0 & 0 \\ a_{23} & a_{21} & a_{22} \\ a_{33} & a_{31} & a_{32} \end{vmatrix}$$

例 4.19 と同様にすると，1 行目以外の行においても，また，どの列においても，3 次正方行列 $A = \left(a_{ij} \right)$ の行列式が，行もしくは列に関して展開できる．

$$|A| = a_{11} \cdot (-1)^{1+1} \cdot \begin{vmatrix} a_{22} & a_{23} \\ a_{32} & a_{33} \end{vmatrix}$$

$$+ a_{12} \cdot (-1)^{1+2} \cdot \begin{vmatrix} a_{21} & a_{23} \\ a_{31} & a_{33} \end{vmatrix}$$

$$+ a_{13} \cdot (-1)^{1+3} \cdot \begin{vmatrix} a_{21} & a_{22} \\ a_{31} & a_{32} \end{vmatrix} \quad (\textbf{1 行目の展開})$$

$$\cdots\cdots\cdots,$$

$$|A| = a_{13} \cdot (-1)^{1+3} \cdot \begin{vmatrix} a_{21} & a_{22} \\ a_{31} & a_{32} \end{vmatrix}$$

$$+ a_{23} \cdot (-1)^{2+3} \cdot \begin{vmatrix} a_{11} & a_{12} \\ a_{31} & a_{32} \end{vmatrix}$$

$$+ a_{33} \cdot (-1)^{3+3} \cdot \begin{vmatrix} a_{11} & a_{12} \\ a_{21} & a_{22} \end{vmatrix} \quad (\textbf{3 列目の展開})$$

問 4.9 次の行列の行列式を 0 を含む行もしくは列に関する展開で求めよ．

(1) $\quad A = \begin{pmatrix} 3 & 2 & -4 \\ 5 & -1 & 2 \\ 2 & 0 & 3 \end{pmatrix}$

(2) $\quad B = \begin{pmatrix} 2 & 3 & 0 \\ -1 & -4 & 1 \\ 2 & 1 & 3 \end{pmatrix}$

列ベクトルで張られる平行六面体面積の体積と行列式　1.12節で登場した $(\boldsymbol{a} \times \boldsymbol{b}) \cdot \boldsymbol{c}$ の値は，$\boldsymbol{a}, \boldsymbol{b}, \boldsymbol{c}$ を列ベクトルとする行列 $A = \begin{pmatrix} \boldsymbol{a}, \boldsymbol{b}, \boldsymbol{c} \end{pmatrix}$ の行列式であり，次の (1) を得る．また，3 つのベクトル $\boldsymbol{a}, \boldsymbol{b}, \boldsymbol{c}$ が同一平面上にあるのは，3 つのベクトルで作る平行六面体がつぶれて体積が 0 になった状態であると解釈すれば (2) が納得できる．

定理 4.12　**列ベクトルで張られる平行六面体の体積**

$$\boldsymbol{a} = \begin{pmatrix} a_1 \\ a_2 \\ a_3 \end{pmatrix}, \boldsymbol{b} = \begin{pmatrix} b_1 \\ b_2 \\ b_3 \end{pmatrix}, \boldsymbol{c} = \begin{pmatrix} c_1 \\ c_2 \\ c_3 \end{pmatrix} \text{ について．}$$

(1)　$\boldsymbol{a}, \boldsymbol{b}, \boldsymbol{c}$ で張られる平行六面体の体積は，3 次正方行列 $\begin{pmatrix} \boldsymbol{a}, \boldsymbol{b}, \boldsymbol{c} \end{pmatrix}$ の行列式の絶対値と等しい．

(2)　$\boldsymbol{a}, \boldsymbol{b}, \boldsymbol{c}$ が同一平面上にある $\iff \begin{vmatrix} a_1 & b_1 & c_1 \\ a_2 & b_2 & c_2 \\ a_3 & b_3 & c_3 \end{vmatrix} = 0$

例題 4.2　3 点 A$(-2, -3, 0)$, B$(1, -2, 3)$, C$(4, 1, -2)$ を通る平面 π の方程式を求めよ．

【解答】　P$(x, y, z) \in$ 平面 π

$$\iff \overrightarrow{\mathrm{AP}}, \overrightarrow{\mathrm{AB}}, \overrightarrow{\mathrm{AC}} \text{ が同一平面上にある}$$

$$\iff |\overrightarrow{\mathrm{AP}} \quad \overrightarrow{\mathrm{AB}} \quad \overrightarrow{\mathrm{AC}}| = \begin{vmatrix} x+2 & 3 & 6 \\ y+3 & 1 & 4 \\ z & 3 & 2 \end{vmatrix} = 0$$

$$\iff -14(x+2) + 24(y+3) + 6z = 0$$

より，平面 π の方程式は $-7x + 12y + 3z + 22 = 0$　**答**

問 4.10　次の 3 点を通る平面の方程式を求めよ．

(1)　$(1, 0, 0), (0, 2, 0), (0, 0, 3)$

(2)　$(-2, 0, 4), (-1, 1, 5), (0, -1, 1)$

(3)　$(1, -1, -1), (3, -3, -5), (2, 2, 3)$

■ **4.6　行列の余因子，余因子行列**

行列の余因子と行列式の余因子展開，および，行列の余因子行列と逆行列について学ぶ．

余因子

> **定義 4.6　余因子**
>
> n 次正方行列 $A = \left(a_{ij}\right)$ に対して，A の第 i 行と第 j 列を取り除いてできる $n-1$ 次正方行列を A の **(i, j) 小行列**とよび，A_{ij} とかく．その行列式 $|A_{ij}|$ を A の **(i, j) 小行列式**とよぶ．さらに，
>
> $$(-1)^{i+j}|A_{ij}|$$
>
> を A の **(i, j) 余因子**とよび $\widetilde{a}_{ij}$ で表す．すなわち次のように定義する．
>
> $$\widetilde{a}_{ij} = (-1)^{i+j} \begin{vmatrix} a_{11} & a_{12} & \cdots & a_{1,j-1} & a_{1,j+1} & \cdots & a_{1n} \\ a_{21} & a_{22} & \cdots & a_{2,j-1} & a_{2,j+1} & \cdots & a_{2n} \\ \vdots & \vdots & \vdots & \vdots & \vdots & \vdots & \vdots \\ a_{i-1,1} & a_{i-1,2} & \cdots & a_{i-1,j-1} & a_{i-1,j+1} & \cdots & a_{i-1,n} \\ a_{i+1,1} & a_{i+1,2} & \cdots & a_{i+1,j-1} & a_{i+1,j+1} & \cdots & a_{i+1,n} \\ \vdots & \vdots & \vdots & \vdots & \vdots & \vdots & \vdots \\ a_{n1} & a_{n2} & \cdots & a_{n,j-1} & a_{n,j+1} & \cdots & a_{nn} \end{vmatrix}$$

> **定理 4.13**
>
> n 次正方行列 $A = \left(a_{ij}\right)$ の行列式について，次が成り立つ．
>
> 行に関する展開　$|A| = a_{i1}\widetilde{a}_{i1} + a_{i2}\widetilde{a}_{i2} + \cdots + a_{in}\widetilde{a}_{in}$ $(i = 1, 2, \ldots, n)$
>
> 列に関する展開　$|A| = a_{1j}\widetilde{a}_{1j} + a_{2j}\widetilde{a}_{2j} + \cdots + a_{nj}\widetilde{a}_{nj}$ $(j = 1, 2, \ldots, n)$

> **例題 4.3**
>
> 3 次正方行列 $A = \begin{pmatrix} 2 & 0 & 3 \\ -1 & 4 & -2 \\ 1 & -3 & 5 \end{pmatrix}$ について．
>
> (1)　A の 1 行目の各成分についての余因子 $\widetilde{a}_{11}, \widetilde{a}_{12}, \widetilde{a}_{13}$ を求めよ．
>
> (2)　A の行列式 $|A|$ の値を 1 行目に関する展開により求めよ．

【解答】 (1) $A_{11} = \begin{pmatrix} 4 & -2 \\ -3 & 5 \end{pmatrix}$, $\tilde{a}_{11} = (-1)^{1+1} \begin{vmatrix} 4 & -2 \\ -3 & 5 \end{vmatrix} = 14$ 答

$A_{12} = \begin{pmatrix} -1 & -2 \\ 1 & 5 \end{pmatrix}$, $\tilde{a}_{12} = (-1)^{1+2} \begin{vmatrix} -1 & -2 \\ 1 & 5 \end{vmatrix} = -(-3) = 3$ 答

$A_{13} = \begin{pmatrix} -1 & 4 \\ 1 & -3 \end{pmatrix}$, $\tilde{a}_{13} = (-1)^{1+3} \begin{vmatrix} -1 & 4 \\ 1 & -3 \end{vmatrix} = -1$ 答

(2) 行列式 $|A|$ の値を 1 行目に関する展開により求めると

$$|A| = a_{11}\tilde{a}_{11} + a_{12}\tilde{a}_{12} + a_{13}\tilde{a}_{13}$$
$$= 2 \cdot 14 + 0 \cdot 3 + 3 \cdot (-1) = 25 \quad 答$$

問 4.11 例題 4.3 の 3 次正方行列 A について.

(1) A の 2 行目, 3 行目の各成分についての余因子 $\tilde{a}_{21}, \tilde{a}_{22}, \tilde{a}_{23}, \tilde{a}_{31}, \tilde{a}_{32}, \tilde{a}_{33}$ を求めよ.

(2) A の行列式 $|A|$ の値を次の展開で求めよ.

(i) 3 行目　　(ii) 2 列目

定義 4.7 **余因子行列**

n 次正方行列 $A = \left(a_{ij} \right)$ に対して, ${}^{t}\left(\tilde{a}_{ij} \right)$ を A の (i, j) **余因子行列**とよび, $\tilde{A}$ で表す.

例 4.20 $A = \begin{pmatrix} a_{11} & a_{12} \\ a_{21} & a_{22} \end{pmatrix}$ の余因子行列は,

$$\tilde{A} = {}^{t}\begin{pmatrix} \tilde{a}_{11} & \tilde{a}_{12} \\ \tilde{a}_{21} & \tilde{a}_{22} \end{pmatrix} = \begin{pmatrix} \tilde{a}_{11} & \tilde{a}_{21} \\ \tilde{a}_{12} & \tilde{a}_{22} \end{pmatrix} = \begin{pmatrix} a_{22} & -a_{12} \\ -a_{21} & a_{11} \end{pmatrix}$$

$A\tilde{A} = |A|E$, $\tilde{A}A = |A|E$ となる (各自確かめよ).

したがって, $|A| \neq 0$ のとき,

$$A\left(\frac{1}{|A|}\tilde{A} \right) = \left(\frac{1}{|A|}\tilde{A} \right) A = E$$

$$\therefore \quad A^{-1} = \frac{1}{|A|}A = \frac{1}{a_{11}a_{22} - a_{12}a_{21}} \begin{pmatrix} a_{22} & -a_{12} \\ -a_{21} & a_{11} \end{pmatrix}$$

⚠️ 知っておきたいこと 一般に次が成り立つ.

定理 4.14 **余因子行列の性質**

n 次正方行列 A に対して

(1) $A\widetilde{A} = \widetilde{A}A = |A|E$

(2) $|A| \neq 0$ のとき，$A^{-1} = \dfrac{1}{|A|}\widetilde{A}$

例 4.21 例題 4.3 の行列 A の余因子行列 $\widetilde{A}$ と逆行列 A^{-1} を求めてみよう.

例題 4.3 (1) と問 4.11 (1) の結果を用いると，A の余因子行列は

$$\widetilde{A} = {}^t\!\begin{pmatrix} \widetilde{a}_{11} & \widetilde{a}_{12} & \widetilde{a}_{13} \\ \widetilde{a}_{21} & \widetilde{a}_{22} & \widetilde{a}_{23} \\ \widetilde{a}_{31} & \widetilde{a}_{32} & \widetilde{a}_{33} \end{pmatrix} = \begin{pmatrix} \widetilde{a}_{11} & \widetilde{a}_{21} & \widetilde{a}_{31} \\ \widetilde{a}_{12} & \widetilde{a}_{22} & \widetilde{a}_{32} \\ \widetilde{a}_{13} & \widetilde{a}_{23} & \widetilde{a}_{33} \end{pmatrix} = \begin{pmatrix} 14 & -9 & -12 \\ 3 & 7 & 1 \\ -1 & 6 & 8 \end{pmatrix}$$

例題 4.3 (2) の結果より，$|A| = 25$ であるから，定理 4.14 を用いると

$$A^{-1} = \frac{1}{|A|}\widetilde{A} = \frac{1}{25}\begin{pmatrix} 14 & -9 & -12 \\ 3 & 7 & 1 \\ -1 & 6 & 8 \end{pmatrix}$$

問 4.12 行列 $A = \begin{pmatrix} 2 & 3 & 0 \\ 0 & 4 & 5 \\ -1 & 1 & 1 \end{pmatrix}$ の余因子行列 $\widetilde{A}$ と逆行列 A^{-1} を求めよ.

定理 4.15 **正則であるための必要十分条件**

正方行列 A について.

(1) A が正則であるための条件は，$|A| \neq 0$ である.

(2) 変数ベクトル $\boldsymbol{x} = \begin{pmatrix} x_1 \\ x_2 \\ \vdots \\ x_n \end{pmatrix}$ に関する同次連立 1 次方程式 $A\boldsymbol{x} =$

$\boldsymbol{0} \cdots (*)$ が自明な解 $\boldsymbol{x} = \boldsymbol{0}$ のみをもつための条件は $|A| \neq 0$ である.

〈注〉 同次連立 1 次方程式 $(*)$ が非自明な解をもつための条件は $|A| = 0$ である.

問 4.13 定理 4.15 を証明せよ.

■ 4.7　クラメルの公式

行列式の多重線形性と交代性の応用として，クラメルの公式を導く．

クラメルの公式

例 4.22　2 次正則行列 $A = \begin{pmatrix} \boldsymbol{a}_1, & \boldsymbol{a}_2 \end{pmatrix}$ を係数行列とする連立 1 次方程式

$$A\boldsymbol{x} = \boldsymbol{b} \cdots (*)$$

を次のようにして解いてみよう．

$\boldsymbol{x} = \begin{pmatrix} x_1 \\ x_2 \end{pmatrix}, \boldsymbol{b} = \begin{pmatrix} b_1 \\ b_2 \end{pmatrix}$ とすると，$(*) : x_1\boldsymbol{a}_1 + x_2\boldsymbol{a}_2 = \boldsymbol{b}$

したがって，$\begin{pmatrix} \boldsymbol{b}, & \boldsymbol{a}_2 \end{pmatrix} = \begin{pmatrix} x_1\boldsymbol{a}_1 + x_2\boldsymbol{a}_2, & \boldsymbol{a}_2 \end{pmatrix}$ であり，両辺の行列式を考え，右辺の計算で多重線形性，および $\det \begin{pmatrix} \boldsymbol{a}_2, & \boldsymbol{a}_2 \end{pmatrix} = 0$ を用いると

$$\det \begin{pmatrix} x_1\boldsymbol{a}_1 + x_2\boldsymbol{a}_2, & \boldsymbol{a}_2 \end{pmatrix} = x_1 \det \begin{pmatrix} \boldsymbol{a}_1, & \boldsymbol{a}_2 \end{pmatrix} + x_2 \det \begin{pmatrix} \boldsymbol{a}_2, & \boldsymbol{a}_2 \end{pmatrix} = x_1 \det \begin{pmatrix} \boldsymbol{a}_1, & \boldsymbol{a}_2 \end{pmatrix}$$

となるから

$$\det \begin{pmatrix} \boldsymbol{b}, & \boldsymbol{a}_2 \end{pmatrix} = x_1 \det \begin{pmatrix} \boldsymbol{a}_1, & \boldsymbol{a}_2 \end{pmatrix}$$

$A = \begin{pmatrix} \boldsymbol{a}_1, & \boldsymbol{a}_2 \end{pmatrix}$ は正則だから，両辺を $\det A \ (\neq 0)$ で割り，$x_1 = \dfrac{\det \begin{pmatrix} \boldsymbol{b}, & \boldsymbol{a}_2 \end{pmatrix}}{\det \begin{pmatrix} \boldsymbol{a}_1, & \boldsymbol{a}_2 \end{pmatrix}}$

を得る． ■

〈注〉　$\boldsymbol{a}_1 = \begin{pmatrix} a_{11} \\ a_{21} \end{pmatrix}, \boldsymbol{a}_2 = \begin{pmatrix} a_{12} \\ a_{22} \end{pmatrix}$ とすると，

$$A\boldsymbol{x} = \begin{pmatrix} a_{11} & a_{12} \\ a_{21} & a_{22} \end{pmatrix} \begin{pmatrix} x_1 \\ x_2 \end{pmatrix} = x_1 \begin{pmatrix} a_{11} \\ a_{21} \end{pmatrix} + x_2 \begin{pmatrix} a_{12} \\ a_{22} \end{pmatrix} = x_1\boldsymbol{a}_1 + x_2\boldsymbol{a}_2,$$

$$\begin{vmatrix} x_1a_{11} + x_2a_{12} & a_{12} \\ x_1a_{21} + x_2a_{22} & a_{22} \end{vmatrix} = x_1 \begin{vmatrix} a_{11} & a_{12} \\ a_{21} & a_{22} \end{vmatrix} + x_2 \begin{vmatrix} a_{12} & a_{12} \\ a_{22} & a_{22} \end{vmatrix}$$

のように，具体的に書き表すとわかり易くなるかもしれない．

問 4.14　例 4.22 における連立 1 次方程式 $(*)$ において，例と同じようにして $x_2 = \dfrac{\det \begin{pmatrix} \boldsymbol{a}_1, & \boldsymbol{b} \end{pmatrix}}{\det \begin{pmatrix} \boldsymbol{a}_1, & \boldsymbol{a}_2 \end{pmatrix}}$ となることを示せ．

一般に，次の定理が成り立つ．例 4.22 と同じようにすると証明できる．この定理を**クラメルの公式**という．

定理 4.16　クラメルの公式

n 次正則行列 $A = \begin{pmatrix} \boldsymbol{a}_1, \boldsymbol{a}_2, \ldots, \boldsymbol{a}_{j-1}, \boldsymbol{a}_j, \boldsymbol{a}_{j+1}, \ldots, \boldsymbol{a}_n \end{pmatrix}$ を係数行列，

未知数ベクトルを $\boldsymbol{x} = \begin{pmatrix} x_1 \\ x_2 \\ \vdots \\ x_n \end{pmatrix}$，定数項ベクトルを $\boldsymbol{b} = \begin{pmatrix} b_1 \\ b_2 \\ \vdots \\ b_n \end{pmatrix}$ とす

る連立 1 次方程式 $A\boldsymbol{x} = \boldsymbol{b} \cdots (*)$ の解はただ 1 組存在し，それは次の式で与えられる．

$$x_j = \frac{\det\begin{pmatrix} \boldsymbol{a}_1, \ldots, \boldsymbol{a}_{j-1}, \boldsymbol{b}, \boldsymbol{a}_{j+1}, \ldots, \boldsymbol{a}_n \end{pmatrix}}{\det\begin{pmatrix} \boldsymbol{a}_1, \ldots, \boldsymbol{a}_{j-1}, \boldsymbol{a}_j, \boldsymbol{a}_{j+1}, \ldots, \boldsymbol{a}_n \end{pmatrix}} \quad (j = 1, 2, \ldots, n)$$

【証明】 A は正則行列だから，連立 1 次方程式 $(*)$ の解が $\boldsymbol{x} = A^{-1}\boldsymbol{b}$ のようにただ 1 組存在する．

$A\boldsymbol{x} = x_1\boldsymbol{a}_1 + \cdots + x_{j-1}\boldsymbol{a}_{j-1} + x_j\boldsymbol{a}_j + x_{j+1}\boldsymbol{a}_{j+1} + \cdots + x_n\boldsymbol{a}_n$ であるから $(*)$ は，$x_1\boldsymbol{a}_1 + \cdots + x_{j-1}\boldsymbol{a}_{j-1} + x_j\boldsymbol{a}_j + x_{j+1}\boldsymbol{a}_{j+1} + \cdots + x_n\boldsymbol{a}_n = \boldsymbol{b}$ と表せる．そこで第 j 列を $\boldsymbol{b}$ に取り替えた行列の行列式を考え，多重線形性と交代性を用いると

$$\det\begin{pmatrix} \boldsymbol{a}_1, \ldots, \boldsymbol{a}_{j-1}, \boldsymbol{b}, \boldsymbol{a}_{j+1}, \ldots, \boldsymbol{a}_n \end{pmatrix}$$

$$= \det\begin{pmatrix} \boldsymbol{a}_1, \ldots, \boldsymbol{a}_{j-1}, x_1\boldsymbol{a}_1 + \cdots + x_{j-1}\boldsymbol{a}_{j-1} + x_j\boldsymbol{a}_j + x_{j+1}\boldsymbol{a}_{j+1} \\ + \cdots + x_n\boldsymbol{a}_n, \boldsymbol{a}_{j+1}, \ldots, \boldsymbol{a}_n \end{pmatrix}$$

$$= x_1 \det\begin{pmatrix} \boldsymbol{a}_1, \ldots, \boldsymbol{a}_{j-1}, \boldsymbol{a}_1, \boldsymbol{a}_{j+1}, \ldots, \boldsymbol{a}_n \end{pmatrix} + \cdots$$

$$+ x_{j-1} \det(\boldsymbol{a}_1, \ldots, \boldsymbol{a}_{j-1}, \boldsymbol{a}_{j-1}, \boldsymbol{a}_{j+1}, \ldots, \boldsymbol{a}_n)$$

$$+ x_j \det\begin{pmatrix} \boldsymbol{a}_1, \ldots, \boldsymbol{a}_{j-1}, \boldsymbol{a}_j, \boldsymbol{a}_{j+1}, \ldots, \boldsymbol{a}_n \end{pmatrix}$$

$$+ x_{j+1} \det\begin{pmatrix} \boldsymbol{a}_1, \ldots, \boldsymbol{a}_{j-1}, \boldsymbol{a}_{j+1}, \boldsymbol{a}_{j+1}, \ldots, \boldsymbol{a}_n \end{pmatrix} + \cdots$$

$$+ x_n \det(\boldsymbol{a}_1, \ldots, \boldsymbol{a}_{j-1}, \boldsymbol{a}_n, \boldsymbol{a}_{j+1}, \ldots, \boldsymbol{a}_n)$$

$$= x_j \det\begin{pmatrix} \boldsymbol{a}_1, \ldots, \boldsymbol{a}_{j-1}, \boldsymbol{a}_j, \boldsymbol{a}_{j+1}, \ldots, \boldsymbol{a}_n \end{pmatrix} = x_j \det A$$

$$\therefore \quad x_j = \frac{\det\begin{pmatrix} \boldsymbol{a}_1, \ldots, \boldsymbol{a}_{j-1}, \boldsymbol{b}, \boldsymbol{a}_{j+1}, \ldots, \boldsymbol{a}_n \end{pmatrix}}{\det\begin{pmatrix} \boldsymbol{a}_1, \ldots, \boldsymbol{a}_{j-1}, \boldsymbol{a}_j, \boldsymbol{a}_{j+1}, \ldots, \boldsymbol{a}_n \end{pmatrix}}$$

例題 **4.4** クラメルの公式を用いて次の連立 1 次方程式を解け.

(1) $\begin{cases} 7x + 5y = -1 \\ 5x + 4y = -2 \end{cases}$ (2) $\begin{cases} 2x + 3y = 4 \\ 7y + 4z = -2 \\ -x + y + z = -4 \end{cases}$

【解答】 (1) 連立 1 次方程式は, $\begin{pmatrix} 7 & 5 \\ 5 & 4 \end{pmatrix} \begin{pmatrix} x \\ y \end{pmatrix} = \begin{pmatrix} -1 \\ -2 \end{pmatrix}$ と表せる. 係数

行列を A とすると, $|A| = 7 \cdot 4 - 5^2 = 3$

クラメルの公式を用いると

$$x = \frac{\begin{vmatrix} -1 & 5 \\ -2 & 4 \end{vmatrix}}{|A|} = \frac{6}{3} = 2, \quad y = \frac{\begin{vmatrix} 7 & -1 \\ 5 & -2 \end{vmatrix}}{|A|} = \frac{-9}{3} = -3 \quad \text{答}$$

(2) 連立 1 次方程式は, $\begin{pmatrix} 2 & 3 & 0 \\ 0 & 7 & 4 \\ -1 & 1 & 1 \end{pmatrix} \begin{pmatrix} x \\ y \\ z \end{pmatrix} = \begin{pmatrix} 4 \\ -2 \\ -4 \end{pmatrix}$ と表せる. 係数

行列を A とすると,

$$|A| = 2 \begin{vmatrix} 7 & 4 \\ 1 & 1 \end{vmatrix} - 3 \begin{vmatrix} 0 & 4 \\ -1 & 1 \end{vmatrix} = -6$$

クラメルの公式を用いると

$$x = \frac{\begin{vmatrix} 4 & 3 & 0 \\ -2 & 7 & 4 \\ -4 & 1 & 1 \end{vmatrix}}{|A|}, \quad y = \frac{\begin{vmatrix} 2 & 4 & 0 \\ 0 & -2 & 4 \\ -1 & -4 & 1 \end{vmatrix}}{|A|}, \quad z = \frac{\begin{vmatrix} 2 & 3 & 4 \\ 0 & 7 & -2 \\ -1 & 1 & -4 \end{vmatrix}}{|A|} \quad \text{より}$$

$$x = \frac{-30}{-6} = 5, \quad y = \frac{12}{-6} = -2, \quad z = \frac{-18}{-6} = 3 \quad \text{答}$$

問 **4.15** クラメルの公式を用いて次の連立 1 次方程式を解け.

(1) $\begin{cases} 7x + y = 5 \\ 5x + 2y = 7 \end{cases}$ (2) $\begin{cases} x + 2y - 3z = 2 \\ 2x + y + 4z = 0 \\ 3x - y + z = 10 \end{cases}$

■■■■■■■■■ **第4章　演習問題** ■■■■■■■■■

▎**演習 4.1**　定義によると 4 次正方行列 $A = \left(a_{ij} \right)$ の行列式は

$$|A| = \sum_{\sigma \in S_4} \mathrm{sgn}(\sigma)\, a_{1\sigma(1)} a_{2\sigma(2)} a_{3\sigma(3)} a_{4\sigma(4)}$$

である.

(1)　$\sigma = \begin{pmatrix} 1 & 2 & 3 & 4 \\ 3 & 1 & 4 & 2 \end{pmatrix}$ のとき, $\mathrm{sgn}(\sigma)$ を求めよ.

(2)　$A = \begin{pmatrix} a & b & c & 1 \\ d & e & 2 & 7 \\ f & 3 & 6 & 8 \\ 4 & 5 & 9 & 10 \end{pmatrix}$ について, $\mathrm{sgn}(\sigma) a_{1\sigma(1)} a_{2\sigma(2)} a_{3\sigma(3)} a_{4\sigma(4)}$ を求めよ.

▎**演習 4.2**　次の行列の行列式の値をそれぞれ求めよ.

(1)　$A = \begin{pmatrix} 31 & 34 & 37 \\ 63 & 69 & 75 \\ 95 & 104 & 117 \end{pmatrix}$

(2)　$B = \begin{pmatrix} 2 & 0 & -2 & 6 \\ 3 & -3 & -9 & 15 \\ 3 & 2 & 0 & -1 \\ 2 & 0 & 1 & 0 \end{pmatrix}$

▎**演習 4.3**　行列 $A = \begin{pmatrix} a+b & 0 & 1 & 0 \\ -a & 1 & 0 & 1 \\ 2b & 0 & 1 & 0 \\ a & 1 & 2 & 2 \end{pmatrix}$ の行列式 $|A|$ を a, b の式で表せ. また, $A\boldsymbol{x} = \boldsymbol{0}$ が非自明な解をもつための定数 a, b の満たすべき条件を求めよ.

▎**演習 4.4**　行列 $A = \begin{pmatrix} a & b & c & d \\ -b & a & -d & c \\ -c & d & a & -b \\ -d & -c & b & a \end{pmatrix}$ について.

(1)　A の転置行列 ${}^t A$ を求めよ. また, ${}^t A A$ を求めよ.

(2)　A の逆行列 A^{-1} を求めよ.

(3)　A の行列式 $|A|$ を求めよ.

▌**演習 4.5**　行列 $A = \begin{pmatrix} 3 & 4 & 3 \\ 5 & 0 & -4 \\ 2 & 2 & 1 \end{pmatrix}$ について.

(1)　A の余因子行列 $\widetilde{A}$ を求めよ.

(2)　A の行列式 $|A|$ の値を求めよ. さらに A の逆行列 A^{-1} を求めよ.

(3)　$\boldsymbol{x} = \begin{pmatrix} x \\ y \\ z \end{pmatrix}, \boldsymbol{b} = \begin{pmatrix} 1 \\ -1 \\ 2 \end{pmatrix}$ について, 連立 1 次方程式 $A\boldsymbol{x} = \boldsymbol{b}$ を解け.

▌**演習 4.6**　行列 $A = \begin{pmatrix} 2 & 1 & 3 \\ -1 & 1 & -2 \\ 1 & -3 & 5 \end{pmatrix}$ について.

(1)　A の行列式 $|A|$ の値を求めよ.

(2)　$\boldsymbol{x} = \begin{pmatrix} x \\ y \\ z \end{pmatrix}, \boldsymbol{b} = \begin{pmatrix} 1 \\ -3 \\ 4 \end{pmatrix}$ について, 連立 1 次方程式 $A\boldsymbol{x} = \boldsymbol{b}$ をクラメル

の公式を用いて解け.

第5章
数ベクトル空間と線形部分空間

　　ベクトルとそのベクトルを位置ベクトルとする点を同一視すると，$\mathbb{R}$ は数直線，$\mathbb{R}^2$ は座標平面，$\mathbb{R}^3$ は座標空間，のようにそれぞれ 1 次元，2 次元，3 次元の広がりをもつ空間となる．では次元とは何か？　その問い掛けに答えるのがこの章の目標である．数ベクトル空間 $\mathbb{R}^n$ の線形部分空間，および，その基底と次元について学ぶ．この章の内容こそが，線形代数の本丸である．

■ 5.1　数ベクトル空間と数ベクトルの 1 次独立 ■

　この節では，平面ベクトルの集合 $\mathbb{R}^2$ や空間ベクトルの集合 $\mathbb{R}^3$ を拡張した数ベクトル空間 $\mathbb{R}^n$ におけるベクトルの 1 次独立について学ぶ．「ベクトルの 1 次独立」は，n 次元数ベクトル $\mathbb{R}^n$ の線形部分空間の次元を定義するのに必要不可欠な概念である．

数ベクトル空間

$$\mathbb{R}^n = \left\{ \left(\begin{array}{c} x_1 \\ \vdots \\ x_n \end{array} \right) \middle| x_1, x_2, \ldots, x_n \in \mathbb{R} \right\}$$

を **n 次元数ベクトル空間**といい，これに属する要素を **n 次元数ベクトル**とよぶ．たとえば，2 次元数ベクトル空間 $\mathbb{R}^2 = \left\{ \left(\begin{array}{c} x_1 \\ x_2 \end{array} \right) \middle| x_1, x_2 \in \mathbb{R} \right\}$ は，平面ベクトルの集合である．

n 次元数ベクトル $\boldsymbol{x} = \left(\begin{array}{c} x_1 \\ x_2 \\ \vdots \\ x_n \end{array} \right), \boldsymbol{y} = \left(\begin{array}{c} y_1 \\ y_2 \\ \vdots \\ y_n \end{array} \right)$ に対して，和と実数倍を次のように定義する．

$$x + y = \begin{pmatrix} x_1 + y_1 \\ x_2 + y_2 \\ \vdots \\ x_n + y_n \end{pmatrix}, \quad kx = \begin{pmatrix} kx_1 \\ kx_2 \\ \vdots \\ kx_n \end{pmatrix}$$

1 章でみたように $\mathbb{R}^2$, $\mathbb{R}^3$ のベクトルの和・実数倍における法則と同様の性質が次のように成り立つ.

! 知っておきたいこと

> a, b, $c \in \mathbb{R}^n$, k, $l \in \mathbb{R}$ に対して
>
> (1)　$a + b = b + a$　　　(2)　$(a + b) + c = a + (b + c)$
>
> (3)　$k(la) = (kl)a$　　　(4)　$(k + l)a = ka + la$
>
> (5)　$k(a + b) = ka + kb$　　　(6)　$1a = a$
>
> 　すべての成分が 0 のベクトルを**零ベクトル**とよび, 0 で表し, $(-1)a$ を $-a$ で表すと, 次の 2 つも成り立つ.
>
> (7)　$a + 0 = 0 + a = a$　　　(8)　$a + (-a) = (-a) + a = 0$

ベクトルの 1 次結合, ベクトルの 1 次独立・1 次従属

$x_1 a_1 + x_2 a_2 + \cdots + x_n a_r$ の形のベクトルを a_1, $a_2, \ldots, a_r$ の **1 次結合**もしくは**線形結合**という.

いくつかの n 次元数ベクトルが 1 次独立であることを次のように定義する.

定義 5.1　**1 次独立と 1 次従属**

　a_1, $a_2, \ldots, a_r \in \mathbb{R}^n$ について.

　(1)　$x_1 a_1 + x_2 a_2 + \cdots + x_r a_r = 0 \cdots (*)$ を満たす実数 x_1, $x_2, \ldots, x_r$ が $(x_1, x_2, \ldots, x_r) = (0, 0, \ldots, 0)$ のみであるとき, $\{a_1, a_2, \ldots, a_r\}$ は**1 次独立**（**線形独立**）であるという.

　(2)　$\{a_1, a_2, \ldots, a_r\}$ が 1 次独立でないとき, $\{a_1, a_2, \ldots, a_r\}$ は**1 次従属**（**線形従属**）であるという.

〈注〉　$(*)$ は, $x_1, x_2, \ldots, x_r$ についての連立 1 次方程式である. したがって,

　(1)　$\{a_1, a_2, \ldots, a_r\}$ は **1 次独立**である $\overset{\text{定義}}{\Longleftrightarrow}$ $(*)$ は自明解のみをもつ

　(2)　$\{a_1, a_2, \ldots, a_r\}$ は **1 次従属**である $\overset{\text{定義}}{\Longleftrightarrow}$ $(*)$ は非自明解をもつ

と解釈できる.

例 5.1　　$\mathbb{R}^2$ の基本ベクトル $\{e_1, e_2\}$ は，1次独立である．なぜなら，$x \begin{pmatrix} 1 \\ 0 \end{pmatrix} +$
$y \begin{pmatrix} 0 \\ 1 \end{pmatrix} = \begin{pmatrix} 0 \\ 0 \end{pmatrix}$ を解くと $\begin{pmatrix} x \\ y \end{pmatrix} = \begin{pmatrix} 0 \\ 0 \end{pmatrix}$，つまり，$xe_1 + ye_2 = 0$ を満たす
$x, y \in \mathbb{R}$ が，$x = 0, y = 0$ のみだからである．　　□

　一般に，$\mathbb{R}^n$ の基本ベクトル $\{e_1, e_2, \ldots, e_n\}$ は，1次独立である．

例題 5.1　　次の $a, b \in \mathbb{R}^2$ について，$\{a, b\}$ は1次独立かどうかを調べよ．

$$(1) \quad a = \begin{pmatrix} 1 \\ 3 \end{pmatrix}, b = \begin{pmatrix} -1 \\ 2 \end{pmatrix} \qquad (2) \quad a = \begin{pmatrix} 1 \\ 2 \end{pmatrix}, b = \begin{pmatrix} 3 \\ 6 \end{pmatrix}$$

【解答】　(1)　$xa + yb = 0$，つまり $x \begin{pmatrix} 1 \\ 3 \end{pmatrix} + y \begin{pmatrix} -1 \\ 2 \end{pmatrix} = \begin{pmatrix} 0 \\ 0 \end{pmatrix}$ $\cdots (*)$

を満たす x, y が，$\begin{pmatrix} x \\ y \end{pmatrix} = \begin{pmatrix} 0 \\ 0 \end{pmatrix}$ （自明解）のみかを調べればよい．

　そこで，連立1次方程式

$$(*) : \begin{cases} x - y = 0 & \cdots \text{①} \\ 3x + 2y = 0 & \cdots \text{②} \end{cases}$$

を解くと，①より $y = x$ でこれを②に代入すると，$5x = 0$ $\therefore x = 0, y = 0$

よって，$(*)$ を満たす x, y は，$\begin{pmatrix} x \\ y \end{pmatrix} = \begin{pmatrix} 0 \\ 0 \end{pmatrix}$ のみである．

ゆえに，$\{a, b\}$ は1次独立である．　**答**

　(2)　$b = 3 \begin{pmatrix} 1 \\ 2 \end{pmatrix} = 3a$ より，$3a - b = 0$

よって，$x \begin{pmatrix} 1 \\ 2 \end{pmatrix} + y \begin{pmatrix} 3 \\ 6 \end{pmatrix} = \begin{pmatrix} 0 \\ 0 \end{pmatrix}$ $\cdots (**)$ を満たす $\begin{pmatrix} x \\ y \end{pmatrix}$ は，$\begin{pmatrix} 0 \\ 0 \end{pmatrix}$ 以外に
もある．たとえば，$x = 3, y = -1$ は $(**)$ を満たす．

ゆえに，$\{a, b\}$ は1次従属である．　**答**

〈注〉　(2) では，$(**)$ を解くと $x + 3y = 0$ で $y = t$ とおくことにより，$x = -3t, y = t$
（t は任意）である．これから非自明解があるといってもよい．

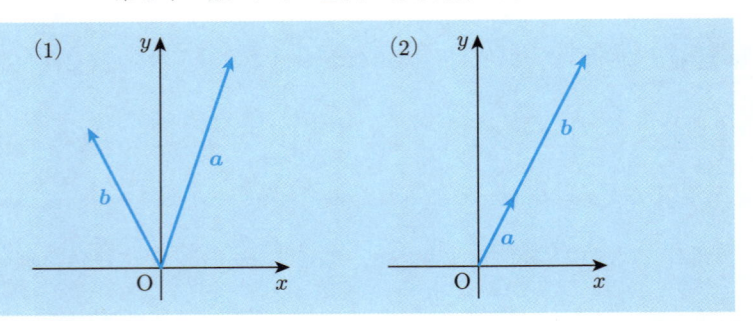

🔵💡 **知っておきたいこと**　　一般に，平面上の零ベクトルでない 2 つのベクトル a, b について次のことが成り立つ.

2 つのベクトルが 1 次独立であるための条件

$\{a, b\}$ が 1 次独立である $\Longleftrightarrow$ a, b は平行でない

例題 5.2　　次の $a, b, c \in \mathbb{R}^3$ について，$\{a, b, c\}$ は 1 次独立かどうかを調べよ.

(1) $\quad a = \begin{pmatrix} 1 \\ -1 \\ 2 \end{pmatrix}, b = \begin{pmatrix} 2 \\ 1 \\ -3 \end{pmatrix}, c = \begin{pmatrix} 1 \\ -4 \\ 5 \end{pmatrix}$

(2) $\quad a = \begin{pmatrix} 1 \\ -1 \\ 2 \end{pmatrix}, b = \begin{pmatrix} 2 \\ 1 \\ -3 \end{pmatrix}, c = \begin{pmatrix} 1 \\ -4 \\ 9 \end{pmatrix}$

【解答】　(1)　$xa + yb + zc = 0$, つまり連立 1 次方程式

$$x \begin{pmatrix} 1 \\ -1 \\ 2 \end{pmatrix} + y \begin{pmatrix} 2 \\ 1 \\ -3 \end{pmatrix} + z \begin{pmatrix} 1 \\ -4 \\ 5 \end{pmatrix} = \begin{pmatrix} 0 \\ 0 \\ 0 \end{pmatrix} \quad \cdots (*)$$

が自明解のみをもつかを調べればよい.

そこで，連立 1 次方程式 $(*) : \begin{cases} x + 2y + z = 0 \\ -x + y - 4z = 0 \\ 2x - 3y + 5z = 0 \end{cases}$ を解くと，

$$\begin{pmatrix} 1 & 2 & 1 & \bigm| & 0 \\ -1 & 1 & -4 & \bigm| & 0 \\ 2 & -3 & 5 & \bigm| & 0 \end{pmatrix} \rightarrow \begin{pmatrix} 1 & 2 & 1 & \bigm| & 0 \\ 0 & 3 & -3 & \bigm| & 0 \\ 0 & -7 & 3 & \bigm| & 0 \end{pmatrix}$$

$$\rightarrow \begin{pmatrix} 1 & 2 & 1 & \bigm| & 0 \\ 0 & 1 & -1 & \bigm| & 0 \\ 0 & -7 & 3 & \bigm| & 0 \end{pmatrix} \rightarrow \begin{pmatrix} 1 & 0 & 3 & \bigm| & 0 \\ 0 & 1 & -1 & \bigm| & 0 \\ 0 & 0 & -4 & \bigm| & 0 \end{pmatrix}$$

$$\rightarrow \begin{pmatrix} 1 & 0 & 3 & \bigm| & 0 \\ 0 & 1 & -1 & \bigm| & 0 \\ 0 & 0 & 1 & \bigm| & 0 \end{pmatrix} \rightarrow \begin{pmatrix} 1 & 0 & 0 & \bigm| & 0 \\ 0 & 1 & 0 & \bigm| & 0 \\ 0 & 0 & 1 & \bigm| & 0 \end{pmatrix}$$

より, $x = 0, y = 0, z = 0$, すなわち $(*)$ は自明な解のみをもつ.
ゆえに, $\{\boldsymbol{a}, \boldsymbol{b}, \boldsymbol{c}\}$ は 1 次独立である. **答**

(2) $\quad x \begin{pmatrix} 1 \\ -1 \\ 2 \end{pmatrix} + y \begin{pmatrix} 2 \\ 1 \\ -3 \end{pmatrix} + z \begin{pmatrix} 1 \\ -4 \\ 9 \end{pmatrix} = \begin{pmatrix} 0 \\ 0 \\ 0 \end{pmatrix} \cdots (**)$

が, 自明な解のみをもつかを調べればよい.

そこで, 連立 1 次方程式 $(**)$: $\begin{cases} x + 2y + z = 0 \\ -x + y - 4z = 0 \\ 2x - 3y + 9z = 0 \end{cases}$ を解くと,

$$\begin{pmatrix} 1 & 2 & 1 & \bigm| & 0 \\ -1 & 1 & -4 & \bigm| & 0 \\ 2 & -3 & 9 & \bigm| & 0 \end{pmatrix} \rightarrow \begin{pmatrix} 1 & 2 & 1 & \bigm| & 0 \\ 0 & 3 & -3 & \bigm| & 0 \\ 0 & -7 & 7 & \bigm| & 0 \end{pmatrix}$$

$$\rightarrow \begin{pmatrix} 1 & 2 & 1 & \bigm| & 0 \\ 0 & 1 & -1 & \bigm| & 0 \\ 0 & 1 & -1 & \bigm| & 0 \end{pmatrix} \rightarrow \begin{pmatrix} 1 & 0 & 3 & \bigm| & 0 \\ 0 & 1 & -1 & \bigm| & 0 \\ 0 & 0 & 0 & \bigm| & 0 \end{pmatrix}$$

より,

$$(**) \iff \begin{cases} x + 3z = 0 \\ y - z = 0 \end{cases}$$

ここで，$z = t$ とおくと，$x = -3t$, $y = t$, $z = t$（t は任意），すなわち (**) は非自明な解ももつ．実際，$t = 1$ として，(**) の非自明な解 $x = -3$, $y = 1$, $z = 1$ が得られ，$-3\boldsymbol{a} + \boldsymbol{b} + \boldsymbol{c} = \boldsymbol{0}$ である．

ゆえに，$\{\boldsymbol{a}, \boldsymbol{b}, \boldsymbol{c}\}$ は 1 次従属である．　**答**

(1), (2) の $\boldsymbol{a}, \boldsymbol{b}, \boldsymbol{c}$ は以下のように図示できる．

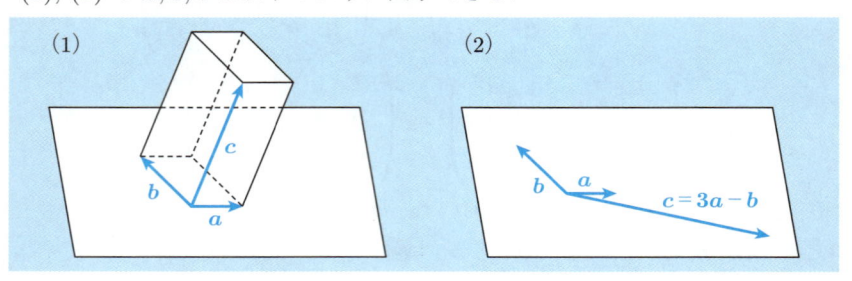

〈注〉　(2) の $\{\boldsymbol{a}, \boldsymbol{b}, \boldsymbol{c}\}$ は非自明な線形関係 $-3\boldsymbol{a} + \boldsymbol{b} + \boldsymbol{c} = \boldsymbol{0}$ をもつという言い方をするときもある．(1) の $\{\boldsymbol{a}, \boldsymbol{b}, \boldsymbol{c}\}$ は非自明な線形関係をもたない．自明な線形関係 $0\boldsymbol{a} + 0\boldsymbol{b} + 0\boldsymbol{c} = \boldsymbol{0}$ のみを解にもつ．

❗知っておきたいこと　一般に，空間内の零ベクトルでない 3 つのベクトル $\{\boldsymbol{a}, \boldsymbol{b}, \boldsymbol{c}\}$ について次が成り立つ．

> **3 つのベクトルが 1 次独立であるための条件**
>
> 　　$\{\boldsymbol{a}, \boldsymbol{b}, \boldsymbol{c}\}$ は 1 次独立である $\Longleftrightarrow$ $\boldsymbol{a}, \boldsymbol{b}, \boldsymbol{c}$ は同一平面上にはない

問 5.1　　次の $\boldsymbol{a}, \boldsymbol{b}, \boldsymbol{c} \in \mathbb{R}^3$ について，$\{\boldsymbol{a}, \boldsymbol{b}, \boldsymbol{c}\}$ は 1 次独立かどうかを調べよ．

(1)　$\boldsymbol{a} = \begin{pmatrix} 1 \\ 2 \\ 3 \end{pmatrix}$, $\boldsymbol{b} = \begin{pmatrix} 1 \\ 1 \\ 2 \end{pmatrix}$, $\boldsymbol{c} = \begin{pmatrix} -2 \\ 3 \\ 2 \end{pmatrix}$

(2)　$\boldsymbol{a} = \begin{pmatrix} 1 \\ 2 \\ -1 \end{pmatrix}$, $\boldsymbol{b} = \begin{pmatrix} 2 \\ 1 \\ 4 \end{pmatrix}$, $\boldsymbol{c} = \begin{pmatrix} 0 \\ -1 \\ 2 \end{pmatrix}$

■ 5.2 列ベクトルの線形関係と行基本変形

いくつかの列ベクトルが1次独立（線形独立）であるかどうか，また，1次従属（線形従属）であるとき，どのような線形関係をもつか，などを判定する便利な方法がある．次の例を通して見てみよう．

列ベクトルの線形関係

(例 5.2) 4つのベクトル

$$
\boldsymbol{a}_1 = \begin{pmatrix} 1 \\ -1 \\ 2 \\ -1 \end{pmatrix}, \quad
\boldsymbol{a}_2 = \begin{pmatrix} 0 \\ 1 \\ 1 \\ -2 \end{pmatrix}, \quad
\boldsymbol{a}_3 = \begin{pmatrix} 2 \\ 3 \\ 3 \\ 0 \end{pmatrix}, \quad
\boldsymbol{a}_4 = \begin{pmatrix} 1 \\ 2 \\ -1 \\ 5 \end{pmatrix}
$$

を列ベクトルとする行列 $A = \begin{pmatrix} \boldsymbol{a}_1, \boldsymbol{a}_2, \boldsymbol{a}_3, \boldsymbol{a}_4 \end{pmatrix}$ が簡約階段行列 $B = \begin{pmatrix} \boldsymbol{b}_1, \boldsymbol{b}_2, \boldsymbol{b}_3, \boldsymbol{b}_4 \end{pmatrix}$ を得るまで行基本変形を繰り返すと

$$
A = \begin{pmatrix} 1 & 0 & 2 & 1 \\ -1 & 1 & 3 & 2 \\ 2 & 1 & 3 & -1 \\ -1 & -2 & 0 & 5 \end{pmatrix}
\xrightarrow[\substack{③+①\times(-2) \\ ④+①\times 1}]{\substack{(i) \\ ②+①\times 1}}
\begin{pmatrix} 1 & 0 & 2 & 1 \\ 0 & 1 & 5 & 3 \\ 0 & 1 & -1 & -3 \\ 0 & -2 & 2 & 6 \end{pmatrix}
$$

$$
\xrightarrow[\substack{④+②\times 2}]{\substack{(ii) \\ ③+②\times(-1)}}
\begin{pmatrix} 1 & 0 & 2 & 1 \\ 0 & 1 & 5 & 3 \\ 0 & 0 & -6 & -6 \\ 0 & 0 & 12 & 12 \end{pmatrix}
\xrightarrow[]{\substack{(iii) \\ ③\times(-\frac{1}{6})}}
\begin{pmatrix} 1 & 0 & 2 & 1 \\ 0 & 1 & 5 & 3 \\ 0 & 0 & 1 & 1 \\ 0 & 0 & 12 & 12 \end{pmatrix}
$$

$$
\xrightarrow[\substack{②+③\times(-5) \\ ④+③\times(-12)}]{\substack{(iv) \\ ①+③\times(-2)}}
\begin{pmatrix} 1 & 0 & 0 & -1 \\ 0 & 1 & 0 & -2 \\ 0 & 0 & 1 & 1 \\ 0 & 0 & 0 & 0 \end{pmatrix}
= \begin{pmatrix} \boldsymbol{b}_1, \boldsymbol{b}_2, \boldsymbol{b}_3, \boldsymbol{b}_4 \end{pmatrix} = B \cdots (*)
$$

実は，$\boldsymbol{b}_j \ (j = 1, 2, 3, 4)$ の間に成り立つ線形関係から $\boldsymbol{a}_j \ (j = 1, 2, 3, 4)$ の間に成り立つ線形関係が次のようにわかる．

> (1)　b_1, b_2, b_3 は 1 次独立であるから，a_1, a_2, a_3 は 1 次独立である.
>
> (2)　$b_4 = -b_1 - 2b_2 + b_3$ であるから，$a_4 = -a_1 - 2a_2 + a_3$
>
> (3)　b_j $(j = 1, 2, 3, 4)$ のうち 1 次独立なベクトルの最大個数は 3 個であるから，a_j $(j = 1, 2, 3, 4)$ のうち 1 次独立なベクトルの最大個数は 3 個である.

　ここでは，(1), (2), (3) がどうして成り立つかをみていこう.

　(1)　$x_1 a_1 + x_2 a_2 + x_3 a_3 = 0$ を解くと，この連立 1 次方程式の拡大係数行列の簡約化

$$\left(a_1\, a_2\, a_3 \,|\, 0 \right) \to \left(b_1\, b_2\, b_3 \,|\, 0 \right)$$

から，$x_1 = x_2 = x_3 = 0$（自明な解のみ）となり，$\{a_1, a_2, a_3\}$ は 1 次独立である.

　(2)　$x_1 a_1 + x_2 a_2 + x_3 a_3 = a_4$ を解くと，この連立 1 次方程式の拡大係数行列の簡約化

$$\left(a_1\, a_2\, a_3 \,|\, a_4 \right) \to \left(b_1\, b_2\, b_3 \,|\, b_4 \right)$$

から，$x_1 = -1, x_2 = -2, x_3 = 1$ となるから，$a_4 = -a_1 - 2a_2 + a_3$

　(3)　(2) より $\{a_1, a_2, a_3, a_4\}$ は 1 次従属であり，(1) を合わせると (3) がわかる. このように a_1, a_2, a_3, a_4 の間の線形関係は，b_1, b_2, b_3, b_4 の間の線形関係と等しい. ◻

〈注〉　(1), (2) が成り立つことを次のように考えると，わかり易いかもしれない. 例 5.2 の行基本変形 (i), (ii), (iii), (iv) に対応する基本行列をそれぞれ P_1, P_2, P_3, P_4 とし，$P = P_4 P_3 P_2 P_1$ とおくと，$PA = B$ であり，P は正則行列である（$P^{-1} = P_1^{-1} P_2^{-1} P_3^{-1} P_4^{-1}$）.

$$x = \begin{pmatrix} x_1 \\ x_2 \\ x_3 \\ x_4 \end{pmatrix} とおくと,$$

$$x_1 a_1 + x_2 a_2 + x_3 a_3 + x_4 a_4 = Ax$$

となるから

$$x_1 \boldsymbol{a}_1 + x_2 \boldsymbol{a}_2 + x_3 \boldsymbol{a}_3 + x_4 \boldsymbol{a}_4 = \boldsymbol{0}$$
$$\Longleftrightarrow A\boldsymbol{x} = \boldsymbol{0}$$
$$\Longleftrightarrow B\boldsymbol{x} = \boldsymbol{0}$$
$$\Longleftrightarrow x_1 \boldsymbol{b}_1 + x_2 \boldsymbol{b}_2 + x_3 \boldsymbol{b}_3 + x_4 \boldsymbol{b}_4 = \boldsymbol{0}$$

これは，$\boldsymbol{a}_1, \boldsymbol{a}_2, \boldsymbol{a}_3, \boldsymbol{a}_4$ の間の線形関係と $\boldsymbol{b}_1, \boldsymbol{b}_2, \boldsymbol{b}_3, \boldsymbol{b}_4$ の間の線形関係が等しいことを示している．実際，$x_4 = 0$ として

$$x_1 \boldsymbol{a}_1 + x_2 \boldsymbol{a}_2 + x_3 \boldsymbol{a}_3 = \boldsymbol{0} \Longleftrightarrow x_1 \boldsymbol{b}_1 + x_2 \boldsymbol{b}_2 + x_3 \boldsymbol{b}_3 = \boldsymbol{0}$$

が成り立つから，

$$\{\boldsymbol{a}_1, \boldsymbol{a}_2, \boldsymbol{a}_3\} \text{ が 1 次独立} \Longleftrightarrow \{\boldsymbol{b}_1, \boldsymbol{b}_2, \boldsymbol{b}_3\} \text{ は 1 次独立}$$

を示すことができ，(1) がわかる．

(2) $\boldsymbol{b}_1 + 2\boldsymbol{b}_2 - \boldsymbol{b}_3 + \boldsymbol{b}_4 = \boldsymbol{0}$ であるから，$\boldsymbol{a}_1 + 2\boldsymbol{a}_2 - \boldsymbol{a}_3 + \boldsymbol{a}_4 = \boldsymbol{0}$ が得られる．

(!) 知っておきたいこと 一般に次が成り立つ．

> **定理 5.1 列ベクトルの線形関係**
> $A = \begin{pmatrix} \boldsymbol{a}_1, \boldsymbol{a}_2, \ldots, \boldsymbol{a}_m \end{pmatrix}$ が何回かの行基本変形によって，行列 $B = \begin{pmatrix} \boldsymbol{b}_1, \boldsymbol{b}_2, \ldots, \boldsymbol{b}_m \end{pmatrix}$ に簡約化されるとする．このとき，$\boldsymbol{a}_1, \boldsymbol{a}_2, \ldots, \boldsymbol{a}_m$ の間の線形関係と $\boldsymbol{b}_1, \boldsymbol{b}_2, \ldots, \boldsymbol{b}_m$ の間の線形関係は等しい．

問 5.2 4 つのベクトル

$$\boldsymbol{a}_1 = \begin{pmatrix} 0 \\ 1 \\ 3 \\ 2 \end{pmatrix}, \quad \boldsymbol{a}_2 = \begin{pmatrix} 2 \\ 3 \\ 5 \\ 4 \end{pmatrix}, \quad \boldsymbol{a}_3 = \begin{pmatrix} 1 \\ 1 \\ 2 \\ 2 \end{pmatrix}, \quad \boldsymbol{a}_4 = \begin{pmatrix} 3 \\ 2 \\ 2 \\ 3 \end{pmatrix}$$

について．$\{\boldsymbol{a}_1, \boldsymbol{a}_2, \boldsymbol{a}_3\}$ は 1 次独立かどうかを調べよ．また，$\{\boldsymbol{a}_1, \boldsymbol{a}_2, \boldsymbol{a}_3, \boldsymbol{a}_4\}$ は 1 次独立かどうかを調べよ．1 次従属であるなら，$\boldsymbol{a}_4$ を残りのベクトル $\boldsymbol{a}_1, \boldsymbol{a}_2, \boldsymbol{a}_3$ の 1 次結合で表せ．

■ 5.3　線形部分空間の基底と次元

この節では，この章の要である数ベクトル空間 $\mathbb{R}^n$ の線形部分空間とその基底・次元の定義をする．

線形部分空間

定義 5.2　線形部分空間

$\mathbb{R}^n$ の空集合でない部分集合 V が 2 つの条件

(1)　$\boldsymbol{a}, \boldsymbol{b} \in V$ ならば，$\boldsymbol{a} + \boldsymbol{b} \in V$

(2)　$\boldsymbol{a} \in V, k \in \mathbb{R}$ ならば，$k\boldsymbol{a} \in V$

を満たすとき，V は $\mathbb{R}^n$ の**線形部分空間**，もしくは**部分空間**とよぶ．

〈注〉　$V \subset \mathbb{R}^n$ について，「V が $\mathbb{R}^n$ の線形部分空間ならば，$\boldsymbol{0} \in V$」$\cdots (*)$ である．逆は成り立たないことに注意しよう．また，$(*)$ の対偶：「$\boldsymbol{0} \notin V$ ならば，V は $\mathbb{R}^n$ の線形部分空間でない」は，よく用いられる．

例 5.3

$$V = \left\{ \begin{pmatrix} x \\ y \end{pmatrix} \,\middle|\, 3x + 2y = 0 \right\}, \quad W = \left\{ \begin{pmatrix} x \\ y \end{pmatrix} \,\middle|\, 3x + 2y = 1 \right\}$$

について，V は $\mathbb{R}^2$ の線形部分空間であるが，W は線形部分空間ではない．

まず，$\boldsymbol{0} \in V$ であるから，V は空集合ではない．

$\begin{pmatrix} x_1 \\ y_1 \end{pmatrix}, \begin{pmatrix} x_2 \\ y_2 \end{pmatrix} \in V, k \in \mathbb{R}$ とすると，$\begin{cases} 3x_1 + 2y_1 = 0 \\ 3x_2 + 2y_2 = 0 \end{cases}$ であるから，

$$3(x_1 + x_2) + 2(y_1 + y_2) = 0$$

$$\therefore \quad \begin{pmatrix} x_1 \\ y_1 \end{pmatrix} + \begin{pmatrix} x_2 \\ y_2 \end{pmatrix} = \begin{pmatrix} x_1 + x_2 \\ y_1 + y_2 \end{pmatrix} \in V$$

$$3 \cdot kx_1 + 2 \cdot ky_1 = k(3x_1 + 2y_1) = 0$$

$$\therefore \quad k \begin{pmatrix} x_1 \\ y_1 \end{pmatrix} = \begin{pmatrix} kx_1 \\ ky_1 \end{pmatrix} \in V$$

が成り立つ．したがって，V は $\mathbb{R}^2$ の線形部分空間である．

また，$\boldsymbol{0} \notin W$ であるから，W は $\mathbb{R}^2$ の線形部分空間ではない．　　□

例 5.4 $V = \left\{ \begin{pmatrix} x \\ y \\ z \end{pmatrix} \middle| x + 2y - 3z = 0 \right\}$ は $\mathbb{R}^3$ の線形部分空間である.

まず, $\mathbf{0} \in V$ であるから, V は空集合ではない.

$\begin{pmatrix} x_1 \\ y_1 \\ z_1 \end{pmatrix}, \begin{pmatrix} x_2 \\ y_2 \\ z_2 \end{pmatrix} \in V, k \in \mathbb{R}$ とすると, $\begin{cases} x_1 + 2y_1 - 3z_1 = 0 \\ x_2 + 2y_2 - 3z_2 = 0 \end{cases}$ であるから,

$$(x_1 + x_2) + 2(y_1 + y_2) - 3(z_1 + z_2) = 0$$

$$\therefore \quad \begin{pmatrix} x_1 \\ y_1 \\ z_1 \end{pmatrix} + \begin{pmatrix} x_2 \\ y_2 \\ z_2 \end{pmatrix} = \begin{pmatrix} x_1 + x_2 \\ y_1 + y_2 \\ z_1 + z_2 \end{pmatrix} \in V$$

$$kx_1 + 2 \cdot ky_1 - 3 \cdot kz_1 = k(x_1 + 2y_1 - 3z_1) = 0$$

$$\therefore \quad k \begin{pmatrix} x_1 \\ y_1 \\ z_1 \end{pmatrix} = \begin{pmatrix} kx_1 \\ ky_1 \\ kz_1 \end{pmatrix} \in V$$

が成り立つ. したがって, V は $\mathbb{R}^3$ の線形部分空間である. $\qquad\square$

問 5.3 次の V_1, V_2, V_3, V_4 は $\mathbb{R}^2$ の線形部分空間かどうかを理由をつけて答えよ.

(1) $V_1 = \left\{ \begin{pmatrix} x \\ y \end{pmatrix} \middle| y = 2x \right\}$ (2) $V_2 = \left\{ \begin{pmatrix} x \\ y \end{pmatrix} \middle| y = x + 1 \right\}$

(3) $V_3 = \left\{ \begin{pmatrix} x \\ y \end{pmatrix} \middle| y = x^2 \right\}$ (4) $V_4 = \left\{ \begin{pmatrix} x \\ y \end{pmatrix} \middle| y \geqq 0 \right\}$

基底　$a_1, a_2, \ldots, a_r \in \mathbb{R}^n$ に対して，この r 個のベクトルの 1 次結合の形の
ベクトルの集合 $V = \{x_1 a_1 + x_2 a_2 + \cdots + x_r a_r \,|\, x_1, x_2, \ldots, x_r \in \mathbb{R}\}$ は $\mathbb{R}^n$
の線形部分空間である（各自確かめよ）.

　このとき，V は $\underline{a_1, a_2, \ldots, a_r}$ で生成される $\mathbb{R}^n$ の線形部分空間であるとい
い，$a_1, a_2, \ldots, a_r$ を V の**生成系**とよび，$V = \langle a_1, a_2, \ldots, a_r \rangle$ で表す.

例 5.5　例 5.4 の $V = \left\{ \begin{pmatrix} x \\ y \\ z \end{pmatrix} \,\middle|\, x + 2y - 3z = 0 \right\}$ について，$x = -2y + 3z$

だから，$s = y, t = z$ とおくと，

$$V = \left\{ \begin{pmatrix} x \\ y \\ z \end{pmatrix} = s \begin{pmatrix} -2 \\ 1 \\ 0 \end{pmatrix} + t \begin{pmatrix} 3 \\ 0 \\ 1 \end{pmatrix} \,\middle|\, s, t \in \mathbb{R} \right\} = \left\langle \begin{pmatrix} -2 \\ 1 \\ 0 \end{pmatrix}, \begin{pmatrix} 3 \\ 0 \\ 1 \end{pmatrix} \right\rangle$$

定理 5.2　生成系

　V が $\mathbb{R}^n$ の線形部分空間であるならば，V は必ず生成系をもち，

$$V = \langle a_1, a_2, \ldots, a_r \rangle$$
$$= \{x_1 a_1 + x_2 a_2 + \cdots + x_r a_r \,|\, x_1, x_2, \ldots, x_r \in \mathbb{R}\}$$

のように表すことができる.

定義 5.3　基底と次元

　$V \subset \mathbb{R}^n$ について
  (1)　$V = \langle a_1, a_2, \ldots, a_r \rangle$
  (2)　$a_1, a_2, \ldots, a_r$ が 1 次独立である
が成り立つとき，$a_1, a_2, \ldots, a_r$ を線形部分空間 V の**基底**といい，r を V
の**次元**とよび，$\dim V = r$ とかく.

〈注〉　線形部分空間 V の基底の個数が一定であることは，後の定理 5.4 を用いると証
明できる（演習 5.9 参照）.

例 5.6 $V = \left\{ x \begin{pmatrix} 1 \\ -1 \\ 2 \end{pmatrix} + y \begin{pmatrix} 2 \\ 1 \\ -3 \end{pmatrix} \middle| x, y \in \mathbb{R} \right\} = \left\langle \begin{pmatrix} 1 \\ -1 \\ 2 \end{pmatrix}, \begin{pmatrix} 2 \\ 1 \\ -3 \end{pmatrix} \right\rangle$

について，この生成系である 2 つのベクトルは 1 次独立であるから，V の基底であり，V は $\mathbb{R}^3$ における 2 次元の線形部分空間である．

$\begin{pmatrix} 0 \\ 3 \\ -7 \end{pmatrix} = -2 \begin{pmatrix} 1 \\ -1 \\ 2 \end{pmatrix} + \begin{pmatrix} 2 \\ 1 \\ -3 \end{pmatrix}$ から，$V = \left\{ s \begin{pmatrix} 1 \\ -1 \\ 2 \end{pmatrix} + t \begin{pmatrix} 0 \\ 3 \\ -7 \end{pmatrix} \middle| s, t \in \mathbb{R} \right\}$

とも表せる．$\begin{pmatrix} 1 \\ -1 \\ 2 \end{pmatrix}, \begin{pmatrix} 0 \\ 3 \\ -7 \end{pmatrix}$ は 1 次独立であるから，$\begin{pmatrix} 1 \\ -1 \\ 2 \end{pmatrix}, \begin{pmatrix} 0 \\ 3 \\ -7 \end{pmatrix}$ も V

の基底である． □

〈注〉 例のように，基底の取り方はいろいろある．しかしながら，その個数は一定である（演習 5.9）．その個数を線形部分空間の次元とよんでいるのである．

問 5.4 例 5.2 のベクトル $\boldsymbol{a}_1, \boldsymbol{a}_2, \boldsymbol{a}_3, \boldsymbol{a}_4$ について．線形部分空間

$$V = \{ x_1 \boldsymbol{a}_1 + x_2 \boldsymbol{a}_2 + x_3 \boldsymbol{a}_3 + x_4 \boldsymbol{a}_4 \mid x_1, x_2, x_3, x_4 \in \mathbb{R} \}$$

の基底と次元を求めよ．

解空間 $m \times n$ 行列 A に対して，連立 1 次方程式 $A\boldsymbol{x} = \boldsymbol{0} \cdots (*)$ の解の集合

$$V = \{ \boldsymbol{x} \in \mathbb{R}^n \mid A\boldsymbol{x} = \boldsymbol{0} \}$$

を連立 1 次方程式 $(*)$ の**解空間**という．

このとき，$(*)$ の解空間 V は，$\mathbb{R}^n$ の線形部分空間であることを示そう．

$\boldsymbol{0} \in V$ であるから，V は空集合ではない．$\boldsymbol{x}_1, \boldsymbol{x}_2 \in V, k \in \mathbb{R}$ とすると，$A\boldsymbol{x}_1 = \boldsymbol{0}, A\boldsymbol{x}_2 = \boldsymbol{0}$ であるから，

$$A(\boldsymbol{x}_1 + \boldsymbol{x}_2) = A\boldsymbol{x}_1 + A\boldsymbol{x}_2 = \boldsymbol{0} + \boldsymbol{0} = \boldsymbol{0},$$
$$A(k\boldsymbol{x}_1) = kA\boldsymbol{x}_1 = k\boldsymbol{0} = \boldsymbol{0} \qquad \therefore \quad \boldsymbol{x}_1 + \boldsymbol{x}_2, k\boldsymbol{x}_1 \in V$$

したがって，V は $\mathbb{R}^n$ の線形部分空間である．

例題 5.3

(1)　$A = \begin{pmatrix} 1 & 2 & 1 & 3 \\ 4 & -1 & -5 & -6 \\ 1 & -3 & -4 & -7 \\ 2 & 1 & -1 & 0 \end{pmatrix}$, $\boldsymbol{x} = \begin{pmatrix} x_1 \\ x_2 \\ x_3 \\ x_4 \end{pmatrix}$, $\boldsymbol{0} = \begin{pmatrix} 0 \\ 0 \\ 0 \\ 0 \end{pmatrix}$ とする. A を係数行列とする同次形の連立 1 次方程式 $A\boldsymbol{x} = \boldsymbol{0}$ $\cdots (*)$ を解け.

(2)　線形部分空間

$$V = \left\{ \begin{pmatrix} x_1 \\ x_2 \\ x_3 \\ x_4 \end{pmatrix} \in \mathbb{R}^4 \ \middle| \ \begin{array}{l} x_1 + 2x_2 + x_3 + 3x_4 = 0 \\ 4x_1 - x_2 - 5x_3 - 6x_4 = 0 \\ x_1 - 3x_2 - 4x_3 - 7x_4 = 0 \\ 2x_1 + x_2 - x_3 = 0 \end{array} \right\}$$

の基底と次元をそれぞれ求めよ.

【解答】　(1)　$(*)$ の拡大係数行列 $\left(A \mid \boldsymbol{0} \right)$ を簡約化すると

$$\left(A \mid \boldsymbol{0} \right) = \left(\begin{array}{cccc|c} 1 & 2 & 1 & 3 & 0 \\ 4 & -1 & -5 & -6 & 0 \\ 1 & -3 & -4 & -7 & 0 \\ 2 & 1 & -1 & 0 & 0 \end{array} \right) \rightarrow \left(\begin{array}{cccc|c} 1 & 2 & 1 & 3 & 0 \\ 0 & -9 & -9 & -18 & 0 \\ 0 & -5 & -5 & -10 & 0 \\ 0 & -3 & -3 & 6 & 0 \end{array} \right)$$

$$\rightarrow \left(\begin{array}{cccc|c} 1 & 2 & 1 & 3 & 0 \\ 0 & 1 & 1 & 2 & 0 \\ 0 & 1 & 1 & 2 & 0 \\ 0 & 1 & 1 & 2 & 0 \end{array} \right) \rightarrow \left(\begin{array}{cccc|c} 1 & 0 & -1 & -1 & 0 \\ 0 & 1 & 1 & 2 & 0 \\ 0 & 0 & 0 & 0 & 0 \\ 0 & 0 & 0 & 0 & 0 \end{array} \right)$$

より

$$(*) \iff \begin{cases} x_1 - x_3 - x_4 = 0 \\ x_2 + x_3 + 2x_4 = 0 \end{cases}$$

であるから, $x_3 = s$, $x_4 = t$ とおくと, $(*)$ の解は,

$$\begin{cases} x_1 = s + t \\ x_2 = -s - 2t \\ x_3 = s \\ x_4 = t \end{cases} \quad (s,\, t \in \mathbb{R})$$

$$\therefore \quad \boldsymbol{x} = s \begin{pmatrix} 1 \\ -1 \\ 1 \\ 0 \end{pmatrix} + t \begin{pmatrix} 1 \\ -2 \\ 0 \\ 1 \end{pmatrix} \quad (s,\, t \in \mathbb{R}) \quad \boxed{\text{答}}$$

(2) $V = \{ \boldsymbol{x} \in \mathbb{R}^4 \mid A\boldsymbol{x} = \boldsymbol{0} \}$ であるから，V は連立 1 次方程式 $(*)$ の解空間であり，(1) の結果より，

$$V = \left\{ s \begin{pmatrix} 1 \\ -1 \\ 1 \\ 0 \end{pmatrix} + t \begin{pmatrix} 1 \\ -2 \\ 0 \\ 1 \end{pmatrix} \,\middle|\, s,\, t \in \mathbb{R} \right\}$$

であり，

$$\left\{ \begin{pmatrix} 1 \\ -1 \\ 1 \\ 0 \end{pmatrix}, \begin{pmatrix} 1 \\ -2 \\ 0 \\ 1 \end{pmatrix} \right\} \cdots (**)$$

は 1 次独立であるから，$(**)$ が V の基底であり，次元は $\dim V = 2$ $\boxed{\text{答}}$

知っておきたいこと 一般に，次の定理が成り立つ．

定理 5.3 解空間の次元

$m \times n$ 行列 A に対して，同次の連立 1 次方程式 $A\boldsymbol{x} = \boldsymbol{0}$ の解空間 $V = \{ \boldsymbol{x} \in \mathbb{R}^n \mid A\boldsymbol{x} = \boldsymbol{0} \}$ は，$\mathbb{R}^n$ の線形部分空間であり，

$$\dim V = n - \operatorname{rank} A$$

が成り立つ．

> **例題 5.4**　　$v_1,\, v_2,\, v_3 \in \mathbb{R}^l$ が，$u_1,\, u_2 \in \mathbb{R}^l$ の 1 次結合で
>
> $$v_1 = u_1 - 2u_2, \quad v_2 = 2u_1 - u_2, \quad v_3 = 4u_1 + u_2$$
>
> と表されるとき，$v_1,\, v_2,\, v_3$ は 1 次従属であることを証明せよ．

【解答】　$\begin{pmatrix} v_1,\, v_2,\, v_3 \end{pmatrix} = \begin{pmatrix} u_1,\, u_2 \end{pmatrix} \begin{pmatrix} 1 & 2 & 4 \\ -2 & -1 & 1 \end{pmatrix}$

ここで，$A = \begin{pmatrix} 1 & 2 & 4 \\ -2 & -1 & 1 \end{pmatrix}$ とすると，

$$x_1 v_1 + x_2 v_2 + x_3 v_3 = \begin{pmatrix} v_1,\, v_2,\, v_3 \end{pmatrix} \begin{pmatrix} x_1 \\ x_2 \\ x_3 \end{pmatrix} = \begin{pmatrix} u_1,\, u_2 \end{pmatrix} A \begin{pmatrix} x_1 \\ x_2 \\ x_3 \end{pmatrix}$$

だから，$A \begin{pmatrix} x_1 \\ x_2 \\ x_3 \end{pmatrix} = \begin{pmatrix} 0 \\ 0 \end{pmatrix}$ を解くと，

$$\begin{pmatrix} 1 & 2 & 4 & \bigm| & 0 \\ -2 & -1 & 1 & \bigm| & 0 \end{pmatrix} \rightarrow \begin{pmatrix} 1 & 2 & 4 & \bigm| & 0 \\ 0 & 3 & 9 & \bigm| & 0 \end{pmatrix}$$

$$\rightarrow \begin{pmatrix} 1 & 2 & 4 & \bigm| & 0 \\ 0 & 1 & 3 & \bigm| & 0 \end{pmatrix} \rightarrow \begin{pmatrix} 1 & 0 & -2 & \bigm| & 0 \\ 0 & 1 & 3 & \bigm| & 0 \end{pmatrix}$$

より，$\begin{cases} x_1 - 2x_3 = 0 \\ x_2 + 3x_3 = 0 \end{cases}$ で，$x_3 = t$ とおき $\begin{cases} x_1 = 2t \\ x_2 = -3t \quad (t \in \mathbb{R}) \\ x_3 = t \end{cases}$

つまり，非自明解をもつ．たとえば，$t = 1$ として，$x_1 = 2,\ x_2 = -3,\ x_3 = 1$ は解であり，

$$2v_1 - 3v_2 + v_3 = \begin{pmatrix} u_1,\, u_2 \end{pmatrix} A \begin{pmatrix} 2 \\ -3 \\ 1 \end{pmatrix} = \begin{pmatrix} u_1,\, u_2 \end{pmatrix} \begin{pmatrix} 0 \\ 0 \end{pmatrix} = \mathbf{0}$$

よって，$v_1,\, v_2,\, v_3$ は 1 次従属である．　**証終**

この例題の解答と同じようにすると，次の定理が証明できる．

定理 5.4　**1 次従属であるための十分条件**

$v_1, v_2, \ldots, v_n \in \mathbb{R}^l$ が，$u_1, u_2, \ldots, u_m \in \mathbb{R}^l$（$n > m$, l は正の整数）の 1 次結合で表されるとき，すなわち

$$\begin{pmatrix} v_1, v_2, \ldots, v_n \end{pmatrix} = \begin{pmatrix} u_1, u_2, \ldots, u_m \end{pmatrix} A \quad (A = \begin{pmatrix} a_{ij} \end{pmatrix} \text{ は } m \times n \text{ 行列})$$

と表されるとき，$v_1, v_2, \ldots, v_n$ は 1 次従属である．

定理 5.5　**1 次独立であるための必要条件**

$u_1, u_2, \ldots, u_m \in \mathbb{R}^l$ が 1 次独立であり，$m \times n$ 行列 A について，

$$\begin{pmatrix} u_1, u_2, \ldots, u_m \end{pmatrix} A = \begin{pmatrix} 0, 0, \ldots, 0 \end{pmatrix} \cdots (*)$$

が成り立つならば，$A = O$

例題 5.5

(1)　定理 5.5 を証明せよ．

(2)　$v_1, v_2, v_3, v_4 \in \mathbb{R}^l$ が，$u_1, u_2, u_3, u_4 \in \mathbb{R}^l$ の 1 次結合で

$$v_1 = u_1 + u_2 - u_4, \quad v_2 = 2u_1 + u_2 + u_3,$$

$$v_3 = -u_1 + 2u_2 - u_3 + 3u_4, \quad v_4 = 2u_1 - u_2 + 3u_3 + 5u_4$$

と表され，u_1, u_2, u_3, u_4 が 1 次独立であるとき，v_1, v_2, v_3, v_4 は 1 次独立であるかを調べよ．

【解答】　(1)　$A = \begin{pmatrix} a_{ij} \end{pmatrix}$ とすると，定理 5.5 の $(*)$ より

$$a_{1j}u_1 + a_{2j}u_2 + \cdots + a_{mj}u_m = 0 \quad (j = 1, 2, \ldots, n) \cdots ①$$

$u_1, u_2, \ldots, u_m$ は 1 次独立であるから，①より，

$$a_{ij} = 0 \text{ （任意の } i, j \text{ について）} \quad \therefore \quad A = O \quad \boxed{\text{証終}}$$

(2)　$A = \begin{pmatrix} 1 & 2 & -1 & 2 \\ 1 & 1 & 2 & -1 \\ 0 & 1 & -1 & 3 \\ -1 & 0 & 3 & 5 \end{pmatrix}$ とおくと，与えられた条件より

$$\left(\boldsymbol{v}_1, \boldsymbol{v}_2, \boldsymbol{v}_3, \boldsymbol{v}_4\right) = \left(\boldsymbol{u}_1, \boldsymbol{u}_2, \boldsymbol{u}_3, \boldsymbol{u}_4\right) A \cdots ②$$

$$x_1 \boldsymbol{v}_1 + x_2 \boldsymbol{v}_2 + x_3 \boldsymbol{v}_3 + x_4 \boldsymbol{v}_4 = \boldsymbol{0}, \ \text{つまり}, \ \left(\boldsymbol{v}_1, \boldsymbol{v}_2, \boldsymbol{v}_3, \boldsymbol{v}_4\right) \begin{pmatrix} x_1 \\ x_2 \\ x_3 \\ x_4 \end{pmatrix} = \boldsymbol{0}$$

とすると，② より

$$\left(\boldsymbol{u}_1, \boldsymbol{u}_2, \boldsymbol{u}_3, \boldsymbol{u}_4\right) A \begin{pmatrix} x_1 \\ x_2 \\ x_3 \\ x_4 \end{pmatrix} = \boldsymbol{0} \cdots ③$$

そこで，定理 5.5 を用いると ③ より

$$A \begin{pmatrix} x_1 \\ x_2 \\ x_3 \\ x_4 \end{pmatrix} = \boldsymbol{0}$$

拡大係数行列を簡約化し，これを解くと

$$\left(A \,|\, \boldsymbol{0}\right) \to \begin{pmatrix} 1 & 2 & -1 & 2 & | & 0 \\ 0 & -1 & 3 & -3 & | & 0 \\ 0 & 1 & -1 & 3 & | & 0 \\ 0 & 2 & 2 & 7 & | & 0 \end{pmatrix} \to \begin{pmatrix} 1 & 0 & 5 & -4 & | & 0 \\ 0 & 1 & -3 & 3 & | & 0 \\ 0 & 0 & 2 & 0 & | & 0 \\ 0 & 0 & 8 & -2 & | & 0 \end{pmatrix}$$

$$\to \left(E \,|\, \boldsymbol{0}\right)$$

より，$x_1 = x_2 = x_3 = x_4 = 0$ となる．ゆえに，$\boldsymbol{v}_1, \boldsymbol{v}_2, \boldsymbol{v}_3, \boldsymbol{v}_4$ は 1 次独立である．　**答**

　一般に次の定理が成り立つ．

> **定理 5.6**　**1 次独立であるための十分条件**
>
> $\boldsymbol{v}_1, \boldsymbol{v}_2, \ldots, \boldsymbol{v}_n \in \mathbb{R}^l$ が，$\boldsymbol{u}_1, \boldsymbol{u}_2, \ldots, \boldsymbol{u}_n \in \mathbb{R}^l$ の 1 次結合で
> $$\left(\boldsymbol{v}_1, \boldsymbol{v}_2, \ldots, \boldsymbol{v}_n\right) = \left(\boldsymbol{u}_1, \boldsymbol{u}_2, \ldots, \boldsymbol{u}_n\right) A \ (A \text{ は正則行列})$$
> と表され，$\boldsymbol{u}_1, \boldsymbol{u}_2, \ldots, \boldsymbol{u}_n$ が 1 次独立であるとき，$\boldsymbol{v}_1, \boldsymbol{v}_2, \ldots, \boldsymbol{v}_n$ は 1 次独立である．

■■■■■■■■■■ **第5章　演習問題** ■■■■■■■■■■

■ 演習 **5.1**　次の $V_1 \sim V_4$ は $\mathbb{R}^2$ の線形部分空間かどうかを答えよ.

(1)　$V_1 = \left\{ \begin{pmatrix} x \\ y \end{pmatrix} \middle| 3x - y = 0 \right\}$　　　　(2)　$V_2 = \left\{ \begin{pmatrix} x \\ y \end{pmatrix} \middle| 3x - y = 1 \right\}$

(3)　$V_3 = \left\{ \begin{pmatrix} x \\ y \end{pmatrix} = t \begin{pmatrix} 2 \\ 3 \end{pmatrix} \middle| t \in \mathbb{R} \right\}$　　(4)　$V_4 = \left\{ \begin{pmatrix} x \\ y \end{pmatrix} \middle| x^2 + y^2 = 1 \right\}$

■ 演習 **5.2**　次の $\boldsymbol{a}, \boldsymbol{b}, \boldsymbol{c} \in \mathbb{R}^4$ は 1 次独立かどうかを調べよ.

$$\boldsymbol{a} = \begin{pmatrix} 1 \\ 0 \\ 1 \\ 0 \end{pmatrix}, \quad \boldsymbol{b} = \begin{pmatrix} 2 \\ 1 \\ -3 \\ 1 \end{pmatrix}, \quad \boldsymbol{c} = \begin{pmatrix} 3 \\ 1 \\ 2 \\ 2 \end{pmatrix}$$

■ 演習 **5.3**　4 つのベクトル

$$\boldsymbol{a}_1 = \begin{pmatrix} 1 \\ -1 \\ 1 \\ 0 \end{pmatrix}, \quad \boldsymbol{a}_2 = \begin{pmatrix} 2 \\ 0 \\ 3 \\ 1 \end{pmatrix}, \quad \boldsymbol{a}_3 = \begin{pmatrix} -1 \\ 2 \\ -1 \\ 1 \end{pmatrix}, \quad \boldsymbol{a}_4 = \begin{pmatrix} 3 \\ 3 \\ 4 \\ 5 \end{pmatrix}$$

について.

(1)　$\boldsymbol{a}_1, \boldsymbol{a}_2, \boldsymbol{a}_3$ は 1 次独立かどうかを調べよ.

(2)　$\boldsymbol{a}_1, \boldsymbol{a}_2, \boldsymbol{a}_3, \boldsymbol{a}_4$ は 1 次独立かどうかを調べよ. 1 次従属ならば, $\boldsymbol{a}_4$ を $\boldsymbol{a}_1, \boldsymbol{a}_2, \boldsymbol{a}_3$ の 1 次結合で表せ.

(3)　4 つのベクトルを生成系とする $\mathbb{R}^4$ の線形部分空間 $V = \langle \boldsymbol{a}_1, \boldsymbol{a}_2, \boldsymbol{a}_3, \boldsymbol{a}_4 \rangle$ の基底と次元を求めよ.

■ 演習 **5.4**　5 つのベクトル

$$\boldsymbol{a}_1 = \begin{pmatrix} 1 \\ -1 \\ 2 \\ -1 \end{pmatrix}, \quad \boldsymbol{a}_2 = \begin{pmatrix} -2 \\ 2 \\ -4 \\ 2 \end{pmatrix}, \quad \boldsymbol{a}_3 = \begin{pmatrix} 0 \\ 1 \\ 1 \\ -2 \end{pmatrix},$$

$$\boldsymbol{a}_4 = \begin{pmatrix} 2 \\ 3 \\ 3 \\ 0 \end{pmatrix}, \quad \boldsymbol{a}_5 = \begin{pmatrix} 1 \\ 2 \\ -1 \\ 5 \end{pmatrix}$$

を生成系とする $\mathbb{R}^4$ の線形部分空間 $V = \langle a_1, a_2, a_3, a_4, a_5 \rangle$ の基底と次元を求めよ.

▌**演習 5.5**　連立 1 次方程式

$$\begin{cases} x + y + z + 2w = 0 \\ x + 2y + 3z + w = 0 \\ -x + z - 3w = 0 \end{cases}$$

の解空間の基底と次元を求めよ.

▌**演習 5.6**

$$A = \begin{pmatrix} 0 & 1 & -2 & 0 & 2 & 1 \\ 0 & 0 & 0 & 1 & 3 & -2 \\ 0 & 0 & 0 & 0 & 0 & 0 \end{pmatrix}$$

を係数行列とする同次形の連立 1 次方程式 $Ax = \mathbf{0}$ の解空間の基底と次元を求めよ.

▌**演習 5.7**　$v_1, v_2, v_3 \in \mathbb{R}^l$ が, $u_1, u_2 \in \mathbb{R}^l$ の 1 次結合で

$$v_1 = u_1 - 2u_2, \quad v_2 = 2u_1 + u_2, \quad v_3 = 3u_1 + 4u_2$$

と表されるとき, v_1, v_2, v_3 は 1 次従属であることを証明せよ.

▌**演習 5.8**　$v_1, v_2, v_3, v_4 \in \mathbb{R}^l$ が, $u_1, u_2, u_3, u_4 \in \mathbb{R}^l$ の 1 次結合で

$$v_1 = u_1 - u_2 + 3u_3, \qquad v_2 = 2u_1 - u_2 + 6u_3 + u_4,$$
$$v_3 = 2u_1 - 2u_2 + u_3 - u_4, \quad v_4 = u_1 - u_3 + 3u_4$$

と表され, u_1, u_2, u_3, u_4 が 1 次独立であるとき, v_1, v_2, v_3, v_4 は 1 次独立であるかを調べよ.

▌**演習 5.9**　$\{u_1, u_2, \ldots, u_m\}$, $\{v_1, v_2, \ldots, v_n\}$ のどちらも $\mathbb{R}^N$ の線形部分空間 V の基底であるとき, $m = n$ が成り立つことを証明せよ.

第6章
線 形 写 像

1 変数の 1 次関数 $f(x) = ax$ は写像 $f : \mathbb{R} \to \mathbb{R}, x \mapsto ax$ のことであり，2 変数の 1 次関数 $f(x, y) = ax + by$ は写像 $f : \mathbb{R}^2 \to \mathbb{R}, (x, y) \mapsto ax + by$ のことである．この章では，写像 $f : \mathbb{R}^n \to \mathbb{R}^m$ で 1 次関数に相当する線形写像とその表現行列について学ぶ．

■ 6.1 平面の線形変換

この節では，写像 $f : \mathbb{R}^2 \to \mathbb{R}^2$ で 1 次関数に相当する写像である平面の線形変換について学ぶ．

平面の線形変換 点 (x, y) が点 (x', y') にうつされる写像 $f : \mathbb{R}^2 \to \mathbb{R}^2$ が

$$f : \begin{cases} x' = ax + by \\ y' = cx + dy \end{cases}$$

つまり

$$\begin{pmatrix} x' \\ y' \end{pmatrix} = \begin{pmatrix} a & b \\ c & d \end{pmatrix} \begin{pmatrix} x \\ y \end{pmatrix}$$

の形で表されるとき，f は平面の**線形変換**もしくは**1 次変換**であるという．このとき，

$$\begin{pmatrix} a & b \\ c & d \end{pmatrix}$$

を f の**表現行列**という．

例題 6.1　　点 (x, y) が点 (x', y') に次の移動でうつるとき，(x', y') を (x, y) を用いて表し，平面の線形変換であるか調べよ．また線形変換であるなら，表現行列を求めよ．

(1)　x 軸に関する対称移動 f

(2)　直線 $y = x$ に関する対称移動 g

【解答】　　図を参照することにより，(x', y') を (x, y) を用いて表すと

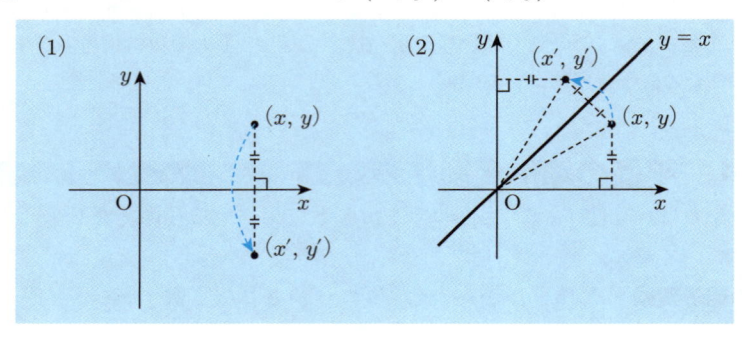

$$(1)\quad f : \begin{cases} x' = x \\ y' = -y \end{cases} \qquad (2)\quad g : \begin{cases} x' = y \\ y' = x \end{cases}$$

となり，行列を用いると次のように表される．

$$(1)\quad \begin{pmatrix} x' \\ y' \end{pmatrix} = \begin{pmatrix} 1 & 0 \\ 0 & -1 \end{pmatrix} \begin{pmatrix} x \\ y \end{pmatrix} \qquad (2)\quad \begin{pmatrix} x' \\ y' \end{pmatrix} = \begin{pmatrix} 0 & 1 \\ 1 & 0 \end{pmatrix} \begin{pmatrix} x \\ y \end{pmatrix}$$

したがって，f, g はいずれも平面の線形変換であり，f, g の表現行列をそれぞれ A, B とすると，$A = \begin{pmatrix} 1 & 0 \\ 0 & -1 \end{pmatrix}$, $B = \begin{pmatrix} 0 & 1 \\ 1 & 0 \end{pmatrix}$　**答**

問 6.1　　次の移動によって点 (x, y) が点 (x', y') にうつるとき，(x', y') を (x, y) を用いて表し，平面の線形変換であるか調べよ．また線形変換であるなら，表現行列を求めよ．

(1)　y 軸に関する対称移動

(2)　原点に関する対称移動

(3)　原点を中心とする k 倍の拡大縮小

(4)　x 軸方向へ 1，y 軸方向へ 2 の平行移動

例題 6.2　平面上で原点を中心とする θ の
回転変換は

$$\begin{pmatrix} x' \\ y' \end{pmatrix} = \begin{pmatrix} \cos\theta & -\sin\theta \\ \sin\theta & \cos\theta \end{pmatrix} \begin{pmatrix} x \\ y \end{pmatrix}$$

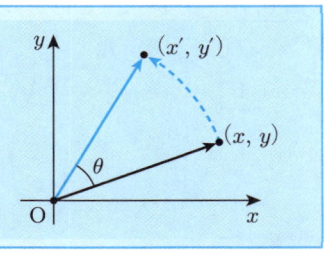

の形で表される線形変換であることを示せ.

【解答】　$P(x, y)$, $Q(x, 0)$, $R(0, y)$ を
原点のまわりに θ 回転した点を
$P'(x', y')$, Q', R' とすると,

$Q'(x\cos\theta,\ x\sin\theta)$,

$R'(y\cos(90° + \theta),\ y\sin(90° + \theta))$

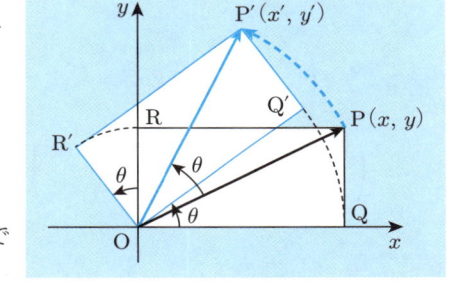

ここで, $\begin{cases} \cos(90° + \theta) = -\sin\theta \\ \sin(90° + \theta) = \cos\theta \end{cases}$ で

あることから, $R'(-y\sin\theta,\ y\cos\theta)$

長方形 OQPR を原点のまわりに θ 回転した長方形が OQ'P'R' なので,

$$\overrightarrow{OP'} = \overrightarrow{OQ'} + \overrightarrow{OR'}$$

であり, 回転変換は次の形で表される線形変換である.

$$\begin{cases} x\cos\theta - y\sin\theta \\ x\sin\theta + y\cos\theta \end{cases}, \quad \text{つまり} \quad \begin{pmatrix} x' \\ y' \end{pmatrix} = \begin{pmatrix} \cos\theta & -\sin\theta \\ \sin\theta & \cos\theta \end{pmatrix} \begin{pmatrix} x \\ y \end{pmatrix} \quad \blacksquare\text{証終}$$

🛈 **知っておきたいこと**

　平面上で原点を中心とする θ の**回転変換**は
平面の線形変換であり, その表現行列は

$$\begin{pmatrix} \cos\theta & -\sin\theta \\ \sin\theta & \cos\theta \end{pmatrix}$$

である.

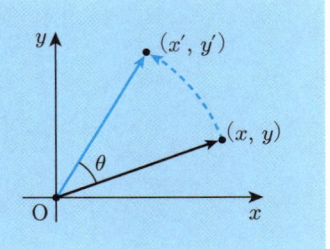

例 6.1　点 $(1, 2)$ を原点のまわりに $60°$ だけ回転して得られる点の座標は，

$$\begin{pmatrix} \cos 60° & -\sin 60° \\ \sin 60° & \cos 60° \end{pmatrix} \begin{pmatrix} 1 \\ 2 \end{pmatrix} = \begin{pmatrix} \frac{1}{2} & -\frac{\sqrt{3}}{2} \\ \frac{\sqrt{3}}{2} & \frac{1}{2} \end{pmatrix} \begin{pmatrix} 1 \\ 2 \end{pmatrix} = \begin{pmatrix} \frac{1-2\sqrt{3}}{2} \\ \frac{2+\sqrt{3}}{2} \end{pmatrix}$$

より，$\left(\dfrac{1 - 2\sqrt{3}}{2}, \dfrac{2 + \sqrt{3}}{2} \right)$　　　　　　　　■

問 6.2　点 $(1, 2)$ を原点のまわりに次の角だけ回転して得られる点の座標を求めよ.
(1)　$30°$　　　(2)　$45°$　　　(3)　$90°$　　　(4)　$180°$　　　(5)　$-60°$

例 6.2　$\begin{pmatrix} 1 & 2 \\ 3 & 4 \end{pmatrix}$ で表される線形変換を f とする. f による点 $(2, -1)$ の

像は，$\begin{pmatrix} 1 & 2 \\ 3 & 4 \end{pmatrix} \begin{pmatrix} 2 \\ -1 \end{pmatrix} = \begin{pmatrix} 0 \\ 2 \end{pmatrix}$ より点 $(0, 2)$ である.　　　　　　■

問 6.3　例 6.2 の f による次の点の像を求めよ.
(1)　$(3, -2)$　　　(2)　$(1, 0)$　　　(3)　$(-1, 3)$

例 6.3　線形変換 f によって，点 $(1, 0)$ は点 $(2, -1)$ へ，点 $(-1, 1)$ は点 $(-1, 3)$ へうつるとする. このとき，点 $(2, -3)$ の f による像を求めよう.

f の表現行列を A とすると，

$$A \begin{pmatrix} 1 \\ 0 \end{pmatrix} = \begin{pmatrix} 2 \\ -1 \end{pmatrix}, \quad A \begin{pmatrix} -1 \\ 1 \end{pmatrix} = \begin{pmatrix} -1 \\ 3 \end{pmatrix}$$

まとめると，

$$A \begin{pmatrix} 1 & -1 \\ 0 & 1 \end{pmatrix} = \begin{pmatrix} 2 & -1 \\ -1 & 3 \end{pmatrix}$$

右から $\begin{pmatrix} 1 & -1 \\ 0 & 1 \end{pmatrix}^{-1} = \begin{pmatrix} 1 & 1 \\ 0 & 1 \end{pmatrix}$ を掛けると

$$A = \begin{pmatrix} 2 & -1 \\ -1 & 3 \end{pmatrix} \begin{pmatrix} 1 & 1 \\ 0 & 1 \end{pmatrix} = \begin{pmatrix} 2 & 1 \\ -1 & 2 \end{pmatrix}$$

よって，点 $(2, -3)$ の f による像は

$$A \begin{pmatrix} 2 \\ -3 \end{pmatrix} = \begin{pmatrix} 2 & 1 \\ -1 & 2 \end{pmatrix} \begin{pmatrix} 2 \\ -3 \end{pmatrix} = \begin{pmatrix} 1 \\ -8 \end{pmatrix}$$

より，求める像 $(1, -8)$ が得られる． ☐

> 平面の線形変換は，平行でない 2 つのベクトルの像で決まる

問 6.4　点 $(1, -1)$ を点 $(-3, 2)$ に，点 $(-3, 2)$ を点 $(8, -5)$ にうつす線形変換を f とする．f の表現行列を求めよ．

線形変換の線形性　線形変換 f を表す行列を A とすると，ベクトル $\boldsymbol{p}, \boldsymbol{q}$，実数 α, β に対して，

> $$A(\alpha \boldsymbol{p} + \beta \boldsymbol{q}) = \alpha A \boldsymbol{p} + \beta A \boldsymbol{q} \quad \textbf{(線形性)}$$

が成り立つ．これは行列の分配法則から得られる．

この性質を用いて，例 6.3 を解いてみよう．

$$\begin{pmatrix} 2 \\ -3 \end{pmatrix} = \alpha \begin{pmatrix} 1 \\ 0 \end{pmatrix} + \beta \begin{pmatrix} -1 \\ 1 \end{pmatrix}$$

となる α, β は，$\alpha = -1, \beta = -3$ であるから

$$A \begin{pmatrix} 2 \\ -3 \end{pmatrix} = A \left(-\begin{pmatrix} 1 \\ 0 \end{pmatrix} - 3 \begin{pmatrix} -1 \\ 1 \end{pmatrix} \right)$$

$$= -A \begin{pmatrix} 1 \\ 0 \end{pmatrix} - 3A \begin{pmatrix} -1 \\ 1 \end{pmatrix}$$

$$= -\begin{pmatrix} 2 \\ -1 \end{pmatrix} - 3 \begin{pmatrix} -1 \\ 3 \end{pmatrix} = \begin{pmatrix} 1 \\ -8 \end{pmatrix}$$

より，求める像 $(1, -8)$ が得られる．

線形変換の合成

例 6.4　平面における x 軸に関する対称移動を f，$y = x$ に関する対称移動
を g とすると，f, g を表す行列は，

$$A = \begin{pmatrix} 1 & 0 \\ 0 & -1 \end{pmatrix}, \quad B = \begin{pmatrix} 0 & 1 \\ 1 & 0 \end{pmatrix}$$

点 $P(x, y)$ を f でうつすと $P'(x', y')$ となり，点
P' を g でうつすと点 $P''(x'', y'')$ となるとすると

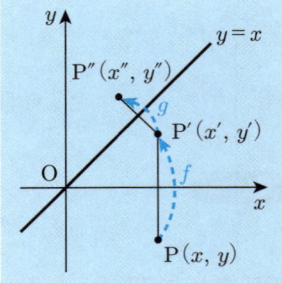

$$\begin{pmatrix} x' \\ y' \end{pmatrix} = A \begin{pmatrix} x \\ y \end{pmatrix}, \quad \begin{pmatrix} x'' \\ y'' \end{pmatrix} = B \begin{pmatrix} x' \\ y' \end{pmatrix}$$

したがって，f と g の**合成変換** $g \circ f$ は次のよう
に表される．

$$\begin{pmatrix} x'' \\ y'' \end{pmatrix} = B \begin{pmatrix} x' \\ y' \end{pmatrix} = BA \begin{pmatrix} x \\ y \end{pmatrix}$$
$$= \begin{pmatrix} 0 & 1 \\ 1 & 0 \end{pmatrix} \begin{pmatrix} 1 & 0 \\ 0 & -1 \end{pmatrix} \begin{pmatrix} x \\ y \end{pmatrix} = \begin{pmatrix} 0 & -1 \\ 1 & 0 \end{pmatrix} \begin{pmatrix} x \\ y \end{pmatrix}$$

すなわち，f と g の合成変換 $g \circ f$ は線形変換で，この合成変換を表す行列は，

$BA = \begin{pmatrix} 0 & -1 \\ 1 & 0 \end{pmatrix}$ である．すなわち，$g \circ f$ は原点を中心とする $90°$ の回転
変換である．

　一方，変換 g，変換 f の順に g と f を合成した変換 $f \circ g$ を表す行列は

$$AB = \begin{pmatrix} 1 & 0 \\ 0 & -1 \end{pmatrix} \begin{pmatrix} 0 & 1 \\ 1 & 0 \end{pmatrix} = \begin{pmatrix} 0 & 1 \\ -1 & 0 \end{pmatrix}$$

である．すなわち，$g \circ f$ は原点を中心とする $-90°$ の回転変換である．　　□

　例のように，線形変換の合成はまた線形変換であり，それを表す行列は対応
する行列の積である．

線形変換の合成は，行列の積に対応する

線形変換の逆変換 (x, y) が (x', y') にうつる変換 f に対して，(x', y') が (x, y) にうつる変換が存在するとき，この変換を f の**逆変換**といい，f^{-1} とかく．

例 6.5 $A = \begin{pmatrix} 1 & 2 \\ 3 & 4 \end{pmatrix}$ で表される線形変換を f とする．

P(x, y) の f による像を $f(\mathrm{P}) = (x', y')$ とすると

$$\begin{pmatrix} x' \\ y' \end{pmatrix} = A \begin{pmatrix} x \\ y \end{pmatrix} = \begin{pmatrix} 1 & 2 \\ 3 & 4 \end{pmatrix} \begin{pmatrix} x \\ y \end{pmatrix} \cdots (*)$$

ここで，(x', y') を (x, y) にうつすような f の逆変換 f^{-1} を表す行列を求めよう．

$$A^{-1} = \frac{1}{|A|} \begin{pmatrix} 4 & -2 \\ -3 & 1 \end{pmatrix} = \begin{pmatrix} -2 & 1 \\ \dfrac{3}{2} & -\dfrac{1}{2} \end{pmatrix}$$

のように A^{-1} は存在するから，$(*)$ の左から A^{-1} を掛けて

$$\begin{pmatrix} x \\ y \end{pmatrix} = A^{-1} \begin{pmatrix} x' \\ y' \end{pmatrix} = \begin{pmatrix} -2 & 1 \\ \dfrac{3}{2} & -\dfrac{1}{2} \end{pmatrix} \begin{pmatrix} x' \\ y' \end{pmatrix}$$

のようにこの変換も線形変換で，これを表す行列は

$$A^{-1} = \begin{pmatrix} -2 & 1 \\ \dfrac{3}{2} & -\dfrac{1}{2} \end{pmatrix}$$

である．

例のように，平面の線形変換 f を表す行列が A とすると，$|A| \neq 0$ のとき，f の逆変換が存在し，それは逆行列 A^{-1} で表される線形変換である．

線形変換の逆変換を表す行列は，逆行列である

問 6.5 原点を中心とする $120°$ 回転の線形変換を f とする．

(1) $f \circ f$，f^{-1} を表す行列を求めよ．また，この結果から何がわかるか．

(2) 点 P$(3, 2)$ を f，$f \circ f$ でうつした点をそれぞれ Q, R とする．2 点 Q, R の座標を求めよ．また，$\triangle$PQR はどんな三角形か．

■ 6.2　線形写像とその性質

線形写像　線形写像 $f : \mathbb{R}^2 \to \mathbb{R}^2$ を平面の線形変換とよぶ．この節では，$f : \mathbb{R}^n \to \mathbb{R}^m$ が線形写像であることを前節の線形性という性質をもつ写像として定義する．

定義 6.1　線形写像

$f : \mathbb{R}^n \to \mathbb{R}^m$ が線形性を満たすとき，つまり，

(1)　任意の $\boldsymbol{p},\, \boldsymbol{q} \in \mathbb{R}^n$ に対して，$f(\boldsymbol{p} + \boldsymbol{q}) = f(\boldsymbol{p}) + f(\boldsymbol{q})$

(2)　任意の $\boldsymbol{p} \in \mathbb{R}^n,\, \alpha \in \mathbb{R}$ に対して，$f(\alpha \boldsymbol{p}) = \alpha f(\boldsymbol{p})$

が成り立つとき，f を**線形写像**とよぶ．

〈注〉　1°　(1) かつ (2) と次の条件とは同値である．

　　　任意の $\boldsymbol{p},\, \boldsymbol{q} \in \mathbb{R}^n,\, \alpha,\, \beta \in \mathbb{R}$ に対して，$f(\alpha \boldsymbol{p} + \beta \boldsymbol{q}) = \alpha f(\boldsymbol{p}) + \beta f(\boldsymbol{q})$

2°　$\mathbb{R}^n$ から自分自身への線形写像 $f : \mathbb{R}^n \to \mathbb{R}^n$ を $\mathbb{R}^n$ の**線形変換**とよぶ．

例 6.6　$A = \begin{pmatrix} a_{11} & a_{12} & \cdots & a_{1n} \\ a_{21} & a_{22} & \cdots & a_{2n} \\ \vdots & \vdots & \vdots & \vdots \\ a_{m1} & a_{m2} & \cdots & a_{mn} \end{pmatrix}$ とする．$\boldsymbol{x} = \begin{pmatrix} x_1 \\ x_2 \\ \vdots \\ x_n \end{pmatrix} \in \mathbb{R}^n$ に

対して，$f(\boldsymbol{x}) = A\boldsymbol{x}$ で与えられる $f : \mathbb{R}^n \to \mathbb{R}^m$ は線形性を満たす．実際，任意の $\boldsymbol{p},\, \boldsymbol{q} \in \mathbb{R}^n,\, \alpha \in \mathbb{R}$ に対して，

$$f(\boldsymbol{p} + \boldsymbol{q}) = A(\boldsymbol{p} + \boldsymbol{q}) = A\boldsymbol{p} + A\boldsymbol{q} = f(\boldsymbol{p}) + f(\boldsymbol{q}),$$
$$f(\alpha \boldsymbol{p}) = A(\alpha \boldsymbol{p}) = \alpha A\boldsymbol{p} = \alpha f(\boldsymbol{p})$$

が成り立つ．よって，f は線形写像である．　　　　　　　　　■

　逆に，次の定理も成り立つ．

定理 6.1　線形写像の行列表示

$f : \mathbb{R}^n \to \mathbb{R}^m$ を線形写像とする．$f(\boldsymbol{e}_k) = \boldsymbol{a}_k\ (k = 1, 2, \ldots, n)$，$A = \begin{pmatrix} \boldsymbol{a}_1, \boldsymbol{a}_2, \ldots, \boldsymbol{a}_n \end{pmatrix}$ とすると，

$$f(\boldsymbol{x}) = A\boldsymbol{x} \quad (\boldsymbol{x} \in \mathbb{R}^n)$$

と表される．

この定理の行列 A を線形写像 $f : \mathbb{R}^n \to \mathbb{R}^m$ の**表現行列**という．

例題 6.3 線形写像 $f : \mathbb{R}^3 \to \mathbb{R}^2$ は,

$$\begin{pmatrix} 1 \\ 0 \\ 0 \end{pmatrix} \text{ を } \begin{pmatrix} 5 \\ -2 \end{pmatrix} \text{ に, } \begin{pmatrix} 0 \\ 1 \\ 0 \end{pmatrix} \text{ を } \begin{pmatrix} 7 \\ 1 \end{pmatrix} \text{ に, } \begin{pmatrix} -1 \\ 2 \\ 1 \end{pmatrix} \text{ を } \begin{pmatrix} -2 \\ 3 \end{pmatrix} \text{ にうつすと}$$

する. f の表現行列 A を求めよ.

【解答】 与えられた条件より,

$$A \begin{pmatrix} 1 \\ 0 \\ 0 \end{pmatrix} = \begin{pmatrix} 5 \\ -2 \end{pmatrix}, \quad A \begin{pmatrix} 0 \\ 1 \\ 0 \end{pmatrix} = \begin{pmatrix} 7 \\ 1 \end{pmatrix}, \quad A \begin{pmatrix} -1 \\ 2 \\ 1 \end{pmatrix} = \begin{pmatrix} -2 \\ 3 \end{pmatrix}$$

ここで

$$\begin{pmatrix} -1 \\ 2 \\ 1 \end{pmatrix} = - \begin{pmatrix} 1 \\ 0 \\ 0 \end{pmatrix} + 2 \begin{pmatrix} 0 \\ 1 \\ 0 \end{pmatrix} + \begin{pmatrix} 0 \\ 0 \\ 1 \end{pmatrix} = -\boldsymbol{e}_1 + 2\boldsymbol{e}_2 + \boldsymbol{e}_3$$

であるから, 線形性により,

$$A \begin{pmatrix} -1 \\ 2 \\ 1 \end{pmatrix} = -A \begin{pmatrix} 1 \\ 0 \\ 0 \end{pmatrix} + 2A \begin{pmatrix} 0 \\ 1 \\ 0 \end{pmatrix} + A \begin{pmatrix} 0 \\ 0 \\ 1 \end{pmatrix}$$

となり,

$$\begin{pmatrix} -2 \\ 3 \end{pmatrix} = - \begin{pmatrix} 5 \\ -2 \end{pmatrix} + 2 \begin{pmatrix} 7 \\ 1 \end{pmatrix} + A \begin{pmatrix} 0 \\ 0 \\ 1 \end{pmatrix} \quad \therefore \quad A \begin{pmatrix} 0 \\ 0 \\ 1 \end{pmatrix} = \begin{pmatrix} -11 \\ 3 \end{pmatrix}$$

よって, $A = \Big(f(\boldsymbol{e}_1), f(\boldsymbol{e}_2), f(\boldsymbol{e_3}) \Big) = \begin{pmatrix} 5 & 7 & -11 \\ -2 & 1 & 3 \end{pmatrix}$ **答**

問 6.6 線形写像 $f : \mathbb{R}^3 \to \mathbb{R}^2$ は,

$$\begin{pmatrix} 1 \\ 0 \\ 0 \end{pmatrix} \text{ を } \begin{pmatrix} 2 \\ -7 \end{pmatrix} \text{ に, } \begin{pmatrix} 0 \\ 1 \\ 0 \end{pmatrix} \text{ を } \begin{pmatrix} 1 \\ 5 \end{pmatrix} \text{ に, } \begin{pmatrix} 1 \\ -1 \\ 1 \end{pmatrix} \text{ を } \begin{pmatrix} -1 \\ 2 \end{pmatrix} \text{ にうつすとする. } f \text{ の}$$

表現行列 A を求めよ.

線形写像の像と核

定義 6.2 ┃ 像と核

$f : \mathbb{R}^n \to \mathbb{R}^m$ を線形写像とする.

$\{ f(\boldsymbol{x}) \,|\, \boldsymbol{x} \in \mathbb{R}^n \}$ を f の**像** (image) とよび, $\boxed{\mathrm{Im}\, f}$ で表す. また, $\{ \boldsymbol{x} \in \mathbb{R}^n \,|\, f(\boldsymbol{x}) = \boldsymbol{0} \}$ を f の**核** (kernel) とよび, $\boxed{\mathrm{Ker}\, f}$ で表す.

定理 6.2 ┃ 像と核

$f : \mathbb{R}^n \to \mathbb{R}^m$ を線形写像とする. このとき,

(1) $\mathrm{Im}\, f$ は $\mathbb{R}^m$ の線形部分空間である.

(2) $\mathrm{Ker}\, f$ は $\mathbb{R}^n$ の線形部分空間である.

例題 6.4

行列 $A = \begin{pmatrix} 1 & 2 & -1 \\ -1 & -1 & 0 \\ 1 & 3 & -2 \end{pmatrix}$ の表す線形変換を f とする. このとき, $\mathrm{Im}\, f$, $\mathrm{Ker}\, f$ の基底をそれぞれ 1 組ずつ求めて, $\dim \mathrm{Im}\, f$, $\dim \mathrm{Ker}\, f$ を求めよ.

【解答】 $f : \mathbb{R}^3 \to \mathbb{R}^3$, $\mathrm{Im}\, f = \left\{ A \begin{pmatrix} x_1 \\ x_2 \\ x_3 \end{pmatrix} \,\middle|\, x_1, x_2, x_3 \in \mathbb{R} \right\}$

ここで, $\boldsymbol{a}_1 = \begin{pmatrix} 1 \\ -1 \\ 1 \end{pmatrix}$, $\boldsymbol{a}_2 = \begin{pmatrix} 2 \\ -1 \\ 3 \end{pmatrix}$, $\boldsymbol{a}_3 = \begin{pmatrix} -1 \\ 0 \\ -2 \end{pmatrix}$ とおくと,

$$\mathrm{Im}\, f = \left\{ x_1 \begin{pmatrix} 1 \\ -1 \\ 1 \end{pmatrix} + x_2 \begin{pmatrix} 2 \\ -1 \\ 3 \end{pmatrix} + x_3 \begin{pmatrix} -1 \\ 0 \\ -2 \end{pmatrix} \,\middle|\, x_1, x_2, x_3 \in \mathbb{R} \right\}$$

$$= \{ x_1 \boldsymbol{a}_1 + x_2 \boldsymbol{a}_2 + x_3 \boldsymbol{a}_3 \,|\, x_1, x_2, x_3 \in \mathbb{R} \} = \langle \boldsymbol{a}_1, \boldsymbol{a}_2, \boldsymbol{a}_3 \rangle$$

A の列ベクトルの間の線形関係を調べるために, 行基本変形で簡約化すると

$$A = \begin{pmatrix} \boldsymbol{a}_1, & \boldsymbol{a}_2, & \boldsymbol{a}_3 \end{pmatrix} \to \begin{pmatrix} 1 & 2 & -1 \\ 0 & 1 & -1 \\ 0 & 1 & -1 \end{pmatrix} \to \begin{pmatrix} 1 & 0 & 1 \\ 0 & 1 & -1 \\ 0 & 0 & 0 \end{pmatrix} \cdots ①$$

これより，$\boldsymbol{a}_3 = \boldsymbol{a}_1 - \boldsymbol{a}_2$ であり，$\boldsymbol{a}_1, \boldsymbol{a}_2$ は 1 次独立であるから

$$\operatorname{Im} f = \{\, x_1\boldsymbol{a}_1 + x_2\boldsymbol{a}_2 + x_3(\boldsymbol{a}_1 - \boldsymbol{a}_2) \,|\, x_1, x_2, x_3 \in \mathbb{R}\}$$
$$= \{\, y_1\boldsymbol{a}_1 + y_2\boldsymbol{a}_2 \,|\, y_1, y_2 \in \mathbb{R}\} \quad (y_1 = x_1 + x_3, \, y_2 = x_2 - x_3)$$

より $\{\boldsymbol{a}_1, \boldsymbol{a}_2\}$ は $\mathbb{R}^3$ の線形部分空間 $\operatorname{Im} f$ の基底であり，$\dim \operatorname{Im} f = 2$ 答
一方，

$$\operatorname{Ker} f = \left\{ \begin{pmatrix} x_1 \\ x_2 \\ x_3 \end{pmatrix} \in \mathbb{R}^3 \,\middle|\, A\begin{pmatrix} x_1 \\ x_2 \\ x_3 \end{pmatrix} = \begin{pmatrix} 0 \\ 0 \\ 0 \end{pmatrix} \cdots ② \right\}$$

①より，

$$② \Longleftrightarrow \begin{cases} x_1 + x_3 = 0 \\ x_2 - x_3 = 0 \end{cases}$$

であるから，$x_3 = t$ とおき ② の解集合を求めて

$$\begin{cases} x_1 = -t \\ x_2 = t \\ x_3 = t \end{cases} \qquad \therefore \quad \operatorname{Ker} f = \left\{ \begin{pmatrix} x_1 \\ x_2 \\ x_3 \end{pmatrix} = t\begin{pmatrix} -1 \\ 1 \\ 1 \end{pmatrix} \,\middle|\, t \in \mathbb{R} \right\}$$

よって，$\left\{ \begin{pmatrix} -1 \\ 1 \\ 1 \end{pmatrix} \right\}$ が $\operatorname{Ker} f$ の基底であり，$\dim \operatorname{Ker} f = 1$ 答

問 6.7 行列 $A = \begin{pmatrix} 1 & 1 & -2 & 1 \\ 2 & 1 & -3 & 4 \end{pmatrix}$ の表す線形写像を f とする．このとき，$\operatorname{Im} f, \operatorname{Ker} f$ の基底を求めて，$\dim \operatorname{Im} f, \dim \operatorname{Ker} f$ を求めよ．

!（知っておきたいこと）　一般に，次の定理が成り立つ．証明は省略する．

> **定理 6.3　次元定理**
>
> 　線形写像 $f : \mathbb{R}^n \to \mathbb{R}^m$ の表現行列が A のとき，次が成り立つ．
>
> (1)　$\dim \operatorname{Im} f = \operatorname{rank} A$
>
> (2)　$\dim \operatorname{Ker} f = n - \operatorname{rank} A$
>
> (3)　$\dim \operatorname{Ker} f = n - \dim \operatorname{Im} f$

〈注〉　例題 6.4 において，この定理を用いて $f : \mathbb{R}^3 \to \mathbb{R}^3$ の像と核の次元を求めると，① より $\operatorname{rank} A = 2$ であるから，

$$\dim \operatorname{Im} f = \operatorname{rank} A = 2$$
$$\dim \operatorname{Ker} f = 3 - \operatorname{rank} A = 1$$

問 6.8　定理 6.3 を用いて，問 6.7 の線形写像を f について，f の像と核の次元 $\dim \operatorname{Im} f$, $\dim \operatorname{Ker} f$ をそれぞれ求めよ．

> **定理 6.4　合成写像の表現行列**
>
> 　線形写像 $f : \mathbb{R}^n \to \mathbb{R}^m$, $g : \mathbb{R}^m \to \mathbb{R}^l$ の合成写像 $g \circ f$ も線形写像である．また，f, g の表現行列をそれぞれ A, B とするとき，$g \circ f$ の表現行列は BA である．

【証明】　線形写像 $f : \mathbb{R}^n \to \mathbb{R}^m$, $g : \mathbb{R}^m \to \mathbb{R}^l$ の表現行列をそれぞれ A, B とするとき，

$$f(\boldsymbol{x}) = A\boldsymbol{x} \ (\boldsymbol{x} \in \mathbb{R}^n), \quad g(\boldsymbol{y}) = B\boldsymbol{y} \ (\boldsymbol{y} \in \mathbb{R}^m)$$

と表せる．このとき，

$$g \circ f(\boldsymbol{x}) = g(f(\boldsymbol{x})) = B(A\boldsymbol{x}) = BA\boldsymbol{x}$$

となり，$g \circ f : \mathbb{R}^n \to \mathbb{R}^l$ も線形写像であり，表現行列は BA である．　　　　□

例 6.7 $f : \mathbb{R}^3 \to \mathbb{R}^2$, $g : \mathbb{R}^2 \to \mathbb{R}^2$ の表現行列はそれぞれ,

$$
A = \begin{pmatrix} 5 & -2 & 7 \\ 7 & 1 & 5 \end{pmatrix}, \quad B = \begin{pmatrix} 2 & -1 \\ -3 & 4 \end{pmatrix}
$$

とする. このとき, 点 P(x, y, z) を f でうつすと P$'(x', y')$ となり, 点 P$'$ を g でうつすと P$''(x'', y'')$ となるとすると

$$
\begin{pmatrix} x' \\ y' \end{pmatrix} = A \begin{pmatrix} x \\ y \\ z \end{pmatrix}, \quad \begin{pmatrix} x'' \\ y'' \end{pmatrix} = B \begin{pmatrix} x' \\ y' \end{pmatrix}
$$

したがって, f と g の合成変換 $g \circ f$ は次のように表される.

$$
\begin{pmatrix} x'' \\ y'' \end{pmatrix} = B \begin{pmatrix} x' \\ y' \end{pmatrix} = BA \begin{pmatrix} x \\ y \\ z \end{pmatrix}
$$

$$
= \begin{pmatrix} 2 & -1 \\ -3 & 4 \end{pmatrix} \begin{pmatrix} 5 & -2 & 7 \\ 7 & 1 & 5 \end{pmatrix} \begin{pmatrix} x \\ y \\ z \end{pmatrix}
$$

$$
= \begin{pmatrix} 3 & -5 & 9 \\ 13 & 10 & -1 \end{pmatrix} \begin{pmatrix} x \\ y \\ z \end{pmatrix}
$$

すなわち, f と g の合成写像 $g \circ f$ は線形写像で, この合成写像の表現行列は, $BA = \begin{pmatrix} 3 & -5 & 9 \\ 13 & 10 & -1 \end{pmatrix}$ である. ☐

問 6.9 $f : \mathbb{R}^4 \to \mathbb{R}^3$, $g : \mathbb{R}^3 \to \mathbb{R}^2$ の表現行列はそれぞれ,

$$
A = \begin{pmatrix} 1 & -2 & 3 & 4 \\ 5 & -1 & 2 & 0 \\ -1 & 1 & 0 & 6 \end{pmatrix}, \quad B = \begin{pmatrix} 2 & -1 & 1 \\ -3 & 0 & 4 \end{pmatrix}
$$

とする. このとき, 合成写像 $g \circ f$ の表現行列を求めよ.

■ 6.3　線形写像の表現行列

$\mathbb{R}^n$ と $\mathbb{R}^m$ の基底が与えられたときの線形写像 $f : \mathbb{R}^n \to \mathbb{R}^m$ の表現行列を定義する．前節までは，$\mathbb{R}^n$ と $\mathbb{R}^m$ の標準基底に関する表現行列のみを扱っていたことになる．

表現行列

定義 6.3　表現行列

$f : \mathbb{R}^n \to \mathbb{R}^m$ を線形写像とする．

$\mathbb{R}^n$ の基底を $\{\boldsymbol{u}_k \mid k = 1, 2, \ldots, n\}$，$\mathbb{R}^m$ の基底を $\{\boldsymbol{v}_l \mid l = 1, 2, \ldots, m\}$ とする．このとき，$m \times n$ 行列を用いて，

$$\Big(f(\boldsymbol{u}_1),\, f(\boldsymbol{u}_2),\, \ldots,\, f(\boldsymbol{u}_n)\Big) = \Big(\boldsymbol{v}_1,\, \boldsymbol{v}_2,\, \ldots,\, \boldsymbol{v}_m\Big) A$$

と表される．この行列 A を $\mathbb{R}^n$ の基底 $\{\boldsymbol{u}_k\}$，$\mathbb{R}^m$ の基底 $\{\boldsymbol{v}_k\}$ に関する線形写像 f の**表現行列**という．

〈注〉　基底について何も断らなければ，$\mathbb{R}^n$ の標準基底 $\{\boldsymbol{e}_1, \boldsymbol{e}_2, \cdots, \boldsymbol{e}_n\}$，$\mathbb{R}^m$ の標準基底 $\{\boldsymbol{e}'_1, \boldsymbol{e}'_2, \ldots, \boldsymbol{e}'_m\}$ に関する f の表現行列をいう．6.1 節，6.2 節で扱ってきた表現行列は，標準基底に関する表現行列である（例 6.8 (1) 参照）．

例 6.8　線形写像 $f : \mathbb{R}^3 \to \mathbb{R}^2,\ (x, y, z) \mapsto (x', y')$，

$$\begin{pmatrix} x' \\ y' \end{pmatrix} = \begin{pmatrix} 5 & 7 & -2 \\ -2 & 1 & 3 \end{pmatrix} \begin{pmatrix} x \\ y \\ z \end{pmatrix}$$

について．

(1)　$\mathbb{R}^3$ の標準基底 $\{\boldsymbol{e}_1, \boldsymbol{e}_2, \boldsymbol{e}_3\}$，$\mathbb{R}^2$ の標準基底 $\{\boldsymbol{e}'_1, \boldsymbol{e}'_2\}$ に関する f の表現行列を求めよう．ただし，$\boldsymbol{e}_k\ (k = 1, 2, 3)$ は $\mathbb{R}^3$ の基本ベクトル，$\boldsymbol{e}'_l\ (l = 1, 2)$ は $\mathbb{R}^2$ の基本ベクトルを表す．

$$\begin{aligned} \Big(f(\boldsymbol{e}_1),\, f(\boldsymbol{e}_2),\, f(\boldsymbol{e}_3)\Big) &= \begin{pmatrix} 5 & 7 & -2 \\ -2 & 1 & 3 \end{pmatrix} \\ &= \Big(\boldsymbol{e}'_1,\, \boldsymbol{e}'_2\Big) \begin{pmatrix} 5 & 7 & -2 \\ -2 & 1 & 3 \end{pmatrix} \end{aligned}$$

したがって，標準基底に関する f の表現行列は，

$$A = \begin{pmatrix} 5 & 7 & -2 \\ -2 & 1 & 3 \end{pmatrix}$$

(2) $\mathbb{R}^3$ の基底として，$\boldsymbol{u}_1 = \begin{pmatrix} -1 \\ 1 \\ 0 \end{pmatrix}, \boldsymbol{u}_2 = \begin{pmatrix} 1 \\ 0 \\ 1 \end{pmatrix}, \boldsymbol{u}_3 = \begin{pmatrix} 0 \\ 1 \\ 1 \end{pmatrix}$ をと

り，$\mathbb{R}^2$ の基底として，$\boldsymbol{v}_1 = \begin{pmatrix} 1 \\ -1 \end{pmatrix}, \boldsymbol{v}_2 = \begin{pmatrix} -1 \\ 2 \end{pmatrix}$ をとる．この基底に関

する f の表現行列を求めよう．

$$\bigl(f(\boldsymbol{u}_1),\, f(\boldsymbol{u}_2),\, f(\boldsymbol{u}_3)\bigr) = \begin{pmatrix} 2 & 3 & 5 \\ 3 & 1 & 4 \end{pmatrix}$$

ここで，各列を $\boldsymbol{v}_1,\, \boldsymbol{v}_2$ の線形結合で表すと

$$\left(\begin{array}{cc|ccc} 1 & -1 & 2 & 3 & 5 \\ -1 & 2 & 3 & 1 & 4 \end{array} \right) \rightarrow \left(\begin{array}{cc|ccc} 1 & -1 & 2 & 3 & 5 \\ 0 & 1 & 5 & 4 & 9 \end{array} \right)$$

$$\rightarrow \left(\begin{array}{cc|ccc} 1 & 0 & 7 & 7 & 14 \\ 0 & 1 & 5 & 4 & 9 \end{array} \right)$$

より，

$$\begin{pmatrix} 2 & 3 & 5 \\ 3 & 1 & 4 \end{pmatrix} = \bigl(7\boldsymbol{v}_1 + 5\boldsymbol{v}_2,\, 7\boldsymbol{v}_1 + 4\boldsymbol{v}_2,\, 14\boldsymbol{v}_1 + 9\boldsymbol{v}_2\bigr)$$

$$= \bigl(\boldsymbol{v}_1, \boldsymbol{v}_2\bigr) \begin{pmatrix} 7 & 7 & 14 \\ 5 & 4 & 9 \end{pmatrix}$$

よって，基底 $\{\boldsymbol{u}_k\}, \{\boldsymbol{v}_l\}$ に関する f の表現行列は，

$$B = \begin{pmatrix} 7 & 7 & 14 \\ 5 & 4 & 9 \end{pmatrix}$$

(2′) (2) で求めた表現行列は，次のようにしても求まる．

$\mathbb{R}^3$ の基底 $\{\boldsymbol{e}_1, \boldsymbol{e}_2, \boldsymbol{e}_3\}, \{\boldsymbol{u}_1, \boldsymbol{u}_2, \boldsymbol{u}_3\}$ に対して，また，$\mathbb{R}^2$ の基底 $\{\boldsymbol{e}_1', \boldsymbol{e}_2'\}$, $\{\boldsymbol{v}_1, \boldsymbol{v}_2\}$ に対して，$P = \bigl(\boldsymbol{u}_1, \boldsymbol{u}_2, \boldsymbol{u}_3\bigr), Q = \bigl(\boldsymbol{v}_1, \boldsymbol{v}_2\bigr)$，つまり，

$$P = \begin{pmatrix} -1 & 1 & 0 \\ 1 & 0 & 1 \\ 0 & 1 & 1 \end{pmatrix}, \quad Q = \begin{pmatrix} 1 & -1 \\ -1 & 2 \end{pmatrix}$$

とおくと

$$\begin{aligned}
\left(\boldsymbol{u}_1,\, \boldsymbol{u}_2,\, \boldsymbol{u}_3\right) &= \left(-\boldsymbol{e}_1 + \boldsymbol{e}_2,\, \boldsymbol{e}_1 + \boldsymbol{e}_3,\, \boldsymbol{e}_2 + \boldsymbol{e}_3\right) \\
&= \left(\boldsymbol{e}_1,\, \boldsymbol{e}_2,\, \boldsymbol{e}_3\right) P = P, \\
\left(\boldsymbol{v}_1,\, \boldsymbol{v}_2\right) &= \left(\boldsymbol{e}_1' - \boldsymbol{e}_2',\, -\boldsymbol{e}_1' + 2\boldsymbol{e}_3\right) = \left(\boldsymbol{e}_1',\, \boldsymbol{e}_2'\right) Q = Q
\end{aligned}$$

となるから

$$\begin{aligned}
\left(f(\boldsymbol{u}_1),\, f(\boldsymbol{u}_2),\, f(\boldsymbol{u}_3)\right) &= \left(A\boldsymbol{u}_1,\, A\boldsymbol{u}_2,\, A\boldsymbol{u}_3\right) \\
&= A\left(\boldsymbol{u}_1,\, \boldsymbol{u}_2,\, \boldsymbol{u}_3\right) \\
&= A\left(\boldsymbol{e}_1,\, \boldsymbol{e}_2,\, \boldsymbol{e}_3\right) P = AP
\end{aligned}$$

であり，基底 $\{\boldsymbol{u}_k\}$, $\{\boldsymbol{v}_l\}$ に関する f の表現行列を B とすると，定義より

$$\begin{aligned}
\left(f(\boldsymbol{u}_1),\, f(\boldsymbol{u}_2),\, f(\boldsymbol{u}_3)\right) &= \left(\boldsymbol{v}_1,\, \boldsymbol{v}_2\right) B \\
&= \left(\boldsymbol{e}_1',\, \boldsymbol{e}_2'\right) QB = QB
\end{aligned}$$

したがって，$AP = QB$ となり，左から Q^{-1} を掛けて，

$$\begin{aligned}
B &= \begin{pmatrix} 2 & 1 \\ 1 & 1 \end{pmatrix} \begin{pmatrix} 5 & 7 & -2 \\ -2 & 1 & 3 \end{pmatrix} \begin{pmatrix} -1 & 1 & 0 \\ 1 & 0 & 1 \\ 0 & 1 & 1 \end{pmatrix} \\
&= \begin{pmatrix} 7 & 7 & 14 \\ 5 & 4 & 9 \end{pmatrix}
\end{aligned}$$

一般に，次の定理が成り立つ.

定理 6.5 **基底の変換と表現行列**

線形写像 $f : \mathbb{R}^n \to \mathbb{R}^m$ に対して，$\mathbb{R}^n$ の基底 $\{u_1, u_2, \ldots, u_n\}$,
$\mathbb{R}^m$ の基底 $\{v_1, v_2, \ldots, v_m\}$ に関する表現行列を A，$\mathbb{R}^n$ の基底
$\{u'_1, u'_2, \ldots, u'_n\}$，$\mathbb{R}^m$ の基底 $\{v'_1, v'_2, \ldots, v'_m\}$ に関する表現行列を B
とする．$\{u_k\}$ と $\{u'_k\}$，$\{v_l\}$ と $\{v'_l\}$ の基底の変換行列を P, Q とすると，
すなわち，

$$\left(u'_1, u'_2, \ldots, u'_n\right) = \left(u_1, u_2, \ldots, u_n\right) P,$$
$$\left(v'_1, v'_2, \ldots, v'_m\right) = \left(v_1, v_2, \ldots, v_m\right) Q$$

であるとき，

$$B = Q^{-1} A P$$

問 6.10 線形写像 $f : \mathbb{R}^3 \to \mathbb{R}^2$, $(x, y, z) \mapsto (x', y')$,

$$\begin{pmatrix} x' \\ y' \end{pmatrix} = \begin{pmatrix} 6 & -1 & 6 \\ -8 & 0 & 3 \end{pmatrix} \begin{pmatrix} x \\ y \\ z \end{pmatrix}$$ について．$\mathbb{R}^3$ の基底として，

$$u_1 = \begin{pmatrix} -1 \\ 1 \\ 0 \end{pmatrix}, \quad u_2 = \begin{pmatrix} 1 \\ 0 \\ 1 \end{pmatrix}, \quad u_3 = \begin{pmatrix} 0 \\ 2 \\ 1 \end{pmatrix}$$

をとり，$\mathbb{R}^2$ の基底として，

$$v_1 = \begin{pmatrix} 1 \\ -1 \end{pmatrix}, \quad v_2 = \begin{pmatrix} -1 \\ 2 \end{pmatrix}$$

をとる．基底 $\{u_1, u_2, u_3\}$，$\{v_1, v_2\}$ に関する f の表現行列を求めよ.

■■■■■■■■■ 第6章　演習問題 ■■■■■■■■■

▌演習 6.1　原点を中心とする $60°$ 回転の線形変換を f とする. $f \circ f$, f^{-1} を表す行列を求めよ. 点 P$(1, 2)$ を $f \circ f$, f^{-1} でうつした点をそれぞれ Q, R とするとき, 2 点 Q, R の座標を求めよ. また, $\triangle$PQR はどんな三角形か.

▌演習 6.2　(1)　点 $(1, 0)$ を点 $(2, -1)$ に, 点 $(-1, 1)$ を点 $(-1, 3)$ にうつす線形変換 f の表現行列を求めよ.

(2)　点 $(1, 0, 0)$ を点 $(2, -7)$ に, 点 $(0, 1, 0)$ を点 $(1, 5)$ に, 点 $(1, -1, 1)$ を点 $(-1, 2)$ にうつす線形写像 f の表現行列を求めよ.

▌演習 6.3　次の写像 f は線形写像かどうかを理由をつけて答えよ.

(1)　$f(\boldsymbol{x}) = \begin{pmatrix} x_1 - x_2 \\ 2x_1 + x_2 + 3 \end{pmatrix}$

(2)　$f(\boldsymbol{x}) = \begin{pmatrix} 7x_1 - 5x_2 + 3x_3 \\ 6x_1 + x_2 - 7x_3 \end{pmatrix}$

▌演習 6.4　表現行列が A, B の線形写像 f, g の合成写像 $g \circ f$ の表現行列を求めよ.

$$A = \begin{pmatrix} 1 & -2 & 3 & 4 \\ 5 & -1 & 2 & 0 \\ -1 & 1 & 0 & 6 \end{pmatrix}, \quad B = \begin{pmatrix} 2 & -1 & 1 \\ -3 & 0 & 4 \end{pmatrix}$$

▌演習 6.5　行列

$$A = \begin{pmatrix} 1 & 2 & 3 & 1 \\ 1 & 1 & 1 & 2 \\ -1 & 0 & 1 & -3 \end{pmatrix}$$

が表現行列である線形写像を f とする. このとき, $\mathrm{Im}\, f$, $\mathrm{Ker}\, f$ の基底を求めて, 次元を求めよ.

▌演習 6.6　行列

$$A = \begin{pmatrix} 1 & -2 & 1 & 5 & -1 & -1 & -5 \\ 0 & 0 & 1 & 3 & -2 & -2 & -3 \\ 0 & 0 & 0 & 0 & 0 & 1 & 2 \\ 0 & 0 & 0 & 0 & 0 & 0 & 0 \end{pmatrix}$$

が表現行列である線形写像を f とする. このとき, $\mathrm{Im}\, f$ の基底を求めて, $\dim \mathrm{Im}\, f$ を求めよ. また, $\mathrm{Ker}\, f$ の基底を求めて, $\dim \mathrm{Ker}\, f$ を求めよ.

■ 演習 6.7　線形写像 $f : \mathbb{R}^4 \to \mathbb{R}^3$, $\boldsymbol{x} \mapsto f(\boldsymbol{x}) = A\boldsymbol{x}$,

$$A = \begin{pmatrix} -5 & 6 & 7 & 8 \\ 2 & 1 & -1 & 0 \\ 7 & -6 & 5 & 3 \end{pmatrix}$$

について. $\mathbb{R}^4$ の基底として,

$$\boldsymbol{u}_1 = \begin{pmatrix} 1 \\ 1 \\ 0 \\ 0 \end{pmatrix}, \quad \boldsymbol{u}_2 = \begin{pmatrix} 0 \\ 1 \\ -1 \\ 0 \end{pmatrix},$$

$$\boldsymbol{u}_3 = \begin{pmatrix} 0 \\ 0 \\ 1 \\ -1 \end{pmatrix}, \quad \boldsymbol{u}_4 = \begin{pmatrix} 1 \\ 0 \\ 0 \\ 1 \end{pmatrix}$$

をとり, $\mathbb{R}^3$ の基底として,

$$\boldsymbol{v}_1 = \begin{pmatrix} 1 \\ 0 \\ 1 \end{pmatrix}, \quad \boldsymbol{v}_2 = \begin{pmatrix} -1 \\ 1 \\ 0 \end{pmatrix}, \quad \boldsymbol{v}_3 = \begin{pmatrix} 0 \\ 1 \\ 2 \end{pmatrix}$$

をとる. 基底 $\{\boldsymbol{u}_1, \boldsymbol{u}_2, \boldsymbol{u}_3, \boldsymbol{u}_4\}$, $\{\boldsymbol{v}_1, \boldsymbol{v}_2, \boldsymbol{v}_3\}$ に関する f の表現行列を求めよ.

第7章
固 有 空 間

n 次正方行列 A には，固有値とその固有ベクトルというものがある．これらがわかると，A が表す線形変換 $f : \mathbb{R}^n \to \mathbb{R}^n$ が大変扱い易くなる．また，固有ベクトルを用いて得られるある正則行列 P を用いて，$P^{-1}AP$ が対角行列もしくはそれに準ずる行列となり，様々な分野に応用される．

■ 7.1 固有値，固有ベクトル

固有値とその固有ベクトル，および，固有空間の定義を学ぶ．

固有値と固有ベクトル

> **定義 7.1　固有値と固有ベクトル**
>
> 　正方行列 A に対して，$A\boldsymbol{x} = \lambda \boldsymbol{x}$ を満たす $\boldsymbol{0}$ でない $\boldsymbol{x}$ が存在するとき，この λ を行列 A の**固有値**とよぶ．また，この $\boldsymbol{x}$ を固有値 λ に対する**固有ベクトル**とよぶ．

例 7.1　行列 $A = \begin{pmatrix} 2 & 5 \\ 4 & 1 \end{pmatrix}$ の固有値，固有ベクトルを求めよう．

$\boldsymbol{x} = \begin{pmatrix} x \\ y \end{pmatrix}$ とおくと，$A\boldsymbol{x} = \lambda\boldsymbol{x}$ つまり $(\lambda E - A)\boldsymbol{x} = \boldsymbol{0}$ は，

$$\begin{pmatrix} \lambda - 2 & -5 \\ -4 & \lambda - 1 \end{pmatrix} \begin{pmatrix} x \\ y \end{pmatrix} = \begin{pmatrix} 0 \\ 0 \end{pmatrix} \cdots (*)$$

同次形連立 1 次方程式 $(*)$ が非自明解をもつ条件を求めて，

$$\begin{vmatrix} \lambda - 2 & -5 \\ -4 & \lambda - 1 \end{vmatrix} = 0 \quad \text{すなわち} \quad (\lambda - 2)(\lambda - 1) - (-5) \cdot (-4) = 0$$

$$\lambda^2 - 3\lambda - 18 = (\lambda - 6)(\lambda + 3) = 0 \quad \therefore \quad \lambda = 6, -3 \text{（A の固有値）}$$

(i)　$\lambda = 6$ のとき，$(*)$ の係数行列を簡約化すると

$$\begin{pmatrix} 4 & -5 \\ -4 & 5 \end{pmatrix} \rightarrow \begin{pmatrix} 1 & -\frac{5}{4} \\ 0 & 0 \end{pmatrix} \text{ となるから,} \ (*) \Longleftrightarrow x - \frac{5}{4}y = 0$$

$y = 4c_1$ とおくと $(*)$ の解は, $\begin{pmatrix} x \\ y \end{pmatrix} = c_1 \begin{pmatrix} 5 \\ 4 \end{pmatrix}$ $(c_1 \in \mathbb{R})$ であるから, 固

有値 $\lambda = 6$ に対する固有ベクトルは, $\begin{pmatrix} x \\ y \end{pmatrix} = c_1 \begin{pmatrix} 5 \\ 4 \end{pmatrix}$ $(c_1 \neq 0)$

(ii)　$\lambda = -3$ のとき, $(*)$ の係数行列を簡約化すると

$$\begin{pmatrix} -5 & -5 \\ -4 & -4 \end{pmatrix} \rightarrow \begin{pmatrix} 1 & 1 \\ 0 & 0 \end{pmatrix} \text{ となるから,} \ (*) \Longleftrightarrow x + y = 0$$

$y = c_2$ とおくと $(*)$ の解は, $\begin{pmatrix} x \\ y \end{pmatrix} = c_2 \begin{pmatrix} -1 \\ 1 \end{pmatrix}$ $(c_2 \in \mathbb{R})$ であるから, 固

有値 $\lambda = -3$ に対する固有ベクトルは, $\begin{pmatrix} x \\ y \end{pmatrix} = c_2 \begin{pmatrix} -1 \\ 1 \end{pmatrix}$ $(c_2 \neq 0)$ □

知っておきたいこと　例 7.1 でみたように，正方行列 A について，一般に次が成り立つ.

> ## λ が A の固有値であるための条件
> $$\lambda \text{ は } A \text{ の固有値} \Longleftrightarrow (\lambda E - A)\boldsymbol{x} = \boldsymbol{0} \text{ が非自明解 } \boldsymbol{x} \text{ をもつ}$$
> $$\Longleftrightarrow |\lambda E - A| = 0$$

固有多項式と固有方程式　$|\lambda E - A|$ を行列 A の**固有多項式**, $|\lambda E - A| = 0$ を**固有方程式**とよぶ.

　つまり，固有値は固有方程式の解 である．そして，$(\lambda E - A)\boldsymbol{x} = \boldsymbol{0}$ の非自明解 $\boldsymbol{x}$ が，固有値 λ に対する固有ベクトル である．

　たとえば，例 7.1 の行列 A の固有多項式は $\lambda^2 - 3\lambda - 18$ であり，A の固有値は固有方程式 $\lambda^2 - 3\lambda - 18 = 0$ の解である $\lambda = 6, -3$ となっている.

問 7.1　正方行列 $A = \begin{pmatrix} 1 & 5 \\ 2 & 4 \end{pmatrix}$ の固有値，固有ベクトルを求めよ.

例題 7.1

正方行列 $A = \begin{pmatrix} 0 & 1 & 1 \\ 2 & 1 & -1 \\ 2 & 0 & 0 \end{pmatrix}$ の固有値，固有ベクトルを求めよ．

【解答】 A の固有多項式は

$$\begin{vmatrix} \lambda & -1 & -1 \\ -2 & \lambda-1 & 1 \\ -2 & 0 & \lambda \end{vmatrix} = -2\begin{vmatrix} -1 & -1 \\ \lambda-1 & 1 \end{vmatrix} + \lambda\begin{vmatrix} \lambda & -1 \\ -2 & \lambda-1 \end{vmatrix} \quad (\text{第 3 行展開})$$

$$= -2(\lambda-2) + \lambda(\lambda^2 - \lambda - 2)$$

$$= -2(\lambda-2) + \lambda(\lambda+1)(\lambda-2)$$

$$= (\lambda-2)\{-2 + \lambda(\lambda+1)\}$$

$$= (\lambda-2)(\lambda-1)(\lambda+2)$$

したがって，A の固有方程式 $(\lambda-2)(\lambda-1)(\lambda+2) = 0$ の解を求めて，A の固有値は $\lambda = 1, \pm2$ である．

$A\boldsymbol{x} = \lambda\boldsymbol{x}$, $\boldsymbol{x} = \begin{pmatrix} x \\ y \\ z \end{pmatrix}$, つまり，

$$\begin{pmatrix} \lambda & -1 & -1 \\ -2 & \lambda-1 & 1 \\ -2 & 0 & \lambda \end{pmatrix}\begin{pmatrix} x \\ y \\ z \end{pmatrix} = \begin{pmatrix} 0 \\ 0 \\ 0 \end{pmatrix} \cdots (*)$$

の非自明解が固有ベクトルである．

(i) $\lambda = 1$ のとき，$(*)$ の係数行列を簡約化すると

$$E - A = \begin{pmatrix} 1 & -1 & -1 \\ -2 & 0 & 1 \\ -2 & 0 & 1 \end{pmatrix} \rightarrow \begin{pmatrix} 1 & -1 & -1 \\ 0 & -2 & -1 \\ 0 & -2 & -1 \end{pmatrix}$$

$$\rightarrow \begin{pmatrix} 1 & -1 & -1 \\ 0 & 1 & \frac{1}{2} \\ 0 & -2 & -2 \end{pmatrix} \rightarrow \begin{pmatrix} 1 & 0 & -\frac{1}{2} \\ 0 & 1 & \frac{1}{2} \\ 0 & 0 & 0 \end{pmatrix}$$

となるから,

$$(*) \iff \begin{cases} x - \dfrac{1}{2}z = 0 \\ y + \dfrac{1}{2}z = 0 \end{cases}$$

$z = 2c_1$ とおくと $(*)$ の解は, $\begin{pmatrix} x \\ y \\ z \end{pmatrix} = \begin{pmatrix} c_1 \\ -c_1 \\ 2c_1 \end{pmatrix} = c_1 \begin{pmatrix} 1 \\ -1 \\ 2 \end{pmatrix}$ $(c_1 \in \mathbb{R})$ であるから, 固有値 $\lambda = 1$ に対する固有ベクトルは,

$$\begin{pmatrix} x \\ y \\ z \end{pmatrix} = c_1 \begin{pmatrix} 1 \\ -1 \\ 2 \end{pmatrix} \quad (c_1 \neq 0) \quad \boxed{答}$$

(ii) $\lambda = 2$ のとき, $(*)$ の係数行列を簡約化すると

$$2E - A = \begin{pmatrix} 2 & -1 & -1 \\ -2 & 1 & 1 \\ -2 & 0 & 2 \end{pmatrix} \to \begin{pmatrix} 2 & -1 & -1 \\ 0 & 0 & 0 \\ 0 & -1 & 1 \end{pmatrix} \to \begin{pmatrix} 1 & 0 & -1 \\ 0 & 1 & -1 \\ 0 & 0 & 0 \end{pmatrix}$$

となるから, $(*) \iff \begin{cases} x - z = 0 \\ y - z = 0 \end{cases}$

$z = c_2$ とおくと $(*)$ の解は, $\begin{pmatrix} x \\ y \\ z \end{pmatrix} = \begin{pmatrix} c_2 \\ c_2 \\ c_2 \end{pmatrix} = c_2 \begin{pmatrix} 1 \\ 1 \\ 1 \end{pmatrix}$ $(c_2 \in \mathbb{R})$ であるから, 固有値 $\lambda = 2$ に対する固有ベクトルは,

$$\begin{pmatrix} x \\ y \\ z \end{pmatrix} = c_2 \begin{pmatrix} 1 \\ 1 \\ 1 \end{pmatrix} \quad (c_2 \neq 0) \quad \boxed{答}$$

(iii) $\lambda = -2$ のとき, $(*)$ の係数行列を簡約化すると

$$-2E - A = \begin{pmatrix} -2 & -1 & -1 \\ -2 & -3 & 1 \\ -2 & 0 & -2 \end{pmatrix} \to \begin{pmatrix} -2 & -1 & -1 \\ 0 & -2 & 2 \\ 0 & 1 & -1 \end{pmatrix} \to \begin{pmatrix} 1 & 0 & 1 \\ 0 & 1 & -1 \\ 0 & 0 & 0 \end{pmatrix}$$

となるから，$(*) \Longleftrightarrow \begin{cases} x + z = 0 \\ y - z = 0 \end{cases}$

$z = c_3$ とおくと $(*)$ の解は，$\begin{pmatrix} x \\ y \\ z \end{pmatrix} = \begin{pmatrix} -c_3 \\ c_3 \\ c_3 \end{pmatrix} = c_3 \begin{pmatrix} -1 \\ 1 \\ 1 \end{pmatrix}$ $(c_3 \in \mathbb{R})$ である

から固有値 $\lambda = -2$ に対する固有ベクトルは，

$$\begin{pmatrix} x \\ y \\ z \end{pmatrix} = c_3 \begin{pmatrix} -1 \\ 1 \\ 1 \end{pmatrix} \quad (c_3 \neq 0) \quad \boxed{答}$$

固有空間

> **定義 7.2**　**固有空間**
>
> n 次正方行列 A の固有値 λ に対して，その固有ベクトル全体に零ベクトル $\boldsymbol{0}$ を加えたベクトルの集合
>
> $$\{\boldsymbol{x} \in \mathbb{R}^n \,|\, A\boldsymbol{x} = \lambda\boldsymbol{x}\}, \ \text{つまり,} \ \{\boldsymbol{x} \in \mathbb{R}^n \,|\, (\lambda E - A)\boldsymbol{x} = \boldsymbol{0}\}$$
>
> を固有値 λ の**固有空間**とよび，$V(\lambda)$ で表す.

〈注〉　固有値 λ の固有空間 $V(\lambda)$ は，$\mathbb{R}^n$ の線形部分空間である.　$V(\lambda)$ は，固有値 λ の固有ベクトル全体に $\boldsymbol{0}$ を加えたものである.

例 7.2　例 7.1 の 2 次正方行列 $A = \begin{pmatrix} 2 & 5 \\ 4 & 1 \end{pmatrix}$ の固有値 $\lambda = 6, -3$. それぞれの固有空間は，

$$V(6) = \left\{ c \begin{pmatrix} 5 \\ 4 \end{pmatrix} \,\middle|\, c \in \mathbb{R} \right\}, \quad V(-3) = \left\{ c \begin{pmatrix} -1 \\ 1 \end{pmatrix} \,\middle|\, c \in \mathbb{R} \right\}$$

問 7.2　次の正方行列 A の固有値の固有空間をそれぞれ求めよ.

(1)　問 7.1 の A　　(2)　例題 7.1 の A

■ 7.2 ケイリー–ハミルトンの定理

ケイリー–ハミルトンの定理　正方行列 A が満たす関係式がある．それは固有多項式から得られるものであり，**ケイリー–ハミルトンの定理**とよばれている．

多項式 $f(t) = a_m t^m + a_{m-1} t^{m-1} + \cdots + a_1 t + a_0$ と正方行列 A に対して，

$$f(A) = a_m A^m + a_{m-1} A^{m-1} + \cdots + a_1 A + a_0 E$$

と定義する．$f(A)$ も A と同じサイズの n 次正方行列である．

定理 7.1　**ケイリー–ハミルトンの定理**

n 次正方行列 A の固有多項式を $\Phi_A(\lambda)$ とする．このとき，

$$\Phi_A(A) = O$$

が成り立つ．

定理の解説は演習 7.8 で扱っている．ここでは，実際に使ってみよう．

例 7.3　2 次正方行列 $A = \begin{pmatrix} a & b \\ c & d \end{pmatrix}$ に対して，

$$\Phi_A(\lambda) = \begin{vmatrix} \lambda - a & -b \\ -c & \lambda - d \end{vmatrix}$$

$$= \lambda^2 - (a+d)\lambda + ad - bc$$

となるから，ケイリー–ハミルトンの定理を用いると，

$$\Phi_A(A) = A^2 - (a+d)A + (ad - bc)E = O$$

が成り立つ．　□

例題 7.2

正方行列 $A = \begin{pmatrix} 5 & 3 \\ -7 & -4 \end{pmatrix}$ について.

(1)　ケイリー–ハミルトンの定理を用いると成り立つ関係式を求めよ.

(2)　(1) の結果を利用して，次の行列を求めよ.

  (i)　A^{23}　　　(ii)　$A^{12} - 3A^7 - 4A^5$　　　(iii)　A^{-1}

【解答】　(1)　A の固有多項式は,

$$\Phi_A(\lambda) = \begin{vmatrix} \lambda - 5 & -3 \\ 7 & \lambda + 4 \end{vmatrix} = \lambda^2 - \lambda + 1$$

となるから，ケイリー–ハミルトンの定理を用いると,

$$\Phi_A(A) = A^2 - A + E = O \cdots (*)$$

が成り立つ. 答

  (2)　$(*)$ の両辺に左から $A + E$ を掛けると

$$(A + E)(A^2 - A + E) = O \qquad \therefore \quad A^3 = -E$$

また $(*)$ より，$A^2 = A - E$ であることに注意する.

(i)　$A^{23} = (A^3)^7 A^2 = (-E)^7 (A - E) = -A + E = \begin{pmatrix} -4 & -3 \\ 7 & 5 \end{pmatrix}$ 答

(ii)　$A^{12} = (A^3)^4 = (-E)^4 = E,\ A^7 = (A^3)^2 A = (-E)^2 A = A,\ A^5 = A^3 \cdot A^2 = (-E)(A - E) = -A + E$ であるから

$$A^{12} - 3A^7 - 4A^5 = E - 3A - 4(-A + E) = A - 3E = \begin{pmatrix} 2 & 3 \\ -7 & -7 \end{pmatrix}$$ 答

(iii)　$(*)$ より，$E = A - A^2 = A(E - A)$

よって，$A^{-1} = E - A = \begin{pmatrix} -4 & -3 \\ 7 & 5 \end{pmatrix}$ 答

問 7.3　正方行列 $A = \begin{pmatrix} 2 & -7 \\ 1 & -3 \end{pmatrix}$ について.

(1)　ケイリー–ハミルトンの定理（定理 7.1，例 7.3）より成り立つ関係式を求めよ.

(2)　(1) の結果を利用して，次の行列を求めよ.

  (i)　A^{20}　　　(ii)　$A^{13} + 4A^9 - 3A^5$　　　(iii)　A^{-1}

■ **7.3　行列の対角化**

この節では，正方行列の対角化について学ぶ．いろいろと応用がある．

例 7.4 行列 $A = \begin{pmatrix} 2 & 5 \\ 4 & 1 \end{pmatrix}$ について，例 7.1 より

$$A \begin{pmatrix} 5 \\ 4 \end{pmatrix} = 6 \begin{pmatrix} 5 \\ 4 \end{pmatrix}, \quad A \begin{pmatrix} -1 \\ 1 \end{pmatrix} = -3 \begin{pmatrix} -1 \\ 1 \end{pmatrix}$$

が成り立つ．この 2 つの等式をまとめてかくと，

$$A \begin{pmatrix} 5 & -1 \\ 4 & 1 \end{pmatrix} = \begin{pmatrix} 30 & 3 \\ 24 & -3 \end{pmatrix}$$
$$= \begin{pmatrix} 5 & -1 \\ 4 & 1 \end{pmatrix} \begin{pmatrix} 6 & 0 \\ 0 & -3 \end{pmatrix}$$

そこで，$P = \begin{pmatrix} 5 & -1 \\ 4 & 1 \end{pmatrix}, B = \begin{pmatrix} 6 & 0 \\ 0 & -3 \end{pmatrix}$ とおくと，$AP = PB$ であり，$P^{-1}AP = B$ が成り立つ．すなわち，

$$\begin{pmatrix} 5 & -1 \\ 4 & 1 \end{pmatrix}^{-1} \begin{pmatrix} 2 & 5 \\ 4 & 1 \end{pmatrix} \begin{pmatrix} 5 & -1 \\ 4 & 1 \end{pmatrix} = \begin{pmatrix} 6 & 0 \\ 0 & -3 \end{pmatrix}$$

定義 7.3　対角化

　正方行列 A に対して，同じサイズの正則行列 P で，$P^{-1}AP$ が対角行列 B となるとき，

$$P^{-1}AP = B \quad \text{（対角行列）}$$

を行列 A の**対角化**という．対角化できる正則行列 P が存在するとき，行列 A は**対角化可能**であるという．

問 7.4 例 7.4 に倣って，次の正方行列 A を対角化せよ．

(1) 問 7.1 の A

(2) 例題 7.1 の A

行列の累乗 正方行列 A が対角化できると，A の累乗 A^n を求め易くなる．なぜなら，対角行列の累乗は計算が易しいからである．たとえば，$P^{-1}AP = B$（対角行列）であるとき

$$(P^{-1}AP)^3 = (P^{-1}AP)(P^{-1}AP)(P^{-1}AP)$$
$$= P^{-1}A(PP^{-1})A(PP^{-1})AP$$
$$= P^{-1}AEAEAP$$
$$= P^{-1}A^3P$$

つまり，$P^{-1}A^3P = B^3$ となるから，

$$A^3 = PB^3P^{-1}$$

一般に，A, P が同じサイズの正方行列で，P は正則行列とするとき，正整数 n に対して，

$$(P^{-1}AP)^n = P^{-1}A^nP$$

が成り立つ．また，対角行列 $B = \begin{pmatrix} \lambda_1 & 0 & \cdots & 0 \\ 0 & \lambda_2 & \cdots & 0 \\ \vdots & \vdots & \ddots & \vdots \\ 0 & 0 & \cdots & \lambda_m \end{pmatrix}$ に対し，

$$B^k = \begin{pmatrix} \lambda_1^k & 0 & \cdots & 0 \\ 0 & \lambda_2^k & \cdots & 0 \\ \vdots & \vdots & \ddots & \vdots \\ 0 & 0 & \cdots & \lambda_m^k \end{pmatrix} \quad (k \in \mathbb{N})$$

が成り立つ．

例 7.5 例 7.1 の行列 $A = \begin{pmatrix} 2 & 5 \\ 4 & 1 \end{pmatrix}$ について，例 7.4 では次のように対角化した．

$P = \begin{pmatrix} 5 & -1 \\ 4 & 1 \end{pmatrix}, B = \begin{pmatrix} 6 & 0 \\ 0 & -3 \end{pmatrix}$ とすると，$P^{-1}AP = B$

ここで n を正整数として両辺を n 乗すると，$(P^{-1}AP)^n = B^n$ より，

$$P^{-1}A^nP = \begin{pmatrix} 6^n & 0 \\ 0 & (-3)^n \end{pmatrix}$$

$$\therefore \quad A^n = P \begin{pmatrix} 6^n & 0 \\ 0 & (-3)^n \end{pmatrix} P^{-1}$$

$$= \begin{pmatrix} 5 & -1 \\ 4 & 1 \end{pmatrix} \begin{pmatrix} 6^n & 0 \\ 0 & (-3)^n \end{pmatrix} \begin{pmatrix} \frac{1}{9} & \frac{1}{9} \\ \frac{-4}{9} & \frac{5}{9} \end{pmatrix}$$

$$= \begin{pmatrix} \frac{5\cdot6^n+4\cdot(-3)^n}{9} & \frac{5\cdot6^n-5\cdot(-3)^n}{9} \\ \frac{4\cdot6^n-4\cdot(-3)^n}{9} & \frac{4\cdot6^n+5\cdot(-3)^n}{9} \end{pmatrix}$$

問 7.5 問 7.1 の正方行列の n 乗を求めよ（n は正整数）．

問 7.6 正方行列 A, B が同じサイズの正則行列 P で $P^{-1}AP = B$ を満たすとき，A, B の固有多項式が等しい，すなわち，

$$\Phi_A(\lambda) = \Phi_B(\lambda)$$

が成り立つことを示せ．

> **定理 7.2** **対角化可能であるための必要十分条件**
> n 次正方行列 A が対角化可能であるための必要十分条件は，n 個の 1 次独立な固有ベクトルをもつことである．

問 7.7 定理 7.2 の $n = 2$ の場合を証明せよ．

■ 7.4　行列の対角化の応用

対角化の応用として数列の線形漸化式と 2 次曲線の標準形を扱う.

数列の定数係数線形漸化式

> **例題 7.3**
>
> 行列 $A = \begin{pmatrix} -1 & 3 \\ -6 & 8 \end{pmatrix}$ について.
>
> (1)　A の固有値, 固有空間を求めよ.
>
> (2)　A を対角化せよ. また, A^n を求めよ.
>
> (3)　$\begin{cases} a_{n+1} = -a_n + 3b_n \\ b_{n+1} = -6a_n + 8b_n \end{cases}$　$(n = 1, 2, 3, \ldots)$, $a_1 = 1$, $b_1 = 0$
>
> で与えられる数列 $\{a_n\}$, $\{b_n\}$ の一般項を求めよ.

【解答】　(1)

$$\Phi_A(\lambda) = \lambda^2 - 7\lambda + 10 = (\lambda - 2)(\lambda - 5)$$

$\Phi_A(\lambda) = 0$ より, A の固有値は, $\lambda = 2, 5$

各々の固有値に対して $(\lambda E - A)\boldsymbol{x} = \boldsymbol{0}$ を解き, $\lambda = 2, 5$ の固有空間を求めると

$$V(2) = \left\{ \boldsymbol{x} = c \begin{pmatrix} 1 \\ 1 \end{pmatrix} \middle| c \in \mathbb{R} \right\},$$

$$V(5) = \left\{ \boldsymbol{x} = c \begin{pmatrix} 1 \\ 2 \end{pmatrix} \middle| c \in \mathbb{R} \right\} \text{　答}$$

(2)　$P = \begin{pmatrix} 1 & 1 \\ 1 & 2 \end{pmatrix}$ とおくと,

$$AP = P \begin{pmatrix} 2 & 0 \\ 0 & 5 \end{pmatrix}$$

P は正則行列であり, 左から P^{-1} を掛けて, 対角化

$$P^{-1}AP = \begin{pmatrix} 2 & 0 \\ 0 & 5 \end{pmatrix}$$

を得る. 両辺を n 乗して,

$$P^{-1}A^nP = \begin{pmatrix} 2^n & 0 \\ 0 & 5^n \end{pmatrix}$$

$$\therefore \quad A^n = P \begin{pmatrix} 2^n & 0 \\ 0 & 5^n \end{pmatrix} P^{-1}$$

$$= \begin{pmatrix} 2^{n+1} - 5^n & -2^n + 5^n \\ 2^{n+1} - 2 \cdot 5^n & -2^n + 2 \cdot 5^n \end{pmatrix} \quad \text{答}$$

(3)

$$\begin{pmatrix} a_{n+1} \\ b_{n+1} \end{pmatrix} = \begin{pmatrix} -1 & 3 \\ -6 & 8 \end{pmatrix} \begin{pmatrix} a_n \\ b_n \end{pmatrix} \quad (n = 1, 2, 3, \ldots)$$

を繰り返し用いて

$$\begin{pmatrix} a_n \\ b_n \end{pmatrix} = A^{n-1} \begin{pmatrix} a_1 \\ b_1 \end{pmatrix}$$

$$= \begin{pmatrix} 2^n - 5^{n-1} & -2^{n-1} + 5^{n-1} \\ 2^n - 2 \cdot 5^{n-1} & -2^{n-1} + 2 \cdot 5^{n-1} \end{pmatrix} \begin{pmatrix} 1 \\ 0 \end{pmatrix}$$

$$= \begin{pmatrix} 2^n - 5^{n-1} \\ 2^n - 2 \cdot 5^{n-1} \end{pmatrix} \quad (n = 1, 2, 3, \ldots) \quad \text{答}$$

問 7.8 行列

$$A = \begin{pmatrix} 2 & 3 \\ 1 & 0 \end{pmatrix}$$

について.

(1) 固有値, 固有空間を求めよ.

(2) A を対角化し, A^n を求めよ.

(3) $\begin{cases} a_1 = 1, \ a_2 = 2 \\ a_{n+2} = 2a_{n+1} + 3a_n \quad (n = 1, 2, 3, \ldots) \end{cases}$

で与えられる数列 $\{a_n\}$ の一般項を求めよ.

2 次曲線の標準形

$$a_1x^2 + a_2xy + a_3y^2 + a_4x + a_5y + a_6 = 0 \quad (a_1, a_2, \ldots, a_6 \text{ は定数})$$

で表される曲線を **2 次曲線**という. 1 次正方行列 $\begin{pmatrix} a \end{pmatrix}$ は, 括弧を省略して a で表すことにする.

例題 7.4

(1)　行列の積 $\begin{pmatrix} x & y \end{pmatrix} \begin{pmatrix} a & b \\ b & c \end{pmatrix} \begin{pmatrix} x \\ y \end{pmatrix}$ を計算せよ.

(2)　$\begin{pmatrix} x & y \end{pmatrix} \begin{pmatrix} a & b \\ b & c \end{pmatrix} \begin{pmatrix} x \\ y \end{pmatrix} = 3x^2 - 2xy + 3y^2$ となる定数 a, b, c を求めよ.

(3)　(2) で求めた行列 $A = \begin{pmatrix} a & b \\ b & c \end{pmatrix}$ の固有値, 固有空間を求めよ. また適切な回転行列 P をとり A を対角化せよ. このとき $\begin{pmatrix} x \\ y \end{pmatrix} = P \begin{pmatrix} X \\ Y \end{pmatrix}$ とおくと, 両辺の転置をとることにより,

$$\begin{pmatrix} x & y \end{pmatrix} = \begin{pmatrix} X & Y \end{pmatrix} {}^tP = \begin{pmatrix} X & Y \end{pmatrix} P^{-1}$$

となることを用いて, $C : 3x^2 - 2xy + 3y^2 = 8$ はどんな曲線かを調べよ.

【解答】　(1)

$$\begin{pmatrix} x & y \end{pmatrix} \begin{pmatrix} a & b \\ b & c \end{pmatrix} \begin{pmatrix} x \\ y \end{pmatrix} = \begin{pmatrix} ax + by & bx + cy \end{pmatrix} \begin{pmatrix} x \\ y \end{pmatrix}$$

$$= (ax + by)x + (bx + cy)y = ax^2 + 2bxy + cy^2 \quad \boxed{答}$$

(2)　$ax^2 + 2bxy + cy^2 = 3x^2 - 2xy + 3y^2$ の両辺の係数を比較して

$$a = c = 3, \quad b = -1 \quad \boxed{答}$$

(3)　$A = \begin{pmatrix} 3 & -1 \\ -1 & 3 \end{pmatrix}$ の固有多項式は

$$\Phi_A(t) = t^2 - 6t + 8 = (t-2)(t-4)$$

$\Phi_A(t) = 0$ より, A の固有値 λ は $\lambda = 2, 4$

各々の固有値に対して $(\lambda E - A)\boldsymbol{x} = \boldsymbol{0}$ を解き, $\lambda = 2, 4$ の固有空間を求めると

$$V(2) = \left\{ \boldsymbol{x} = c \begin{pmatrix} 1 \\ 1 \end{pmatrix} \middle| c \in \mathbb{R} \right\},$$

$$V(4) = \left\{ \boldsymbol{x} = c \begin{pmatrix} -1 \\ 1 \end{pmatrix} \middle| c \in \mathbb{R} \right\}$$

それぞれから大きさ 1 のベクトルを選び, それらを列ベクトルとして並べて回転行列を作り, $P = \dfrac{1}{\sqrt{2}} \begin{pmatrix} 1 & -1 \\ 1 & 1 \end{pmatrix}$ とおくと, $AP = P \begin{pmatrix} 2 & 0 \\ 0 & 4 \end{pmatrix}$

$$P = \begin{pmatrix} \cos 45° & -\sin 45° \\ \sin 45° & \cos 45° \end{pmatrix}$$ は 45° 回転を表す行列であり正則行列である.

左から P^{-1} を掛けて, 対角化 $P^{-1}AP = \begin{pmatrix} 2 & 0 \\ 0 & 4 \end{pmatrix}$ を得る.

P は回転行列だから, $P^{-1} = {}^t P$ が成り立つ.

$$3x^2 - 2xy + 3y^2 = 8 \Longleftrightarrow \begin{pmatrix} x & y \end{pmatrix} \begin{pmatrix} 3 & -1 \\ -1 & 3 \end{pmatrix} \begin{pmatrix} x \\ y \end{pmatrix} = 8 \cdots (*)$$

ここで, $\begin{pmatrix} x \\ y \end{pmatrix} = P \begin{pmatrix} X \\ Y \end{pmatrix}$ とおくと, $P^{-1} = {}^t P$ であることから両辺の転

置をとり $\begin{pmatrix} x & y \end{pmatrix} = \begin{pmatrix} X & Y \end{pmatrix} {}^t P = \begin{pmatrix} X & Y \end{pmatrix} P^{-1}$ が成り立つから

$$(*) \text{ の左辺} = \begin{pmatrix} x & y \end{pmatrix} A \begin{pmatrix} x \\ y \end{pmatrix} = \begin{pmatrix} X & Y \end{pmatrix} P^{-1}AP \begin{pmatrix} X \\ Y \end{pmatrix}$$

$$= \begin{pmatrix} X & Y \end{pmatrix} \begin{pmatrix} 2 & 0 \\ 0 & 4 \end{pmatrix} \begin{pmatrix} X \\ Y \end{pmatrix} = 2X^2 + 4Y^2$$

となるから

$$(*) \Longleftrightarrow 2X^2 + 4Y^2 = 8 \Longleftrightarrow \frac{X^2}{4} + \frac{Y^2}{2} = 1$$

すなわち

$$(x, y) \in C \Longleftrightarrow (X, Y) \in \text{楕円} \frac{x^2}{4} + \frac{y^2}{2} = 1$$

したがって, 曲線 C は, 楕円 $\dfrac{x^2}{4} + \dfrac{y^2}{2} = 1$ を原点のまわりに 45° 回転してできる楕円である. **答**

行列 $P = \begin{pmatrix} p & q \\ r & s \end{pmatrix} = \begin{pmatrix} \boldsymbol{u}, & \boldsymbol{v} \end{pmatrix}$ が，条件

$$|\boldsymbol{u}| = |\boldsymbol{v}| = 1, \quad \boldsymbol{u} \cdot \boldsymbol{v} = 0$$

を満たすとき，行列 P を**直交行列**とよぶ．

問 7.9　行列 $P = \begin{pmatrix} p & q \\ r & s \end{pmatrix}$ が直交行列のとき，$P^{-1} = {}^t P$ が成り立つことを示せ．

実対称行列の性質　A は，$A \neq kE$（k は定数）を満たす実対称行列とする，つまり，

$$A = \begin{pmatrix} a & b \\ b & c \end{pmatrix} \quad (a \neq b \text{ または } b \neq 0)$$

とする．このとき，A は異なる実固有値をもつ．また，その異なる固有値に対する固有ベクトルは，直交することが知られている．

したがって，A はある直交行列で対角化できるのである．つまり，実対称行列はある直交行列で対角化できる．

問 7.10　行列 $A = \begin{pmatrix} 1 & \frac{1}{2} \\ \frac{1}{2} & 1 \end{pmatrix}$ について．

(1)　A の固有値，固有空間を求めよ．

(2)　適切な回転行列 P をとり，A を対角化せよ．

(3)　$C : x^2 + xy + y^2 = 3$ はどんな曲線か．

行列の三角化

例題 7.5

正方行列 $A = \begin{pmatrix} 3 & -1 \\ 1 & 1 \end{pmatrix}$ について.

(1) 固有値, 固有空間を求めよ.

(2) A は対角化可能か. 対角化不可能ならば, $B = \begin{pmatrix} \alpha & 1 \\ 0 & \alpha \end{pmatrix}$ の形に

はできるか. つまり, ある正則行列 P を用いて $P^{-1}AP = B$ となるか.

【解答】 (1) $A = \begin{pmatrix} 3 & -1 \\ 1 & 1 \end{pmatrix}$ の固有多項式は $\Phi_A(t) = t^2 - 4t + 4 = (t-2)^2$

$\Phi_A(t) = 0$ より, A の固有値 λ は, $\lambda = 2$ (2重解)

固有値 $\lambda = 2$ に対して $(\lambda E - A)\boldsymbol{x} = \boldsymbol{0}$ を解き, 固有空間を求めると

$$V(2) = \{\boldsymbol{x} \in \mathbb{R}^2 \mid (2E - A)\boldsymbol{x} = \boldsymbol{0}\}$$
$$= \left\{ \begin{pmatrix} x \\ y \end{pmatrix} \middle| x - y = 0 \right\} = \left\{ \boldsymbol{x} = c \begin{pmatrix} 1 \\ 1 \end{pmatrix} \middle| c \in \mathbb{R} \right\} \quad \text{答}$$

(2) $\dim V(2) = 1 < 2$ であるから, 定理 7.2 より A は対角化不可能である.
そこで,

$\boldsymbol{u}_1 = \begin{pmatrix} 1 \\ 1 \end{pmatrix}$ とおくと, $A\boldsymbol{u}_1 = 2\boldsymbol{u}_1$ である.

$$A \begin{pmatrix} \boldsymbol{u}_1, \boldsymbol{u}_2 \end{pmatrix} = \begin{pmatrix} \boldsymbol{u}_1, \boldsymbol{u}_2 \end{pmatrix} \begin{pmatrix} 2 & 1 \\ 0 & 2 \end{pmatrix}, \quad P = \begin{pmatrix} \boldsymbol{u}_1, \boldsymbol{u}_2 \end{pmatrix} は正則$$

となるベクトル $\boldsymbol{u}_2$ を 1 つ求める. すなわち, $\{\boldsymbol{u}_1, \boldsymbol{u}_2\}$ は 1 次独立であり,
$A\boldsymbol{u}_2 = \boldsymbol{u}_1 + 2\boldsymbol{u}_2 \cdots (*)$ を満たすベクトル $\boldsymbol{u}_2$ を 1 つ求める.

$(*) : (A - 2E)\boldsymbol{u}_2 = \boldsymbol{u}_1$ を $\boldsymbol{u}_2 = \begin{pmatrix} u \\ v \end{pmatrix}$ について解き, $u - v = 1$ の非自明

解を 1 つ求めて, $\boldsymbol{u}_2 = \begin{pmatrix} 1 \\ 0 \end{pmatrix}$

このとき $P = \begin{pmatrix} 1 & 1 \\ 1 & 0 \end{pmatrix}$ は正則であり, $P^{-1}AP = \begin{pmatrix} 2 & 1 \\ 0 & 2 \end{pmatrix}$ となる. 答

■■■■■■■■■ **第7章　演習問題** ■■■■■■■■■

▌ **演習 7.1** 行列 $A = \begin{pmatrix} 1 & 2 \\ -1 & 4 \end{pmatrix}$ について.

(1) A の固有値, 固有空間を求めよ.

(2) A は対角化できるか. できるならば対角化し, A^n を求めよ.

(3) $\begin{cases} a_{n+1} = a_n + 2b_n \\ b_{n+1} = -a_n + 4b_n \end{cases}$ $\quad (n = 1, 2, 3, \ldots),\ a_1 = 1,\ b_1 = 0$

で与えられる数列 $\{a_n\}$, $\{b_n\}$ の一般項を求めよ.

▌ **演習 7.2** 正方行列 $A = \begin{pmatrix} -1 & 3 & -2 \\ 0 & -2 & 0 \\ 4 & -1 & 5 \end{pmatrix}$ の固有多項式 $\Phi_A(\lambda)$ を求めよ. ま

た, ケイリー–ハミルトンの定理 (定理 7.1) を用いると成り立つ関係式を求めよ.

▌ **演習 7.3** 行列 $A = \begin{pmatrix} 3 & -2 & 1 \\ 1 & 0 & 1 \\ 0 & 0 & 2 \end{pmatrix}$ について.

(1) A の固有値, 固有空間を求めよ.

(2) A を対角化し, A^n を求めよ.

(3) $\begin{cases} a_{n+1} = 3a_n - 2b_n + c_n \\ b_{n+1} = a_n + c_n \\ c_{n+1} = 2c_n \end{cases}$ $\quad (n = 1, 2, 3, \ldots),\ a_1 = 1,\ b_1 = 2,\ c_1 = 4$

で与えられる数列 $\{a_n\}$, $\{b_n\}$, $\{c_n\}$ の一般項を求めよ.

▌ **演習 7.4** (1) 行列 $A = \begin{pmatrix} 3 & 4 \\ 4 & -3 \end{pmatrix}$ について.

(1) A の固有値, 固有空間を求めよ.

(2) 適切な回転行列 P をとり, A を対角化せよ.

(3) $3x^2 + 8xy - 3y^2 = \begin{pmatrix} x & y \end{pmatrix} \begin{pmatrix} a & b \\ b & c \end{pmatrix} \begin{pmatrix} x \\ y \end{pmatrix}$ となる定数 a, b, c を求めよ.

(4) $C : 3x^2 + 8xy - 3y^2 = 5$ はどんな曲線かを調べよ.

▌ **演習 7.5** 正方行列 $A = \begin{pmatrix} 2 & 1 \\ -1 & 4 \end{pmatrix}$ について.

(1) A の固有値, 固有空間を求めよ.

(2) A は対角化可能か. 対角化不可能ならば, 適切な正則行列 P を求めて, $P^{-1}AP = B$, $B = \begin{pmatrix} \alpha & 1 \\ 0 & \alpha \end{pmatrix}$ の形にはできるか.

▌ **演習 7.6** 2 次正方行列 A が異なる 2 つの固有値 $\lambda = \alpha, \beta$ をもち, 固有空間が $V(\alpha) = \langle \boldsymbol{u} \rangle$, $V(\beta) = \langle \boldsymbol{v} \rangle$ のとき, $\boldsymbol{u}, \boldsymbol{v}$ は 1 次独立であることを示せ.

▌ **演習 7.7** 3 次正方行列 A の固有多項式が,

$$\Phi(\lambda) = (\lambda - \alpha)^2(\lambda - \beta) \quad (\alpha \neq \beta)$$

で, 固有値 $\lambda = \alpha, \beta$ の固有空間が

$$V(\alpha) = \langle \boldsymbol{a}_1, \boldsymbol{a}_2 \rangle, \quad V(\beta) = \langle \boldsymbol{b} \rangle,$$
$$\dim V(\alpha) = 2, \quad \dim V(\beta) = 1$$

のとき, $\boldsymbol{a}_1, \boldsymbol{a}_2, \boldsymbol{b}$ は 1 次独立であることを示せ.

▌ **演習 7.8** 定理 7.1 (ケイリー–ハミルトンの定理) の $n = 3$ の場合を次のようにして証明せよ.

$A = \begin{pmatrix} a_{11} & a_{12} & a_{13} \\ a_{21} & a_{22} & a_{23} \\ a_{31} & a_{32} & a_{33} \end{pmatrix}$ に対して, $B = \lambda E - A = \begin{pmatrix} b_{11} & b_{12} & b_{13} \\ b_{21} & b_{22} & b_{23} \\ b_{31} & b_{32} & b_{33} \end{pmatrix}$ とおく.

(1) 余因子 $\widetilde{b_{11}}, \widetilde{b_{12}}$ を λ を用いて表せ.

(2) B の余因子はすべて λ に関する高々 2 次の多項式であることを考えると,

$$\widetilde{B} = {}^t\begin{pmatrix} \widetilde{b_{11}} & \widetilde{b_{12}} & \widetilde{b_{13}} \\ \widetilde{b_{21}} & \widetilde{b_{22}} & \widetilde{b_{23}} \\ \widetilde{b_{31}} & \widetilde{b_{32}} & \widetilde{b_{33}} \end{pmatrix} = \lambda^2 B_2 + \lambda B_1 + B_0$$

となる定数行列 B_2, B_1, B_0 が存在する (これは示さなくてもよい). また, A の固有多項式 $\Phi_A(\lambda) = |\lambda E - A|$ は, 最高次の係数が 1 の 3 次多項式であり, $\Phi_A(\lambda) = |B| = \lambda^3 + b_2\lambda^2 + b_1\lambda + b_0$ となる定数 b_2, b_1, b_0 が存在する (これも示さなくてもよい).

そこで, $B\widetilde{B} = |B|E = \Phi_A(\lambda)E$ であることを用いて, $\Phi_A(A) = O$ が成り立つことを示せ.

解　　答

第 1 章

問 **1.1**
(1) $\overrightarrow{\mathrm{ED}} = \overrightarrow{a}$　　(2) $\overrightarrow{\mathrm{DC}} = -\overrightarrow{b}$　　(3) $\overrightarrow{\mathrm{BC}} = \overrightarrow{a} + \overrightarrow{b}$　　(4) $\overrightarrow{\mathrm{AD}} = 2\overrightarrow{a} + 2\overrightarrow{b}$
(5) $\overrightarrow{\mathrm{BD}} = \overrightarrow{\mathrm{AD}} - \overrightarrow{\mathrm{AB}} = \overrightarrow{a} + 2\overrightarrow{b}$　　(6) $\overrightarrow{\mathrm{FD}} = \overrightarrow{\mathrm{AD}} - \overrightarrow{\mathrm{AF}} = 2\overrightarrow{a} + \overrightarrow{b}$

問 **1.2**　(1) $3\overrightarrow{a} - 2\overrightarrow{b} = 3\begin{pmatrix} 4 \\ -2 \end{pmatrix} - 2\begin{pmatrix} 3 \\ 1 \end{pmatrix} = \begin{pmatrix} 6 \\ -8 \end{pmatrix}$　　(2) $|3\overrightarrow{a} - 2\overrightarrow{b}| = 10$

問 **1.3**　$\begin{pmatrix} -4 \\ 6 \end{pmatrix} = k\begin{pmatrix} 3 \\ -1 \end{pmatrix} + l\begin{pmatrix} 2 \\ 4 \end{pmatrix} = \begin{pmatrix} 3k+2l \\ -k+4l \end{pmatrix}$ を満たす k, l を求めて

$\begin{cases} 3k + 2l = -4 \\ -k + 4l = 6 \end{cases}$ より，$k = -2, l = 1$ ∴ $\overrightarrow{\mathrm{AD}} = -2\overrightarrow{\mathrm{AB}} + \overrightarrow{\mathrm{AC}}$

問 **1.4**　(1) $\overrightarrow{a} \cdot \overrightarrow{b} = -3 + 1 = -2, \ \cos\theta = -\dfrac{1}{\sqrt{5}}$

(2) $\overrightarrow{a} \cdot \overrightarrow{b} = -24 + 24 = 0, \ \cos\theta = 0$

問 **1.5**　$(\overrightarrow{a} + t\overrightarrow{d}) \cdot \overrightarrow{d} = 0$, つまり，$\begin{pmatrix} 3t \\ 2+2t \end{pmatrix} \cdot \begin{pmatrix} 3 \\ 2 \end{pmatrix} = 0$ となる t を求めて，$t = -\dfrac{4}{13}$

問 **1.6**　(1) $|\overrightarrow{a} - \overrightarrow{b}|^2 = |\overrightarrow{a}|^2 - 2(\overrightarrow{a} \cdot \overrightarrow{b}) + |\overrightarrow{b}|^2$ だから，$36 = 16 - 2(\overrightarrow{a} \cdot \overrightarrow{b}) + 25$ より，$\overrightarrow{a} \cdot \overrightarrow{b} = \dfrac{5}{2}$

(2) $|2\overrightarrow{a} + \overrightarrow{b}|^2 = 4|\overrightarrow{a}|^2 + 4(\overrightarrow{a} \cdot \overrightarrow{b}) + |\overrightarrow{b}|^2 = 64 + 10 + 25 = 99$ ∴ $|2\overrightarrow{a} + \overrightarrow{b}| = 3\sqrt{11}$

問 **1.7**　$\overrightarrow{\mathrm{OQ}} = \dfrac{2\overrightarrow{a} + 3\overrightarrow{b}}{3+2} = \dfrac{1}{5}\overrightarrow{\mathrm{OP}}$ であるから，3 点 O, P, Q は一直線上にある.

問 **1.8**　(1) $\sqrt{2^2 + (-2)^2 + 1^2} = 3$　　(2) $\sqrt{2^2 + (-3)^2 + 4^2} = \sqrt{29}$
(3) $\sqrt{1^2 + 0^2 + (-3)^2} = \sqrt{10}$　　(4) 4

問 **1.9**　(1) $\overrightarrow{\mathrm{CD}} = -\overrightarrow{a}$　　(2) $\overrightarrow{\mathrm{BF}} = \overrightarrow{c}$　　(3) $\overrightarrow{\mathrm{AF}} = \overrightarrow{a} + \overrightarrow{c}$
(4) $\overrightarrow{\mathrm{CE}} = \overrightarrow{\mathrm{AE}} - \overrightarrow{\mathrm{AC}} = \overrightarrow{c} - (\overrightarrow{a} + \overrightarrow{b})$　　(5) $\overrightarrow{\mathrm{BH}} = \overrightarrow{\mathrm{AH}} - \overrightarrow{\mathrm{AB}} = (\overrightarrow{b} + \overrightarrow{c}) - \overrightarrow{a}$

問 **1.10**　$2\overrightarrow{a} - 3\overrightarrow{b} = 2\begin{pmatrix} 1 \\ 2 \\ -3 \end{pmatrix} - 3\begin{pmatrix} 2 \\ -1 \\ -1 \end{pmatrix} = \begin{pmatrix} -4 \\ 7 \\ -3 \end{pmatrix}$,

$|2\overrightarrow{a} - 3\overrightarrow{b}| = \sqrt{(-4)^2 + 7^2 + (-3)^2} = \sqrt{74}$

問 **1.11**　$\begin{pmatrix} 9 \\ -3 \\ 2 \end{pmatrix} = x\begin{pmatrix} 1 \\ -1 \\ 3 \end{pmatrix} + y\begin{pmatrix} -1 \\ 4 \\ 2 \end{pmatrix} + z\begin{pmatrix} 2 \\ 2 \\ 1 \end{pmatrix} = \begin{pmatrix} x - y + 2z \\ -x + 4y + 2z \\ 3x + 2y + z \end{pmatrix}$ より，

$\begin{cases} x - y + 2z = 9 \\ -x + 4y + 2z = -3 \\ 3x + 2y + z = 2 \end{cases}$ を満たす x, y, z を求めて，$\begin{cases} x = 1 \\ y = -2 \\ z = 3 \end{cases}$

よって, $\overrightarrow{\text{OD}} = \overrightarrow{\text{OA}} - 2\overrightarrow{\text{OB}} + 3\overrightarrow{\text{OC}}$

問 1.12　直線 AB 上に交点 P はあるから, $\overrightarrow{\text{AP}} = t\overrightarrow{\text{AB}}$ (t は実数) と表せる. これより, $\overrightarrow{\text{OP}} = \overrightarrow{\text{OA}} + t\overrightarrow{\text{AB}}$ となるから, 交点 P の座標を t を用いて表すと, P$(1-2t, 4+3t, 2+2t)$. この点が xy 平面上にあるような t を求めて, $2 + 2t = 0$ より, $t = -1$ $\therefore$ P$(3, 1, 0)$

問 1.13　(1) $\overrightarrow{a} \cdot \overrightarrow{b} = 2, \cos\theta = \dfrac{\sqrt{2}}{3}$　　(2) $\overrightarrow{a} \cdot \overrightarrow{b} = 0, \cos\theta = 0$

問 1.14　$\overrightarrow{\text{AB}} \cdot \overrightarrow{\text{AC}} = 0, \triangle\text{ABC} = \dfrac{\sqrt{66}}{2}$

問 1.15　(1) $\overrightarrow{a} \cdot \overrightarrow{b} = -6$　　(2) $\overrightarrow{a} \cdot \overrightarrow{c} = 0$　　(3) $\overrightarrow{b} \cdot \overrightarrow{c} = 3$
　(4) $\overrightarrow{\text{AB}} \cdot \overrightarrow{\text{DE}} = \overrightarrow{a} \cdot (\overrightarrow{c} - \overrightarrow{b}) = \overrightarrow{a} \cdot \overrightarrow{c} - \overrightarrow{a} \cdot \overrightarrow{b} = 6$
　(5) $\overrightarrow{\text{AC}} \cdot \overrightarrow{\text{AH}} = (\overrightarrow{a} + \overrightarrow{b}) \cdot (\overrightarrow{b} + \overrightarrow{c}) = \overrightarrow{a} \cdot \overrightarrow{b} + \overrightarrow{a} \cdot \overrightarrow{c} + |\overrightarrow{b}|^2 + \overrightarrow{b} \cdot \overrightarrow{c} = 6$

問 1.16　$\overrightarrow{\text{OA}} = \overrightarrow{a}, \overrightarrow{\text{OB}} = \overrightarrow{b}, \overrightarrow{\text{OC}} = \overrightarrow{c}$ とおくと,

$$|\overrightarrow{a}| = |\overrightarrow{b}| = |\overrightarrow{c}| = 1, \quad \overrightarrow{a} \cdot \overrightarrow{b} = \overrightarrow{a} \cdot \overrightarrow{c} = \overrightarrow{b} \cdot \overrightarrow{c} = \frac{1}{2}$$

　(1) $\overrightarrow{\text{AB}} \cdot \overrightarrow{\text{OC}} = (\overrightarrow{b} - \overrightarrow{a}) \cdot \overrightarrow{c} = \overrightarrow{b} \cdot \overrightarrow{c} - \overrightarrow{a} \cdot \overrightarrow{c} = 0$

　(2) $\overrightarrow{\text{MN}} = \dfrac{1}{2}\overrightarrow{c} - \dfrac{1}{2}(\overrightarrow{a} + \overrightarrow{b}) = \dfrac{1}{2}(-\overrightarrow{a} - \overrightarrow{b} + \overrightarrow{c})$ だから,

$$|\overrightarrow{\text{MN}}|^2 = \frac{1}{4}(|\overrightarrow{a}|^2 + |\overrightarrow{b}|^2 + |\overrightarrow{c}|^2 + 2\overrightarrow{a} \cdot \overrightarrow{b} - 2\overrightarrow{a} \cdot \overrightarrow{c} - 2\overrightarrow{b} \cdot \overrightarrow{c}) = \frac{1}{2} \quad \therefore \quad |\overrightarrow{\text{MN}}| = \frac{1}{\sqrt{2}}$$

問 1.17　(1) $\begin{pmatrix} x \\ y \\ z \end{pmatrix} = \begin{pmatrix} 4 \\ -2 \\ 3 \end{pmatrix} + t\begin{pmatrix} 5 \\ 3 \\ -6 \end{pmatrix}$ $(t \in \mathbb{R})$

　(2) $\begin{pmatrix} x \\ y \\ z \end{pmatrix} = \begin{pmatrix} 2 \\ -1 \\ 0 \end{pmatrix} + t\begin{pmatrix} 2 \\ 0 \\ 3 \end{pmatrix}$ $(t \in \mathbb{R})$

〈注〉　(1) $\dfrac{x-4}{5} = \dfrac{y+2}{3} = \dfrac{z-3}{-6}$　　(2) $\dfrac{x-2}{2} = \dfrac{z}{3}, y = -1$ と答えてもよい.

問 1.18　$\dfrac{a+2}{3} = \dfrac{b-1}{-4} = \dfrac{2-7}{5}$ より, $a = -5, b = 5$

問 1.19　(1) $7x + y - 5z - 12 = 0$, 距離は $\dfrac{22}{5\sqrt{3}}$　　(2) $z = 3$, 距離は 0

問 1.20　(1) $\begin{pmatrix} x \\ y \\ z \end{pmatrix} = \begin{pmatrix} 5 \\ 2 \\ -7 \end{pmatrix} + t\begin{pmatrix} 9 \\ -1 \\ 6 \end{pmatrix}$ $(t \in \mathbb{R})$　　(2) $3x + y - z + 8 = 0$

問 1.21　$\overrightarrow{\text{AB}} = \begin{pmatrix} -2 \\ 2 \\ 4 \end{pmatrix}, \overrightarrow{\text{AC}} = \begin{pmatrix} 1 \\ 3 \\ 4 \end{pmatrix}$

$$\overrightarrow{\text{AB}} \times \overrightarrow{\text{AC}} = \begin{pmatrix} -2 \\ 2 \\ 4 \end{pmatrix} \times \begin{pmatrix} 1 \\ 3 \\ 4 \end{pmatrix} = \begin{pmatrix} -4 \\ 12 \\ -8 \end{pmatrix} = -4\begin{pmatrix} 1 \\ -3 \\ 2 \end{pmatrix}$$

が法線ベクトルであるから, 求める平面の式は,

$$(x-1) - 3(y+1) + 2(z+1) = 0 \quad \therefore \quad x - 3y + 2z - 2 = 0$$

平行四辺形の面積 S は，$S = |\overrightarrow{AB} \times \overrightarrow{AC}| = 4\sqrt{1^2 + (-3)^2 + 2^2} = 4\sqrt{14}$

$\triangle ABC$ の面積は，$\triangle ABC = \dfrac{1}{2}S = 2\sqrt{14}$

問 1.22　$\overrightarrow{AB} = \begin{pmatrix} 1 \\ 2 \\ 3 \end{pmatrix}$，$\overrightarrow{AC} = \begin{pmatrix} -2 \\ 0 \\ 4 \end{pmatrix}$，$\overrightarrow{AD} = \begin{pmatrix} -1 \\ 1 \\ 1 \end{pmatrix}$　より

$\overrightarrow{AB} \times \overrightarrow{AC} = \begin{pmatrix} 8 \\ -10 \\ 4 \end{pmatrix}$ であるから平行六面体の体積 V は，

$$V = |(\overrightarrow{AB} \times \overrightarrow{AC}) \cdot \overrightarrow{AD}| = |-8 - 10 + 4| = 14$$

四面体の体積は，$\dfrac{1}{6}V = \dfrac{7}{3}$

問 1.23　$\dfrac{x - 10}{a} = \dfrac{y - 9}{6} = \dfrac{z - 3}{4} = t$ とおくことにより，m は

$$\begin{pmatrix} x \\ y \\ z \end{pmatrix} = \begin{pmatrix} 10 \\ 9 \\ 3 \end{pmatrix} + t \begin{pmatrix} a \\ 6 \\ 4 \end{pmatrix} \quad (t \in \mathbb{R})$$

と表せる．これを l の方程式に代入すると，

$$6 + at = \dfrac{12 + 6t}{2} = \dfrac{10 + 4t}{2} \qquad \therefore \quad t = -1, \ a = 3$$

よって，求める a は $a = 3$，交点の座標は $(7, 3, -1)$

〈注〉　$a \neq 3$ のとき，2 直線 l, m はねじれの関係である．

問 1.24　(1)　2 平面の法線ベクトルのなす角の余弦を求めると $\dfrac{4 + 2 + 1}{\sqrt{21}\sqrt{3}} = \dfrac{\sqrt{7}}{3}$

これは鋭角の方なので，$\cos\theta = \dfrac{\sqrt{7}}{3}$

(2)　π_1, π_2 の式の辺々ひくと，$3x + y = 1$ より，$y = -3x + 1$．これを π_2 の式に代入して整理すると，$z = -2x - 4$．ここで，$x = t$ とおくと，

$$\begin{pmatrix} x \\ y \\ z \end{pmatrix} = \begin{pmatrix} 0 \\ 1 \\ -4 \end{pmatrix} + t \begin{pmatrix} 1 \\ -3 \\ -2 \end{pmatrix} \quad (t \in \mathbb{R})$$

■ 演習問題 ■

演習 1.1　$m : \begin{pmatrix} x \\ y \\ z \end{pmatrix} = \begin{pmatrix} 2 \\ 5 \\ 0 \end{pmatrix} + t \begin{pmatrix} -1 \\ 2 \\ 1 \end{pmatrix}$ を l の式に代入して $\dfrac{5 - t}{4} = 8 + 2t = \dfrac{t - 1}{-2}$

ここで，$\dfrac{5 - t}{4} = 8 + 2t, \ 8 + 2t = \dfrac{t - 1}{-2}$ のいずれからも，$t = -3$ が求まるので，l と m は，点 $(5, -1, -3)$ で交わる．

l と m を含む平面の法線ベクトルは，$\begin{pmatrix} 4 \\ 1 \\ -2 \end{pmatrix} \times \begin{pmatrix} -1 \\ 2 \\ 1 \end{pmatrix} = \begin{pmatrix} 5 \\ -2 \\ 9 \end{pmatrix}$ であるから，その平面の

方程式は，

$$5(x-5) - 2(y+1) + 9(z+3) = 0 \quad \therefore \quad 5x - 2y + 9z = 0$$

演習 1.2 2 平面の交線の方向ベクトルは，2 平面の法線ベクトルに垂直であるから，

$$\begin{pmatrix} 1 \\ 1 \\ -3 \end{pmatrix} \times \begin{pmatrix} 5 \\ 2 \\ -8 \end{pmatrix} = \begin{pmatrix} -2 \\ -7 \\ -3 \end{pmatrix} = - \begin{pmatrix} 2 \\ 7 \\ 3 \end{pmatrix}$$

したがって，求める平面の方程式は $2x + 7y + 3z = 0$

演習 1.3 (1) $\overrightarrow{AB} = \begin{pmatrix} 2 \\ -1 \\ 2 \end{pmatrix}$ と $\overrightarrow{AC} = \begin{pmatrix} 2 \\ 4 \\ 1 \end{pmatrix}$ の外積を求めて

$$\overrightarrow{AB} \times \overrightarrow{AC} = \begin{pmatrix} -9 \\ 2 \\ 10 \end{pmatrix} \qquad \begin{array}{ccc} -1 \times 2 & 2 \times 2 & 2 \times -1 \\ 4 \quad 1 & 2 \quad 2 & 2 \quad 4 \\ \hline -1-8 & 4-2 & 8+2 \end{array}$$

(2) △ABC の面積 S は

$$S = \frac{1}{2}|\overrightarrow{AB} \times \overrightarrow{AC}| = \frac{1}{2}\sqrt{(-9)^2 + 2^2 + 10^2} = \frac{\sqrt{185}}{2}$$

(3) 四面体の体積 V は，$V = \frac{1}{6}|(\overrightarrow{AB} \times \overrightarrow{AC}) \cdot \overrightarrow{AD}| = \frac{1}{6}|-27 - 4 + 10| = \frac{7}{2}$

演習 1.4 (1) $\overrightarrow{AB} = \begin{pmatrix} 2 \\ -1 \\ -1 \end{pmatrix}$ と $\overrightarrow{AC} = \begin{pmatrix} 2 \\ 4 \\ 1 \end{pmatrix}$ の外積を求めて

$$\overrightarrow{AB} \times \overrightarrow{AC} = \begin{pmatrix} 3 \\ -4 \\ 10 \end{pmatrix} \qquad \begin{array}{ccc} -1 \times -1 & -1 \times 2 & 2 \times -1 \\ 4 \quad 1 & 1 \quad 2 & 2 \quad 4 \\ \hline -1+4 & -2-2 & 8+2 \end{array}$$

(2) $\overrightarrow{AB} \times \overrightarrow{AC}$ が法線ベクトルで，点 A を通る平面の方程式を求めて

$$3x - 4(y-2) + 6(z-3) = 0 \quad \therefore \quad 3x - 4y + 6z - 10 = 0$$

(3) 平行六面体 T の体積 V は，$V = |(\overrightarrow{AB} \times \overrightarrow{AC}) \cdot \overrightarrow{AD}| = |3 - 8 + 30| = 25$

▍第 2 章

問 2.1 (1) $A + B = \begin{pmatrix} 3+(-1) & 2+3 \\ -5+2 & -3+7 \end{pmatrix} = \begin{pmatrix} 2 & 5 \\ -3 & 4 \end{pmatrix}$

(2) $A - B = \begin{pmatrix} 3-(-1) & 2-3 \\ -5-2 & -3-7 \end{pmatrix} = \begin{pmatrix} 4 & -1 \\ -7 & -10 \end{pmatrix}$

(3) $-A = \begin{pmatrix} -3 & -2 \\ -(-5) & -(-3) \end{pmatrix} = \begin{pmatrix} -3 & -2 \\ 5 & 3 \end{pmatrix}$

(4) $5A - 3B = \begin{pmatrix} 15+3 & 10-9 \\ -25-6 & -15-21 \end{pmatrix} = \begin{pmatrix} 18 & 1 \\ -31 & -36 \end{pmatrix}$

(5) $123A + 77A = 200A = \begin{pmatrix} 600 & 400 \\ -1000 & -600 \end{pmatrix}$

問 2.2 (1) $3AC - 4BC = (3A - 4B)C$

$$= \begin{pmatrix} -11 & 43 \\ -19 & 2 \end{pmatrix} \begin{pmatrix} -2 & 1 \\ -3 & 2 \end{pmatrix} = \begin{pmatrix} -107 & 75 \\ 32 & -15 \end{pmatrix}$$

(2)　$CAB = C(AB) = \begin{pmatrix} -2 & 1 \\ -3 & 2 \end{pmatrix} \begin{pmatrix} 35 & -16 \\ 3 & 9 \end{pmatrix} = \begin{pmatrix} -67 & 41 \\ -99 & 66 \end{pmatrix}$

問 2.3　$BA = \begin{pmatrix} 5 & 58 \\ 8 & -21 \end{pmatrix}$ だから，${}^t(BA) = \begin{pmatrix} 5 & 8 \\ 58 & -21 \end{pmatrix}$. 一方，

$$ {}^tA\,{}^tB = \begin{pmatrix} 1 & 2 & -1 \\ 5 & -7 & 6 \end{pmatrix} \begin{pmatrix} 8 & 2 \\ 0 & 1 \\ 3 & -4 \end{pmatrix} = \begin{pmatrix} 5 & 8 \\ 58 & -21 \end{pmatrix} $$

確かに ${}^t(BA) = {}^tA\,{}^tB$ である.

問 2.4　$A^4 = A^3A = \begin{pmatrix} -109 & 75 \\ -15 & -124 \end{pmatrix}$, $A^5 = A^4A = \begin{pmatrix} -402 & -395 \\ 79 & -323 \end{pmatrix}$

〈注〉　$A^4 = (A^2)^2$, $A^5 = A^2A^3$ などを計算してもよい.

問 2.5　$A^2 = \begin{pmatrix} 9 & 0 \\ 0 & 4 \end{pmatrix}$, $A^3 = \begin{pmatrix} 27 & 0 \\ 0 & -8 \end{pmatrix}$,

$B^2 = \begin{pmatrix} 1 & 0 & 0 \\ 0 & 4 & 0 \\ 0 & 0 & 9 \end{pmatrix}$, $B^3 = \begin{pmatrix} 1 & 0 & 0 \\ 0 & -8 & 0 \\ 0 & 0 & 27 \end{pmatrix}$

問 2.6　(1)　$A^2 + AB + BA + B^2$　(2)　$A^2 - AB - BA + B^2$

(3)　$3A^2 - AB + 6BA - 2B^2$　(4)　$A^2 + 2A + E$

(5)　$A^2 - 2A + E$　(6)　$3A^2 + 5A - 2E$

問 2.7　(1)　$A^{-1} = \begin{pmatrix} -2 & -1 \\ -1 & -1 \end{pmatrix}$　(2)　$B^{-1} = \dfrac{1}{3} \begin{pmatrix} 4 & -5 \\ -5 & 7 \end{pmatrix}$

(3)　$C^{-1} = \begin{pmatrix} -5 & 7 \\ 3 & -4 \end{pmatrix}$

問 2.8　(1)　$\begin{pmatrix} x \\ y \end{pmatrix} = -\begin{pmatrix} 5 & -7 \\ -3 & 4 \end{pmatrix} \begin{pmatrix} -2 \\ 1 \end{pmatrix}$ より，$x = 17, y = -10$

(2)　$\begin{pmatrix} x \\ y \end{pmatrix} = \dfrac{1}{3} \begin{pmatrix} 4 & -5 \\ -5 & 7 \end{pmatrix} \begin{pmatrix} -1 \\ -2 \end{pmatrix}$ より，$x = 2, y = -3$

■ 演習問題 ■

演習 2.1　$AB = \begin{pmatrix} 4 & 0 & -1 \\ 4 & -6 & -3 \end{pmatrix}$, BA は存在しない, $BC = \begin{pmatrix} 7 \\ 9 \\ 2 \end{pmatrix}$, CB は存在しない.

演習 2.2　(1)　$A^n = \begin{pmatrix} 3^n & 0 \\ 0 & 4^n \end{pmatrix}$　(2)　$B^n = \begin{pmatrix} 2^n & 0 & 0 \\ 0 & 3^n & 0 \\ 0 & 0 & (-4)^n \end{pmatrix}$

演習 2.3　A は正方行列とし，$A = \begin{pmatrix} a_{ij} \end{pmatrix}$, ${}^tA = \begin{pmatrix} b_{ij} \end{pmatrix}$, $A + {}^tA = \begin{pmatrix} c_{ij} \end{pmatrix}$ とする. このとき, 任意の i, j に対して, $b_{ij} = a_{ji}$ だから, $c_{ij} = a_{ij} + b_{ij} = a_{ij} + a_{ji}, c_{ji} = a_{ji} + b_{ji} = a_{ji} + a_{ij}$ となり, $c_{ij} = c_{ji}$. よって, $A + {}^tA$ は対称行列である.

演習 2.4　$A^{-1} = \dfrac{1}{4} \begin{pmatrix} 3 & -5 \\ -4 & 8 \end{pmatrix}$ であり, $\begin{pmatrix} x \\ y \end{pmatrix} = A^{-1} \begin{pmatrix} -1 \\ -3 \end{pmatrix} = \begin{pmatrix} 3 \\ -5 \end{pmatrix}$ より, 連立 1 次方程式の解は, $x = 3, y = -5$

演習 2.5　(1)　$A^2 - (a+d)A + (ad-bc)E$

$$= \begin{pmatrix} a^2 + bc & ab + bd \\ ac + cd & bc + d^2 \end{pmatrix} - (a+d)\begin{pmatrix} a & b \\ c & d \end{pmatrix} + (ad-bc)\begin{pmatrix} 1 & 0 \\ 0 & 1 \end{pmatrix}$$

$$= \begin{pmatrix} 0 & 0 \\ 0 & 0 \end{pmatrix} = O$$

(2)　(1) で得た公式を用いると，$A^2 - 6A + E = O$ より，

$$E = A(6E - A) = (6E - A)A$$

よって，$A^{-1} = 6E - A = \begin{pmatrix} -5 & 8 \\ -7 & 11 \end{pmatrix}$

▌第 3 章 ▐

問 3.1　(1), (2) の連立 1 次方程式の係数行列が同じであるから，同時に解くと

$$\begin{pmatrix} 3 & -2 & 1 & \bigm| & 4 & 7 \\ 2 & -1 & 3 & \bigm| & 0 & 2 \\ 3 & -2 & 2 & \bigm| & 3 & -4 \end{pmatrix} \xrightarrow{①+②×(-1)} \begin{pmatrix} 1 & -1 & -2 & \bigm| & 4 & 5 \\ 2 & -1 & 3 & \bigm| & 0 & 2 \\ 3 & -2 & 2 & \bigm| & 3 & -4 \end{pmatrix}$$

$$\xrightarrow[③+①×(-3)]{②+①×(-2)} \begin{pmatrix} 1 & -1 & -2 & \bigm| & 4 & 5 \\ 0 & 1 & 7 & \bigm| & -8 & -8 \\ 0 & 1 & 8 & \bigm| & -9 & -19 \end{pmatrix} \xrightarrow[③+②×(-1)]{①+②×1}$$

$$\begin{pmatrix} 1 & 0 & 5 & \bigm| & -4 & -3 \\ 0 & 1 & 7 & \bigm| & -8 & -8 \\ 0 & 0 & 1 & \bigm| & -1 & -11 \end{pmatrix} \xrightarrow[②+③×(-7)]{①+③×(-5)} \begin{pmatrix} 1 & 0 & 0 & \bigm| & 1 & 52 \\ 0 & 1 & 0 & \bigm| & -1 & 69 \\ 0 & 0 & 1 & \bigm| & -1 & -11 \end{pmatrix}$$

より，(1)　$\begin{cases} x = 1 \\ y = -1 \\ z = -1 \end{cases}$　(2)　$\begin{cases} x = 52 \\ y = 69 \\ z = -11 \end{cases}$

問 3.2　(1)　$\begin{pmatrix} 2 & 3 & 1 & \bigm| & 1 \\ 1 & -2 & -3 & \bigm| & 4 \\ 3 & -4 & -7 & \bigm| & 10 \\ 2 & -3 & -5 & \bigm| & 7 \end{pmatrix} \xrightarrow{①↔②} \begin{pmatrix} 1 & -2 & -3 & \bigm| & 4 \\ 2 & 3 & 1 & \bigm| & 1 \\ 3 & -4 & -7 & \bigm| & 10 \\ 2 & -3 & -5 & \bigm| & 7 \end{pmatrix}$

$$\xrightarrow[\substack{④+①×(-2)}]{\substack{②+①×(-2) \\ ③+①×(-3)}} \begin{pmatrix} 1 & -2 & -3 & \bigm| & 4 \\ 0 & 7 & 7 & \bigm| & -7 \\ 0 & 2 & 2 & \bigm| & -2 \\ 0 & 1 & 1 & \bigm| & -1 \end{pmatrix} \xrightarrow{②↔④} \begin{pmatrix} 1 & -2 & -3 & \bigm| & 4 \\ 0 & 1 & 1 & \bigm| & -1 \\ 0 & 2 & 2 & \bigm| & -2 \\ 0 & 7 & 7 & \bigm| & -7 \end{pmatrix}$$

$$\xrightarrow[\substack{④+②×(-7)}]{\substack{①+②×2 \\ ③+②×(-2)}} \begin{pmatrix} 1 & 0 & -1 & \bigm| & 2 \\ 0 & 1 & 1 & \bigm| & -1 \\ 0 & 0 & 0 & \bigm| & 0 \\ 0 & 0 & 0 & \bigm| & 0 \end{pmatrix}$$

より，与えられた連立 1 次方程式 $\iff \begin{cases} x - z = 2 \\ y + z = -1 \end{cases}$．ここで，$z = t$ とおくと，求める解は

$$\begin{cases} x = 2 + t \\ y = -1 - t \quad (t \text{ は任意}) \text{ で，解の自由度は } 1 \\ z = t \end{cases}$$

(2)
$$\left(\begin{array}{cccc|c} 1 & 2 & 1 & 3 & 0 \\ 4 & -1 & -5 & -6 & 9 \\ 1 & -3 & -4 & -7 & 5 \\ 2 & 1 & -1 & 0 & 3 \end{array}\right) \xrightarrow[\substack{②+①\times(-4) \\ ③+①\times(-1) \\ ④+①\times(-2)}]{} \left(\begin{array}{cccc|c} 1 & 2 & 1 & 3 & 0 \\ 0 & -9 & -9 & -18 & 9 \\ 0 & -5 & -5 & -10 & 5 \\ 0 & -3 & -3 & -6 & 3 \end{array}\right)$$

$$\xrightarrow[②\times(-\frac{1}{9})]{} \left(\begin{array}{cccc|c} 1 & 2 & 1 & 3 & 0 \\ 0 & 1 & 1 & 2 & -1 \\ 0 & -5 & -5 & -10 & -1 \\ 0 & -3 & -3 & -6 & -1 \end{array}\right) \xrightarrow[\substack{①+②\times(-2) \\ ③+②\times 5 \\ ④+②\times 3}]{} \left(\begin{array}{cccc|c} 1 & 0 & -1 & -1 & 2 \\ 0 & 1 & 1 & 2 & -1 \\ 0 & 0 & 0 & 0 & 0 \\ 0 & 0 & 0 & 0 & 0 \end{array}\right)$$

より，与えられた連立 1 次方程式 $\Longleftrightarrow \begin{cases} x - z - w = 2 \\ y + z + 2w = -1 \end{cases}$. ここで，$z = s,\, w = t$ とおく

と，求める解は $\begin{cases} x = 2 + s + t \\ y = -1 - s - 2t \\ z = s \\ w = t \end{cases}$ $(s,\, t \text{ は任意})$ で，解の自由度は 2

問 3.3 $A \xrightarrow[\substack{②+①\times(-2) \\ ③+①\times 1}]{} \left(\begin{array}{ccccc} 1 & 2 & 2 & 0 & -3 \\ 0 & 0 & 0 & 3 & 6 \\ 0 & 1 & 3 & 0 & 0 \\ 0 & 1 & 3 & 2 & 4 \end{array}\right) \xrightarrow[②\leftrightarrow③]{} \left(\begin{array}{ccccc} 1 & 2 & 2 & 0 & -3 \\ 0 & 1 & 3 & 0 & 0 \\ 0 & 0 & 0 & 3 & 6 \\ 0 & 1 & 3 & 2 & 4 \end{array}\right)$

$\xrightarrow[\substack{①+②\times(-2) \\ ④+②\times(-1)}]{} \left(\begin{array}{ccccc} 1 & 0 & -4 & 0 & -3 \\ 0 & 1 & 3 & 0 & 0 \\ 0 & 0 & 0 & 1 & 2 \\ 0 & 0 & 0 & 2 & 4 \end{array}\right) \xrightarrow[④+③\times(-2)]{} \left(\begin{array}{ccccc} 1 & 0 & -4 & 0 & -3 \\ 0 & 1 & 3 & 0 & 0 \\ 0 & 0 & 0 & 1 & 2 \\ 0 & 0 & 0 & 0 & 0 \end{array}\right)$

より，$\operatorname{rank} A = 3$

問 3.4 $(*) \Longleftrightarrow \begin{cases} x_1 - 2x_2 + 4x_6 = 8 \\ x_3 - 5x_4 - 3x_6 = 6 \\ x_5 + x_6 = -3 \end{cases}$. ここで，$x_2 = s,\, x_4 = t,\, x_6 = u$ とおくと，

$$\begin{cases} x_1 = 8 + 2s - 4u \\ x_2 = s \\ x_3 = 6 + 5t + 3u \\ x_4 = t \\ x_5 = -3 - u \\ x_6 = u \end{cases} \qquad \therefore \quad \boldsymbol{x} = \begin{pmatrix} 8 \\ 0 \\ 6 \\ 0 \\ -3 \\ 0 \end{pmatrix} + s \begin{pmatrix} 2 \\ 1 \\ 0 \\ 0 \\ 0 \\ 0 \end{pmatrix} + t \begin{pmatrix} 0 \\ 0 \\ 5 \\ 1 \\ 0 \\ 0 \end{pmatrix} + u \begin{pmatrix} -4 \\ 0 \\ 3 \\ 0 \\ -1 \\ 1 \end{pmatrix} \quad (s,\, t,\, u \text{ は任意})$$

問 3.5 $A \xrightarrow[\substack{②+①\times 4 \\ ③+①\times(-3) \\ ④+①\times(-6)}]{} \left(\begin{array}{cccc} 1 & 2 & 1 & 0 \\ 0 & 9 & 9 & -9 \\ 0 & -7 & -7 & 7 \\ 0 & -11 & -11 & 11 \end{array}\right) \xrightarrow[②\times\frac{1}{9}]{} \left(\begin{array}{cccc} 1 & 2 & 1 & 0 \\ 0 & 1 & 1 & -1 \\ 0 & -7 & -7 & 7 \\ 0 & -11 & -11 & 11 \end{array}\right)$

$$\xrightarrow[\substack{① + ② \times (-2) \\ ③ + ② \times 7 \\ ④ + ② \times 11}]{} \begin{pmatrix} 1 & 0 & -1 & 2 \\ 0 & 1 & 1 & -1 \\ 0 & 0 & 0 & 0 \\ 0 & 0 & 0 & 0 \end{pmatrix} \cdots (*) \text{ より, } \operatorname{rank} A = 2$$

$(*)$ より, $(A \,|\, \mathbf{0}) \to \begin{pmatrix} 1 & 0 & -1 & 2 & | & 0 \\ 0 & 1 & 1 & -1 & | & 0 \\ 0 & 0 & 0 & 0 & | & 0 \\ 0 & 0 & 0 & 0 & | & 0 \end{pmatrix}$ (簡約化) となるから与えられた連立 1 次

方程式 $\iff \begin{cases} x - z + 2w = 0 \\ y + z - w = 0 \end{cases}$. ここで, $z = s,\, w = t$ とおくと, 求める解は $\begin{cases} x = s - 2t \\ y = -s + t \\ z = s \\ w = t \end{cases}$

$\therefore\ \ \boldsymbol{x} = s \begin{pmatrix} 1 \\ -1 \\ 1 \\ 0 \end{pmatrix} + t \begin{pmatrix} -2 \\ 1 \\ 0 \\ 1 \end{pmatrix}$ $(s,\, t$ は任意$)$ で, 解の自由度は 2

問 3.6 次のように左から基本行列を掛けることに相当する.

(1) $\begin{pmatrix} 1 & 0 & 0 \\ 1 & 1 & 0 \\ -2 & 0 & 1 \end{pmatrix} \begin{pmatrix} 1 & 1 & 2 & | & 1 \\ -1 & 1 & 1 & | & -2 \\ 2 & 1 & 1 & | & 1 \end{pmatrix} = \begin{pmatrix} 1 & 1 & 2 & | & 1 \\ 0 & 2 & 3 & | & -1 \\ 0 & -1 & -3 & | & -1 \end{pmatrix}$

(2) $\begin{pmatrix} 1 & 0 & 0 \\ 0 & 1 & 1 \\ 0 & 0 & 1 \end{pmatrix} \begin{pmatrix} 1 & 1 & 2 & | & 1 \\ 0 & 2 & 3 & | & -1 \\ 0 & -1 & -3 & | & -1 \end{pmatrix} = \begin{pmatrix} 1 & 1 & 2 & | & 1 \\ 0 & 1 & 0 & | & -2 \\ 0 & -1 & -3 & | & -1 \end{pmatrix}$

(3) $\begin{pmatrix} 1 & -1 & 0 \\ 0 & 1 & 0 \\ 0 & 1 & 1 \end{pmatrix} \begin{pmatrix} 1 & 1 & 2 & | & 1 \\ 0 & 1 & 0 & | & -2 \\ 0 & -1 & -3 & | & -1 \end{pmatrix} = \begin{pmatrix} 1 & 0 & 2 & | & 3 \\ 0 & 1 & 0 & | & -2 \\ 0 & 0 & -3 & | & -3 \end{pmatrix}$

(4) $\begin{pmatrix} 1 & 0 & 0 \\ 0 & 1 & 0 \\ 0 & 0 & -\frac{1}{3} \end{pmatrix} \begin{pmatrix} 1 & 0 & 2 & | & 3 \\ 0 & 1 & 0 & | & -2 \\ 0 & 0 & -3 & | & -3 \end{pmatrix} = \begin{pmatrix} 1 & 0 & 2 & | & 3 \\ 0 & 1 & 0 & | & -2 \\ 0 & 0 & 1 & | & 1 \end{pmatrix}$

(5) $\begin{pmatrix} 1 & 0 & -2 \\ 0 & 1 & 0 \\ 0 & 0 & 1 \end{pmatrix} \begin{pmatrix} 1 & 0 & 2 & | & 3 \\ 0 & 1 & 0 & | & -2 \\ 0 & 0 & 1 & | & 1 \end{pmatrix} = \begin{pmatrix} 1 & 0 & 0 & | & 1 \\ 0 & 1 & 0 & | & -2 \\ 0 & 0 & 1 & | & 1 \end{pmatrix}$

問 3.7 $A \to \begin{pmatrix} 1 & 2 & 3 & 7 \\ 0 & 1 & 1 & 2 \\ 2 & 5 & 7 & 16 \end{pmatrix} \to \begin{pmatrix} 1 & 2 & 3 & 7 \\ 0 & 1 & 1 & 2 \\ 0 & 1 & 1 & 2 \end{pmatrix} \to \begin{pmatrix} 1 & 0 & 1 & 3 \\ 0 & 1 & 1 & 2 \\ 0 & 0 & 0 & 0 \end{pmatrix}$

$\xrightarrow[\substack{\boxed{3} + \boxed{1} \times (-1) \\ \boxed{4} + \boxed{1} \times (-3)}]{} \begin{pmatrix} 1 & 0 & 0 & 0 \\ 0 & 1 & 1 & 2 \\ 0 & 0 & 0 & 0 \end{pmatrix} \xrightarrow[\substack{\boxed{3} + \boxed{2} \times (-1) \\ \boxed{4} + \boxed{2} \times (-2)}]{} \begin{pmatrix} 1 & 0 & 0 & 0 \\ 0 & 1 & 0 & 0 \\ 0 & 0 & 0 & 0 \end{pmatrix}$

問 3.8 (1)

$\left(A \,|\, E \right) \to \begin{pmatrix} 1 & 1 & 1 & | & 1 & 0 & 0 \\ 0 & 1 & 2 & | & -2 & 1 & 0 \\ 0 & 2 & 5 & | & -1 & 0 & 1 \end{pmatrix} \to \begin{pmatrix} 1 & 0 & -1 & | & 3 & -1 & 0 \\ 0 & 1 & 2 & | & -2 & 1 & 0 \\ 0 & 0 & 1 & | & 3 & -2 & 1 \end{pmatrix}$

$$\rightarrow \begin{pmatrix} 1 & 0 & 0 & 6 & -3 & 1 \\ 0 & 1 & 0 & -8 & 5 & -2 \\ 0 & 0 & 1 & 3 & -2 & 1 \end{pmatrix} \quad \therefore \quad A^{-1} = \begin{pmatrix} 6 & -3 & 1 \\ -8 & 5 & -2 \\ 3 & -2 & 1 \end{pmatrix}$$

(2) $\left(B \,|\, E \right) \rightarrow \begin{pmatrix} 1 & -1 & -4 & 1 & 1 & 0 & 0 & 0 \\ 0 & 4 & 13 & -1 & -2 & 1 & 0 & 0 \\ 0 & 3 & 10 & -2 & -3 & 0 & 1 & 0 \\ 0 & 7 & 23 & -2 & -5 & 0 & 0 & 1 \end{pmatrix}$

$$\rightarrow \begin{pmatrix} 1 & -1 & -4 & 1 & 1 & 0 & 0 & 0 \\ 0 & 1 & 3 & 1 & 1 & 1 & -1 & 0 \\ 0 & 3 & 10 & -2 & -3 & 0 & 1 & 0 \\ 0 & 7 & 23 & -2 & -5 & 0 & 0 & 1 \end{pmatrix}$$

$$\rightarrow \begin{pmatrix} 1 & 0 & -1 & 2 & 2 & 1 & -1 & 0 \\ 0 & 1 & 3 & 1 & 1 & 1 & -1 & 0 \\ 0 & 0 & 1 & -5 & -6 & -3 & 4 & 0 \\ 0 & 0 & 2 & -9 & -12 & -7 & 7 & 1 \end{pmatrix}$$

$$\rightarrow \begin{pmatrix} 1 & 0 & 0 & -3 & -4 & -2 & 3 & 0 \\ 0 & 1 & 0 & 16 & 19 & 10 & -13 & 0 \\ 0 & 0 & 1 & -5 & -6 & -3 & 4 & 0 \\ 0 & 0 & 0 & 1 & 0 & -1 & -1 & 1 \end{pmatrix}$$

$$\rightarrow \begin{pmatrix} 1 & 0 & 0 & 0 & -4 & -5 & 0 & 3 \\ 0 & 1 & 0 & 0 & 19 & 26 & 3 & -16 \\ 0 & 0 & 1 & 0 & -6 & -8 & -1 & 5 \\ 0 & 0 & 0 & 1 & 0 & -1 & -1 & 1 \end{pmatrix}$$

$$\therefore \quad B^{-1} = \begin{pmatrix} -4 & -5 & 0 & 3 \\ 19 & 26 & 3 & -16 \\ -6 & -8 & -1 & 5 \\ 0 & -1 & -1 & 1 \end{pmatrix}$$

問 3.9 (1) $\left(A \,|\, E \right)$ を簡約化すると

$$\left(A \,|\, E \right) \rightarrow \begin{pmatrix} 1 & 0 & 0 & -1 & -1 & -2 \\ 0 & 1 & 0 & -1 & -2 & -3 \\ 0 & 0 & 1 & -2 & -3 & -6 \end{pmatrix} \quad \therefore \quad A^{-1} = \begin{pmatrix} -1 & -1 & -2 \\ -1 & -2 & -3 \\ -2 & -3 & -6 \end{pmatrix}$$

(2) $\begin{pmatrix} x_1 \\ x_2 \\ x_3 \end{pmatrix} = A^{-1} \begin{pmatrix} 1 \\ 0 \\ -1 \end{pmatrix} = \begin{pmatrix} 1 \\ 2 \\ 4 \end{pmatrix}$

■ 演習問題 ■

演習 3.1 (1) $x = 1 + 3t, \ y = -2 - 4t, \ z = t$ (t は任意)

(2) $x = 3, \ y = 0, \ z = 2$

(3) $x_1 = 2 + s + t, \ x_2 = -1 - s - 2t, \ x_3 = s, \ x_4 = t$ ($s, \ t$ は任意)

演習 3.2 (1) (i) $k = 3$ のとき，$x = 2 + t, \ y = -3 - t, \ z = t$ (t は任意)

(ii) $k \neq 3$ のとき，$x = 0, \ y = -1, \ z = -2$

(2) 拡大係数行列を行基本変形していくと

$$\begin{pmatrix} 1 & 1 & 0 & \bigm| & 3 \\ 0 & 1 & -2k & \bigm| & 2 \\ 1 & 0 & 2k^2 & \bigm| & k \end{pmatrix} \rightarrow \begin{pmatrix} 1 & 1 & 0 & \bigm| & 3 \\ 0 & 1 & -2k & \bigm| & 2 \\ 0 & -1 & 2k^2 & \bigm| & k-3 \end{pmatrix}$$

$$\rightarrow \begin{pmatrix} 1 & 0 & 2k & \bigm| & 1 \\ 0 & 1 & -2k & \bigm| & 2 \\ 0 & 0 & 2k^2-2k & \bigm| & k-1 \end{pmatrix} = B$$

だから，「$k=0$」，「$k=1$」，「$k\neq0$ かつ $k\neq1$」で場合分け.

(i)　$k=0$ のとき

$$B = \begin{pmatrix} 1 & 0 & 0 & \bigm| & 1 \\ 0 & 1 & 0 & \bigm| & 2 \\ 0 & 0 & 0 & \bigm| & -1 \end{pmatrix} \rightarrow \begin{pmatrix} 1 & 0 & 0 & \bigm| & 0 \\ 0 & 1 & 0 & \bigm| & 0 \\ 0 & 0 & 0 & \bigm| & 1 \end{pmatrix} \quad (簡約化) となり，解なし.$$

(ii)　$k=1$ のとき

$$B = \begin{pmatrix} 1 & 0 & 2 & \bigm| & 1 \\ 0 & 1 & -2 & \bigm| & 2 \\ 0 & 0 & 0 & \bigm| & 0 \end{pmatrix} \quad (簡約化) となり，x+2z=1,\, y-2z=2 \text{ で，} z=t \text{ とおく}$$

と，$x=1-2t,\, y=2+2t,\, z=t$ (t は任意)

(iii)　$k\neq0$ かつ $k\neq1$ のとき

$$B \rightarrow \begin{pmatrix} 1 & 0 & 2k & \bigm| & 1 \\ 0 & 1 & -2k & \bigm| & 2 \\ 0 & 0 & 1 & \bigm| & \frac{1}{2k} \end{pmatrix} \rightarrow \begin{pmatrix} 1 & 0 & 0 & \bigm| & 0 \\ 0 & 1 & 0 & \bigm| & 3 \\ 0 & 0 & 1 & \bigm| & \frac{1}{2k} \end{pmatrix} \quad (簡約化) となり，$$

$x=0,\, y=3,\, z=\frac{1}{2k}$

演習 3.3　(1)　$A \rightarrow \begin{pmatrix} 1 & -2 & 0 & 2 & 1 \\ 0 & 0 & 1 & 5 & 3 \\ 0 & 0 & 1 & -1 & -3 \\ 0 & 0 & -2 & 2 & 6 \end{pmatrix} \rightarrow \begin{pmatrix} 1 & -2 & 0 & 2 & 1 \\ 0 & 0 & 1 & 5 & 3 \\ 0 & 0 & 0 & -6 & -6 \\ 0 & 0 & 0 & 12 & 12 \end{pmatrix}$

$\rightarrow \begin{pmatrix} 1 & -2 & 0 & 2 & 1 \\ 0 & 0 & 1 & 5 & 3 \\ 0 & 0 & 0 & 1 & 1 \\ 0 & 0 & 0 & 1 & 1 \end{pmatrix} \rightarrow \begin{pmatrix} 1 & -2 & 0 & 0 & -1 \\ 0 & 0 & 1 & 0 & -2 \\ 0 & 0 & 0 & 1 & 1 \\ 0 & 0 & 0 & 0 & 0 \end{pmatrix} \quad (A \text{ の簡約化}) \cdots (*)$

であり，$\operatorname{rank} A = 3$

(2)　$(*)$ より，$\begin{cases} x_1 - 2x_2 - x_5 = 0 \\ x_3 - 2x_5 = 0 \\ x_4 + x_5 = 0 \end{cases}$

$x_2 = s,\, x_5 = t$ とおくと，求める解は $x_1 = 2s+t,\, x_2 = s,\, x_3 = 2t,\, x_4 = -t,\, x_5 = t$ ($s,\, t$ は任意)，解の自由度は 2

演習 3.4　(1)　$A \rightarrow \begin{pmatrix} 1 & -2 & 0 & 2 & 1 & 1 & -2 \\ 0 & 0 & 1 & 3 & -2 & -2 & -3 \\ 0 & 0 & 0 & 0 & 0 & 1 & 2 \\ 0 & 0 & 0 & 0 & 0 & 0 & 0 \end{pmatrix}$

$\rightarrow \begin{pmatrix} 1 & -2 & 0 & 2 & 1 & 0 & -4 \\ 0 & 0 & 1 & 3 & -2 & 0 & 1 \\ 0 & 0 & 0 & 0 & 0 & 1 & 2 \\ 0 & 0 & 0 & 0 & 0 & 0 & 0 \end{pmatrix} \quad (A \text{ の簡約化})$

より，rank $A = 3$

(2) $\begin{cases} x_1 - 2x_2 + 2x_4 + x_5 - 4x_7 = 0 \\ x_3 + 3x_4 - 2x_5 + x_7 = 0 \\ x_6 + 2x_7 = 0 \end{cases}$ において，$x_2 = t_1,\ x_4 = t_2,\ x_5 = t_3,\ x_7 = t_4$ と

おくと，$x_1 = 2t_1 - 2t_2 - t_3 + 4t_4,\ x_2 = t_1,\ x_3 = -3t_2 + 2t_3 - t_4,\ x_4 = t_2,\ x_5 = t_3,\ x_6 = -2t_4,\ x_7 = t_4$ （t_1, t_2, t_3, t_4 は任意），解の自由度は 4

演習 3.5 (1) $\left(A\,|\,E \right) \rightarrow \begin{pmatrix} 1 & 2 & 1 & 1 & 0 & 0 \\ 0 & 1 & 3 & 1 & 1 & 0 \\ 0 & -2 & -4 & -3 & 0 & 1 \end{pmatrix}$

$\rightarrow \begin{pmatrix} 1 & 0 & -5 & -1 & -2 & 0 \\ 0 & 1 & 3 & 1 & 1 & 0 \\ 0 & 0 & 2 & -1 & 2 & 1 \end{pmatrix}$

$\rightarrow \begin{pmatrix} 1 & 0 & -5 & -1 & -2 & 0 \\ 0 & 1 & 3 & 1 & 1 & 0 \\ 0 & 0 & 1 & -\frac{1}{2} & 1 & \frac{1}{2} \end{pmatrix}$

$\rightarrow \begin{pmatrix} 1 & 0 & 0 & -\frac{7}{2} & 3 & \frac{5}{2} \\ 0 & 1 & 0 & \frac{5}{2} & -2 & -\frac{3}{2} \\ 0 & 0 & 1 & -\frac{1}{2} & 1 & \frac{1}{2} \end{pmatrix}$

$\therefore\ \ A^{-1} = \begin{pmatrix} -\frac{7}{2} & 3 & \frac{5}{2} \\ \frac{5}{2} & -2 & -\frac{3}{2} \\ -\frac{1}{2} & 1 & \frac{1}{2} \end{pmatrix} = \frac{1}{2} \begin{pmatrix} -7 & 6 & 5 \\ 5 & -4 & -3 \\ -1 & 2 & 1 \end{pmatrix}$

(2) 連立 1 次方程式の両辺に左から A^{-1} を掛けて

$$\begin{pmatrix} x \\ y \\ z \end{pmatrix} = \frac{1}{2} \begin{pmatrix} -7 & 6 & 5 \\ 5 & -4 & -3 \\ -1 & 2 & 1 \end{pmatrix} \begin{pmatrix} 2 \\ 3 \\ -2 \end{pmatrix} = \begin{pmatrix} -3 \\ 2 \\ 1 \end{pmatrix}$$

演習 3.6 B, C が A の逆行列とすると，$AB = BA = E,\ AC = CA = E$ が成り立つ．このとき，

$$B = BE = B(AC) = (BA)C = EC = C$$

となる．よって，逆行列はあるとすればただ 1 つである．

演習 3.7 $AB = CA = E$ とすると，$B = EB = (CA)B = C(AB) = CE = C$

演習 3.8 A, B が正則行列のとき，A^{-1}, B^{-1} が存在し

$$(AB)(B^{-1}A^{-1}) = A(BB^{-1})A^{-1} = AEA^{-1} = AA^{-1} = E,$$
$$(B^{-1}A^{-1})(AB) = B^{-1}(A^{-1}A)B = B^{-1}EB = B^{-1}B = E$$

となるから，AB は正則行列であり，$(AB)^{-1} = B^{-1}A^{-1}$

演習 3.9 第 1 式の左から A を掛けて，また第 1 式の右から B を掛けると $A^2 + AB = -A,\ AB + B^2 = -B$ となり，辺々加えて $A^2 + B^2 + 2AB = -(A + B)$

第 1, 2 式を用いて，$-E + 2AB = E$ より，$AB = E$

同様に，第 1 式の右から A を掛けて，また第 1 式の左から B を掛け，第 1, 2 式を用いると，$BA = E$．ゆえに，$B = A^{-1}$

演習 3.10 $AB = E$ とする．この等式は，$AX = E \cdots$ ① の解が $X = B$ であることを意味するから，拡大係数行列 $\left(A\,|\,E \right)$ の簡約化は $\left(E\,|\,B \right)$ となる．つまり，有限回の行基本変形で

$\Big(A\,|\,E\Big) \to \cdots \to \Big(E\,|\,B\Big)$ となる．行基本変形に対応する基本行列を順に $P_1, P_2, \cdots, P_s$ とし，$P = P_s \cdots P_2 P_1$ とおくと，

$$\Big(A\,|\,E\Big) \to \cdots \to \Big(PA\,|\,P\Big) = \Big(E\,|\,B\Big)$$

と表せて，$BA = E$ が得られる．

〈注〉定理 3.5 の証明もこの問題の解答と同様の筋道である．
$\Big(A\,|\,E\Big)$ を行基本変形で簡約化すると，

$$\Big(A\,|\,E\Big) \overbrace{\xrightarrow{\ \ \ \ \ \ \ }}^{\text{有限回の行基本変形}} \Big(E\,|\,B\Big) \cdots (*)$$

となるとき，$AX = E \cdots ①$ の解が $X = B$ であるから，$AB = E$ が成り立つ．また，解答と同じようにして $BA = E$ が得られ，$B = A^{-1}$

▌第 4 章 ▐▬▬▬▬▬▬▬▬▬▬▬▬▬▬▬▬▬▬▬▬▬▬▬▬▬▬▬

問 4.1　(1)　$6 - 5 = 1$　　　(2)　$-15 - 2 = -17$

問 4.2　$|\det(\overrightarrow{\mathrm{OA}}, \overrightarrow{\mathrm{OB}})|$ の値を求めて，(1)　2　(2)　4　(3)　0

問 4.3　(1)　$\sigma = (4\,6\,7)(1\,3\,2\,5)$ であり，$(1\,3\,2\,5) = (1\,5)(1\,2)(1\,3)$，$(4\,6\,7) = (4\,7)(4\,6)$ の符号は，それぞれ $-1, 1$ であるから，$\mathrm{sgn}(\sigma) = 1 \cdot (-1) = -1$

(2)　$\tau = (2\,5\,6)(1\,4\,7)$ であり，$(1\,4\,7) = (1\,7)(1\,4)$，$(2\,5\,6) = (2\,6)(2\,5)$ の符号は，それぞれ $1, 1$ であるから，

$$\mathrm{sgn}(\tau) = 1 \cdot 1 = 1$$

問 4.4　$(k_1\,k_2\,\cdots k_r) = (k_1\,k_r)\cdots(k_1\,k_3)(k_1\,k_2)$ であるから，その符号は

$$\mathrm{sgn}(k_1\,k_2\,\cdots k_r) = (-1)^{r-1}$$

問 4.5　(1)　$2 - (-12) = 14$　　　(2)　$8 + 0 + 81 - 12 - (-3) - 0 = 80$

(3)　$(-15) + 6 + 0 - 2 - (-9) - 0 = -2$

問 4.6　(1)　$|A| = (-2) \cdot \begin{vmatrix} 4 & -3 \\ -1 & 5 \end{vmatrix} = -34$

(2)　$|B| = 5 \cdot \begin{vmatrix} 2 & -3 & 4 \\ 0 & 3 & -7 \\ 0 & -1 & 4 \end{vmatrix} = 5 \cdot 2 \cdot \begin{vmatrix} 3 & -7 \\ -1 & 4 \end{vmatrix} = 5 \cdot 2 \cdot 5 = 50$

問 4.7　(1)　$|A| \overset{②+①\times(-1)}{\underset{=}{③+①\times(-1)}} \begin{vmatrix} 31 & 34 & 37 \\ 1 & 1 & 1 \\ 2 & 2 & 6 \end{vmatrix}$

$\overset{①+②\times(-31)}{\underset{=}{③+②\times(-2)}} \begin{vmatrix} 0 & 3 & 6 \\ 1 & 1 & 1 \\ 0 & 0 & 4 \end{vmatrix} = -12$

(2)　$|B| = 2 \begin{vmatrix} 1 & 0 & -1 & 3 \\ 1 & -1 & -3 & 5 \\ 3 & 2 & 0 & -1 \\ 2 & 0 & 1 & 0 \end{vmatrix} \overset{②+①\times(-1)}{\underset{=}{\overset{③+①\times(-3)}{④+①\times(-2)}}} 2 \begin{vmatrix} 1 & 0 & -1 & 3 \\ 0 & -1 & -2 & 2 \\ 0 & 2 & 3 & -10 \\ 0 & 0 & 3 & -6 \end{vmatrix}$

$$= 2 \cdot 1 \cdot \begin{vmatrix} -1 & -2 & 2 \\ 2 & 3 & -10 \\ 0 & 3 & -6 \end{vmatrix} \overset{②+①\times 2}{=} 2 \cdot 1 \cdot \begin{vmatrix} -1 & -2 & 2 \\ 0 & -1 & -6 \\ 0 & 3 & -6 \end{vmatrix}$$

$$= 2 \cdot 1 \cdot (-1) \cdot \begin{vmatrix} -1 & -6 \\ 3 & -6 \end{vmatrix} = -48$$

問 4.8　$|P^{-1}AP| = |P^{-1}||A||P| = |P^{-1}||P||A| = |P^{-1}P||A| = |E||A| = |A|$

問 4.9　(1)　3 行目の展開と 2 列目の展開で $|A|$ の値を求める.

$$|A| = 2 \cdot (-1)^{3+1} \cdot \begin{vmatrix} 2 & -4 \\ -1 & 2 \end{vmatrix} + 0 + 3 \cdot (-1)^{3+3} \cdot \begin{vmatrix} 3 & 2 \\ 5 & -1 \end{vmatrix} = -39$$

$$|A| = 2 \cdot (-1)^{1+2} \cdot \begin{vmatrix} 5 & 2 \\ 2 & 3 \end{vmatrix} + (-1) \cdot (-1)^{2+2} \cdot \begin{vmatrix} 3 & -4 \\ 2 & 3 \end{vmatrix} + 0 = -39$$

(2)　1 行目の展開と 3 列目の展開で $|B|$ の値を求める.

$$|B| = 2 \cdot (-1)^{1+1} \cdot \begin{vmatrix} -4 & 1 \\ 1 & 3 \end{vmatrix} + 3 \cdot (-1)^{1+2} \cdot \begin{vmatrix} -1 & 1 \\ 2 & 3 \end{vmatrix} + 0 = -11$$

$$|B| = 0 + 1 \cdot (-1)^{2+3} \cdot \begin{vmatrix} 2 & 3 \\ 2 & 1 \end{vmatrix} + 3 \cdot (-1)^{3+3} \cdot \begin{vmatrix} 2 & 3 \\ -1 & -4 \end{vmatrix} + 0 = -11$$

問 4.10　(1)　$\begin{vmatrix} x-1 & -1 & -1 \\ y & 2 & 0 \\ z & 0 & 3 \end{vmatrix} = 6(x-1) + 3y + 2z = 0$

$\therefore$　$6x + 3y + 2z - 6 = 0$

(2)　$\begin{vmatrix} x+2 & 1 & 2 \\ y & 1 & -1 \\ z-4 & 1 & -3 \end{vmatrix} = -2(x+2) + 5y - 3(z-4) = 0$

$\therefore$　$-2x + 5y - 3z + 8 = 0$

(3)　$\begin{vmatrix} x-1 & 2 & 1 \\ y+1 & -2 & 3 \\ z+1 & -4 & 4 \end{vmatrix} = 4(x-1) - 12(y+1) + 8(z+1) = 0$

$\therefore$　$x - 3y + 2z - 2 = 0$

問 4.11　(1)　$\widetilde{a}_{21} = (-1)^{2+1} \begin{vmatrix} 0 & 3 \\ -3 & 5 \end{vmatrix} = -9,\quad \widetilde{a}_{22} = (-1)^{2+2} \begin{vmatrix} 2 & 3 \\ 1 & 5 \end{vmatrix} = 7,$

$\widetilde{a}_{23} = (-1)^{2+3} \begin{vmatrix} 2 & 0 \\ 1 & -3 \end{vmatrix} = 6,\quad \widetilde{a}_{31} = (-1)^{3+1} \begin{vmatrix} 0 & 3 \\ 4 & -2 \end{vmatrix} = -12,$

$\widetilde{a}_{32} = (-1)^{3+2} \begin{vmatrix} 2 & 3 \\ -1 & -2 \end{vmatrix} = 1,\quad \widetilde{a}_{33} = (-1)^{3+3} \begin{vmatrix} 2 & 0 \\ -1 & 4 \end{vmatrix} = 8$

(2)　(i)　$|A| = a_{31}\widetilde{a}_{31} + a_{32}\widetilde{a}_{32} + a_{33}\widetilde{a}_{33} = 1 \cdot (-12) + (-3) \cdot 1 + 5 \cdot 8 = 25$

(ii)　$|A| = a_{12}\widetilde{a}_{12} + a_{22}\widetilde{a}_{22} + a_{32}\widetilde{a}_{32} = 0 \cdot 3 + 4 \cdot 7 + (-3) \cdot 1 = 25$

問 4.12　$\widetilde{A} = \begin{pmatrix} -1 & -3 & 15 \\ -5 & 2 & -10 \\ 4 & -5 & 8 \end{pmatrix},\quad A^{-1} = \dfrac{1}{|A|}\widetilde{A} = \dfrac{1}{17}\begin{pmatrix} 1 & 3 & -15 \\ 5 & -2 & 10 \\ -4 & 5 & -8 \end{pmatrix}$

問 4.13　(1)　A が正則行列とすると, 逆行列 A^{-1} が存在し $AA^{-1} = E$
このとき, 両辺の行列式をとると, $|AA^{-1}| = |A||A^{-1}|$ より
$$|A||A^{-1}| = |E| = 1 \quad \therefore \quad |A| \neq 0$$

逆に，$|A| \neq 0$ を仮定すると，定理 4.14 (2) より，A の逆行列 $A^{-1} = \dfrac{1}{|A|} \widetilde{A}$ が存在する.

(2) 「$(*)$ が自明な解のみをもつ」$\Longleftrightarrow \operatorname{rank} A = n$
$\qquad\qquad\qquad\qquad\qquad\Longleftrightarrow A$ は正則行列
$\qquad\qquad\qquad\qquad\qquad\Longleftrightarrow |A| \neq 0$

（1 つ目の $\Longleftrightarrow$ は定理 3.2 (1) より，2 つ目の $\Longleftrightarrow$ は定理 3.6 より，3 つ目の $\Longleftrightarrow$ は定理 4.15 (1) より得られる.）

問 4.14 $(*)$ より，$\left(\boldsymbol{a}_1, \boldsymbol{b}\right) = \left(\boldsymbol{a}_1, x_1\boldsymbol{a}_1 + x_2\boldsymbol{a}_2\right) \cdots$ ① である.

① の両辺の行列式を考え，その右辺の計算で多重線形性，および，$\det\left(\boldsymbol{a}_1, \boldsymbol{a}_1\right) = 0$ を用いると

$$\det\left(\boldsymbol{a}_1, \boldsymbol{b}\right) = \det\left(\boldsymbol{a}_1, x_1\boldsymbol{a}_1 + x_2\boldsymbol{a}_2\right)$$
$$= x_1 \det\left(\boldsymbol{a}_1, \boldsymbol{a}_1\right) + x_2 \det\left(\boldsymbol{a}_1, \boldsymbol{a}_2\right)$$
$$= x_2 \det\left(\boldsymbol{a}_1, \boldsymbol{a}_2\right)$$

A は正則だから，両辺を $\det A\,(\neq 0)$ で割り，$x_2 = \dfrac{\det\left(\boldsymbol{a}_1, \boldsymbol{b}\right)}{\det\left(\boldsymbol{a}_1, \boldsymbol{a}_2\right)}$ を得る.

問 4.15 (1) $\quad x = \dfrac{\begin{vmatrix} 5 & 1 \\ 7 & 2 \end{vmatrix}}{\begin{vmatrix} 7 & 1 \\ 5 & 2 \end{vmatrix}} = \dfrac{1}{3},\ y = \dfrac{\begin{vmatrix} 7 & 5 \\ 5 & 7 \end{vmatrix}}{\begin{vmatrix} 7 & 1 \\ 5 & 2 \end{vmatrix}} = \dfrac{8}{3}$

(2) 係数行列を A とすると，$|A| = \begin{vmatrix} 1 & 2 & -3 \\ 2 & 1 & 4 \\ 3 & -1 & 1 \end{vmatrix} = \begin{vmatrix} 1 & 2 & -3 \\ 0 & -3 & 10 \\ 0 & -7 & 10 \end{vmatrix} = 40$

$$x = \dfrac{\begin{vmatrix} 2 & 2 & -3 \\ 0 & 1 & 4 \\ 10 & -1 & 1 \end{vmatrix}}{|A|} = 3,\ y = \dfrac{\begin{vmatrix} 1 & 2 & -3 \\ 2 & 0 & 4 \\ 3 & 10 & 1 \end{vmatrix}}{|A|} = -2,\ z = \dfrac{\begin{vmatrix} 1 & 2 & 2 \\ 2 & 1 & 0 \\ 3 & -1 & 10 \end{vmatrix}}{|A|} = -1$$

■ 演習問題 ■

演習 4.1 (1) $\quad \sigma = (1\,3\,4\,2) = (1\,2)(1\,4)(1\,3)$ だから，$\operatorname{sgn}(\sigma) = -1$

(2) $\operatorname{sgn}(\sigma) a_{1\sigma(1)} a_{2\sigma(2)} a_{3\sigma(3)} a_{4\sigma(4)} = -a_{13} a_{21} a_{34} a_{42} = -c \cdot d \cdot 8 \cdot 5 = -40cd$

演習 4.2 (1) $\quad |A| = \begin{vmatrix} 31 & 34 & 37 \\ 63 & 69 & 75 \\ 95 & 104 & 117 \end{vmatrix} = \begin{vmatrix} 31 & 34 & 37 \\ 1 & 1 & 1 \\ 2 & 2 & 6 \end{vmatrix} = \begin{vmatrix} 0 & 3 & 6 \\ 1 & 1 & 1 \\ 0 & 0 & 4 \end{vmatrix} = -12$

(2) $\quad |B| = 6 \begin{vmatrix} 1 & 0 & -1 & 3 \\ 1 & -1 & -3 & 5 \\ 3 & 2 & 0 & -1 \\ 2 & 0 & 1 & 0 \end{vmatrix} = 6 \begin{vmatrix} 1 & 0 & -1 & 3 \\ 0 & -1 & -2 & 2 \\ 0 & 2 & 3 & -10 \\ 0 & 0 & 3 & -6 \end{vmatrix}$

$$= 6 \begin{vmatrix} -1 & -2 & 2 \\ 2 & 3 & -10 \\ 0 & 3 & -6 \end{vmatrix} = -144$$

演習 4.3 $|A| = a \begin{vmatrix} 1 & 0 & 1 & 0 \\ -1 & 1 & 0 & 1 \\ 0 & 0 & 1 & 0 \\ 1 & 1 & 2 & 2 \end{vmatrix} + b \begin{vmatrix} 1 & 0 & 1 & 0 \\ 0 & 1 & 0 & 1 \\ 2 & 0 & 1 & 0 \\ 0 & 1 & 2 & 2 \end{vmatrix}$

$$= a \begin{vmatrix} 1 & 0 & 1 & 0 \\ 0 & 1 & 1 & 1 \\ 0 & 0 & 1 & 0 \\ 0 & 1 & 1 & 2 \end{vmatrix} + b \begin{vmatrix} 1 & 0 & 1 & 0 \\ 0 & 1 & 0 & 1 \\ 0 & 0 & -1 & 0 \\ 0 & 1 & 2 & 2 \end{vmatrix}$$

$$= a \begin{vmatrix} 1 & 1 & 1 \\ 0 & 1 & 0 \\ 1 & 1 & 2 \end{vmatrix} + b \begin{vmatrix} 1 & 0 & 1 \\ 0 & -1 & 0 \\ 1 & 2 & 2 \end{vmatrix} = a - b$$

$A\boldsymbol{x} = \boldsymbol{0}$ が非自明な解をもつための条件は $|A| = 0$. つまり $a = b$

演習 4.4 (1) ${}^t A = \begin{pmatrix} a & -b & -c & -d \\ b & a & d & -c \\ c & -d & a & b \\ d & c & -b & a \end{pmatrix}$ であり, ${}^t A A = (a^2 + b^2 + c^2 + d^2)E$

(2) $A^{-1} = \dfrac{1}{a^2 + b^2 + c^2 + d^2} {}^t A = \dfrac{1}{a^2 + b^2 + c^2 + d^2} \begin{pmatrix} a & -b & -c & -d \\ b & a & d & -c \\ c & -d & a & b \\ d & c & -b & a \end{pmatrix}$

(3) (1) の結果より, $|{}^t A A| = |(a^2 + b^2 + c^2 + d^2)E|$

$|{}^t A A| = |{}^t A \| A|$, $|{}^t A| = |A|$ だから, $|A|^2 = (a^2 + b^2 + c^2 + d^2)^4$ であり, $|A|$ の a^4 の係数が 1 であることより, $|A| = (a^2 + b^2 + c^2 + d^2)^2$

演習 4.5 (1) A の余因子行列は

$$\widetilde{A} = \begin{pmatrix} \widetilde{a}_{11} & \widetilde{a}_{21} & \widetilde{a}_{31} \\ \widetilde{a}_{12} & \widetilde{a}_{22} & \widetilde{a}_{32} \\ \widetilde{a}_{13} & \widetilde{a}_{23} & \widetilde{a}_{33} \end{pmatrix} = \begin{pmatrix} 8 & 2 & -16 \\ -13 & -3 & 27 \\ 10 & 2 & -20 \end{pmatrix}$$

(2) 2 行目で展開して,

$$|A| = a_{21}\widetilde{a}_{21} + a_{22}\widetilde{a}_{22} + a_{23}\widetilde{a}_{23} = 5 \cdot 2 + 0 \cdot (-3) + (-4) \cdot 2 = 2$$

であるから, 定理 4.14 を用いると

$$A^{-1} = \frac{1}{|A|} \widetilde{A} = \frac{1}{2} \begin{pmatrix} 8 & 2 & -16 \\ -13 & -3 & 27 \\ 10 & 2 & -20 \end{pmatrix}$$

(3) $A\boldsymbol{x} = \boldsymbol{b}$ の左から A^{-1} を掛けて, $\boldsymbol{x} = A^{-1}\boldsymbol{b}$, すなわち

$$\begin{pmatrix} x_1 \\ x_2 \\ x_3 \end{pmatrix} = \frac{1}{2} \begin{pmatrix} 8 & 2 & -16 \\ -13 & -3 & 27 \\ 10 & 2 & -20 \end{pmatrix} \begin{pmatrix} 1 \\ -1 \\ 2 \end{pmatrix} = \begin{pmatrix} -13 \\ 22 \\ -16 \end{pmatrix}$$

演習 4.6 (1) $|A| = \begin{vmatrix} 2 & 1 & 3 \\ -1 & 1 & -2 \\ 1 & -3 & 5 \end{vmatrix} = \begin{vmatrix} 0 & 7 & -7 \\ 0 & -2 & 3 \\ 1 & -3 & 5 \end{vmatrix} = 7$

(2) $\begin{vmatrix} 1 & 1 & 3 \\ -3 & 1 & -2 \\ 4 & -3 & 5 \end{vmatrix} = 21,$ $\begin{vmatrix} 2 & 1 & 3 \\ -1 & -3 & -2 \\ 1 & 4 & 5 \end{vmatrix} = -14,$ $\begin{vmatrix} 2 & 1 & 1 \\ -1 & 1 & -3 \\ 1 & -3 & 4 \end{vmatrix} = -7$

であるから，クラメルの公式を用いると $x = \dfrac{21}{7} = 3,\ y = \dfrac{-14}{7} = -2,\ z = \dfrac{-7}{7} = -1$

▌第 5 章

問 5.1 (1)　$x\boldsymbol{a} + y\boldsymbol{b} + z\boldsymbol{c} = \boldsymbol{0}$，つまり連立 1 次方程式

$$x \begin{pmatrix} 1 \\ 2 \\ 3 \end{pmatrix} + y \begin{pmatrix} 1 \\ 1 \\ 2 \end{pmatrix} + z \begin{pmatrix} -2 \\ 3 \\ 2 \end{pmatrix} = \begin{pmatrix} 0 \\ 0 \\ 0 \end{pmatrix} \cdots (*)$$

の拡大係数行列を簡約化すると

$$\begin{pmatrix} 1 & 1 & -2 & | & 0 \\ 2 & 1 & 3 & | & 0 \\ 3 & 2 & 2 & | & 0 \end{pmatrix} \rightarrow \begin{pmatrix} 1 & 2 & 1 & | & 0 \\ 0 & -1 & 7 & | & 0 \\ 0 & -1 & 8 & | & 0 \end{pmatrix} \rightarrow \begin{pmatrix} 1 & 2 & 1 & | & 0 \\ 0 & 1 & -7 & | & 0 \\ 0 & -1 & 8 & | & 0 \end{pmatrix}$$

$$\rightarrow \begin{pmatrix} 1 & 0 & 15 & | & 0 \\ 0 & 1 & -7 & | & 0 \\ 0 & 0 & 1 & | & 0 \end{pmatrix} \rightarrow \begin{pmatrix} 1 & 0 & 0 & | & 0 \\ 0 & 1 & 0 & | & 0 \\ 0 & 0 & 1 & | & 0 \end{pmatrix}$$

より，$x = 0, y = 0, z = 0$，すなわち $(*)$ は自明な解のみをもつ．
ゆえに，$\{\boldsymbol{a}, \boldsymbol{b}, \boldsymbol{c}\}$ は 1 次独立である．

(2)　$x\boldsymbol{a} + y\boldsymbol{b} + z\boldsymbol{c} = \boldsymbol{0}$，つまり連立 1 次方程式

$$x \begin{pmatrix} 1 \\ 2 \\ -1 \end{pmatrix} + y \begin{pmatrix} 2 \\ 1 \\ 4 \end{pmatrix} + z \begin{pmatrix} 0 \\ -1 \\ 2 \end{pmatrix} = \begin{pmatrix} 0 \\ 0 \\ 0 \end{pmatrix} \cdots (**)$$

の拡大係数行列を簡約化すると

$$\begin{pmatrix} 1 & 2 & 0 & | & 0 \\ 2 & 1 & -1 & | & 0 \\ -1 & 4 & 2 & | & 0 \end{pmatrix} \rightarrow \begin{pmatrix} 1 & 2 & 0 & | & 0 \\ 0 & -3 & -1 & | & 0 \\ 0 & 6 & 2 & | & 0 \end{pmatrix}$$

$$\rightarrow \begin{pmatrix} 1 & 2 & 0 & | & 0 \\ 0 & 1 & \frac{1}{3} & | & 0 \\ 0 & 1 & \frac{1}{3} & | & 0 \end{pmatrix} \rightarrow \begin{pmatrix} 1 & 0 & -\frac{2}{3} & | & 0 \\ 0 & 1 & \frac{1}{3} & | & 0 \\ 0 & 0 & 0 & | & 0 \end{pmatrix}$$

より，

$$(**) \iff \begin{cases} x - \frac{2}{3}z = 0 \\ y + \frac{1}{3}z = 0 \end{cases}$$

ここで，$z = 3t$ とおくと，$x = 2t, y = -t, z = 3t$（t は任意），すなわち $(**)$ は，非自明な解ももつ．実際，$t = 1$ として，$2\boldsymbol{a} - \boldsymbol{b} + 3\boldsymbol{c} = \boldsymbol{0}$ である．
ゆえに，$\{\boldsymbol{a}, \boldsymbol{b}, \boldsymbol{c}\}$ は 1 次従属である．

問 5.2　$A = \begin{pmatrix} \boldsymbol{a}_1, \boldsymbol{a}_2, \boldsymbol{a}_3, \boldsymbol{a}_4 \end{pmatrix}$ が簡約階段行列 $B = \begin{pmatrix} \boldsymbol{b}_1, \boldsymbol{b}_2, \boldsymbol{b}_3, \boldsymbol{b}_4 \end{pmatrix}$ を得るまで行基本変形を繰り返すと

$$A = \begin{pmatrix} 0 & 2 & 1 & 3 \\ 1 & 3 & 1 & 2 \\ 3 & 5 & 2 & 2 \\ 2 & 4 & 2 & 3 \end{pmatrix} \xrightarrow{① \leftrightarrow ②} \begin{pmatrix} 1 & 3 & 1 & 2 \\ 0 & 2 & 1 & 3 \\ 3 & 5 & 2 & 2 \\ 2 & 4 & 2 & 3 \end{pmatrix}$$

$$\xrightarrow[\substack{③ + ① \times (-3) \\ ④ + ① \times (-2)}]{} \begin{pmatrix} 1 & 3 & 1 & 2 \\ 0 & 2 & 1 & 3 \\ 0 & -4 & -1 & -4 \\ 0 & -2 & 0 & -1 \end{pmatrix} \xrightarrow[② \times \frac{1}{2}]{} \begin{pmatrix} 1 & 3 & 1 & 2 \\ 0 & 1 & \frac{1}{2} & \frac{3}{2} \\ 0 & -4 & -1 & -4 \\ 0 & -2 & 0 & -1 \end{pmatrix}$$

$$\xrightarrow[\substack{① + ② \times (-3) \\ ③ + ② \times 4 \\ ④ + ② \times 2}]{} \begin{pmatrix} 1 & 0 & -\frac{1}{2} & -\frac{5}{2} \\ 0 & 1 & \frac{1}{2} & \frac{3}{2} \\ 0 & 0 & 1 & 2 \\ 0 & 0 & 1 & 2 \end{pmatrix} \xrightarrow[\substack{① + ③ \times \frac{1}{2} \\ ② + ③ \times (-\frac{1}{2}) \\ ④ + ③ \times (-1)}]{} \begin{pmatrix} 1 & 0 & 0 & -\frac{3}{2} \\ 0 & 1 & 0 & \frac{1}{2} \\ 0 & 0 & 1 & 2 \\ 0 & 0 & 0 & 0 \end{pmatrix}$$

$$= \begin{pmatrix} \boldsymbol{b}_1, & \boldsymbol{b}_2, & \boldsymbol{b}_3, & \boldsymbol{b}_4 \end{pmatrix} = B \cdots (*)$$

$\{\boldsymbol{b}_1, \boldsymbol{b}_2, \boldsymbol{b}_3\}$ は 1 次独立であるから，$\{\boldsymbol{a}_1, \boldsymbol{a}_2, \boldsymbol{a}_3\}$ は 1 次独立である．

$\boldsymbol{b}_4 = -\dfrac{3}{2}\boldsymbol{b}_1 + \dfrac{1}{2}\boldsymbol{b}_2 + 2\boldsymbol{b}_3$ であるから，$\boldsymbol{a}_4 = -\dfrac{3}{2}\boldsymbol{a}_1 + \dfrac{1}{2}\boldsymbol{a}_2 + 2\boldsymbol{a}_3$

したがって，$\{\boldsymbol{a}_1, \boldsymbol{a}_2, \boldsymbol{a}_3, \boldsymbol{a}_4\}$ は 1 次従属である．

問 5.3　(1)　$\boldsymbol{0} \in V_1$ であるから，V_1 は空集合ではない．

$\begin{pmatrix} x_1 \\ y_1 \end{pmatrix}, \begin{pmatrix} x_2 \\ y_2 \end{pmatrix} \in V_1, k \in \mathbb{R}$ とすると，$\begin{cases} y_1 = 2x_1 \\ y_2 = 2x_2 \end{cases}$

であるから，$y_1 + y_2 = 2(x_1 + x_2), ky_1 = 2(kx_1)$

$$\therefore \quad \begin{pmatrix} x_1 \\ y_1 \end{pmatrix} + \begin{pmatrix} x_2 \\ y_2 \end{pmatrix} = \begin{pmatrix} x_1 + x_2 \\ y_1 + y_2 \end{pmatrix} \in V_1, \quad k\begin{pmatrix} x_1 \\ y_1 \end{pmatrix} = \begin{pmatrix} kx_1 \\ ky_1 \end{pmatrix} \in V_1$$

が成り立つ．したがって，V_1 は $\mathbb{R}^2$ の線形部分空間である．

(2)　$\boldsymbol{0} \notin V_2$ であるから，V_2 は $\mathbb{R}^2$ の線形部分空間ではない．

(3)　$\begin{pmatrix} 1 \\ 1 \end{pmatrix}, \begin{pmatrix} -1 \\ 1 \end{pmatrix} \in V_3$ であるが，$\begin{pmatrix} 1 \\ 1 \end{pmatrix} + \begin{pmatrix} -1 \\ 1 \end{pmatrix} = \begin{pmatrix} 0 \\ 2 \end{pmatrix} \notin V_3$

したがって，V_3 は $\mathbb{R}^2$ の線形部分空間ではない．

〈注〉　$\begin{pmatrix} 1 \\ 1 \end{pmatrix} \in V_3, 2 \in \mathbb{R}$ であるが，$2\begin{pmatrix} 1 \\ 1 \end{pmatrix} = \begin{pmatrix} 2 \\ 2 \end{pmatrix} \notin V_3$ より，V_3 が $\mathbb{R}^2$ の線形部分空間

ではないことを示してもよい．

(4)　$\begin{pmatrix} 0 \\ 1 \end{pmatrix} \in V_4, -1 \in \mathbb{R}$ であるが，$(-1)\begin{pmatrix} 0 \\ 1 \end{pmatrix} = \begin{pmatrix} 0 \\ -1 \end{pmatrix} \notin V_4$

したがって，V_4 は $\mathbb{R}^2$ の線形部分空間ではない．

問 5.4　$\boldsymbol{a}_4 = -\boldsymbol{a}_1 - 2\boldsymbol{a}_2 + \boldsymbol{a}_3$ であるから，$\langle \boldsymbol{a}_1, \boldsymbol{a}_2, \boldsymbol{a}_3, \boldsymbol{a}_4 \rangle \subset \langle \boldsymbol{a}_1, \boldsymbol{a}_2, \boldsymbol{a}_3 \rangle$

$$\therefore \quad V = \langle \boldsymbol{a}_1, \boldsymbol{a}_2, \boldsymbol{a}_3, \boldsymbol{a}_4 \rangle = \langle \boldsymbol{a}_1, \boldsymbol{a}_2, \boldsymbol{a}_3 \rangle$$

また，$\{\boldsymbol{a}_1, \boldsymbol{a}_2, \boldsymbol{a}_3\}$ は 1 次独立である．

よって，$\{\boldsymbol{a}_1, \boldsymbol{a}_2, \boldsymbol{a}_3\}$ は V の基底であり，$\dim V = 3$

■ 演習問題 ■

演習 5.1　(1)　V_1 は $\mathbb{R}^2$ の線形部分空間である．

(2)　V_2 は $\mathbb{R}^2$ の線形部分空間でない．

(3)　V_3 は空集合ではない．

$\begin{pmatrix} x_1 \\ y_1 \end{pmatrix}, \begin{pmatrix} x_2 \\ y_2 \end{pmatrix} \in V_3, k \in \mathbb{R}$ とすると,

$$\begin{pmatrix} x_1 \\ y_1 \end{pmatrix} = t_1 \begin{pmatrix} 2 \\ 3 \end{pmatrix}, \quad \begin{pmatrix} x_2 \\ y_2 \end{pmatrix} = t_2 \begin{pmatrix} 2 \\ 3 \end{pmatrix} \ (t_1, t_2 \in \mathbb{R})$$

と表せるから

$$\begin{pmatrix} x_1 \\ y_1 \end{pmatrix} + \begin{pmatrix} x_2 \\ y_2 \end{pmatrix} = (t_1 + t_2) \begin{pmatrix} 2 \\ 3 \end{pmatrix} \in V_3, \quad k \begin{pmatrix} x_1 \\ y_1 \end{pmatrix} = kt_1 \begin{pmatrix} 2 \\ 3 \end{pmatrix} \in V_3$$

となり V_3 は $\mathbb{R}^2$ の線形部分空間である.

(4)　V_4 は $\mathbb{R}^2$ の線形部分空間でない.

演習 5.2

$$\begin{pmatrix} \boldsymbol{a}, \boldsymbol{b}, \boldsymbol{c} \end{pmatrix} = \begin{pmatrix} 1 & 2 & 3 \\ 0 & 1 & 1 \\ 1 & -3 & 2 \\ 0 & 1 & 2 \end{pmatrix} \to \begin{pmatrix} 1 & 2 & 3 \\ 0 & 1 & 1 \\ 0 & -5 & -1 \\ 0 & 1 & 2 \end{pmatrix} \to \begin{pmatrix} 1 & 0 & 1 \\ 0 & 1 & 1 \\ 0 & 0 & 4 \\ 0 & 0 & 1 \end{pmatrix}$$

$$\to \begin{pmatrix} 1 & 0 & 1 \\ 0 & 1 & 1 \\ 0 & 0 & 1 \\ 0 & 0 & 1 \end{pmatrix} \to \begin{pmatrix} 1 & 0 & 0 \\ 0 & 1 & 0 \\ 0 & 0 & 1 \\ 0 & 0 & 0 \end{pmatrix}$$

より, $\{\boldsymbol{a}, \boldsymbol{b}, \boldsymbol{c}\}$ は 1 次独立である.

演習 5.3

$$\begin{pmatrix} \boldsymbol{a}_1, \boldsymbol{a}_2, \boldsymbol{a}_3, \boldsymbol{a}_4 \end{pmatrix} = \begin{pmatrix} 1 & 2 & -1 & 3 \\ -1 & 0 & 2 & 3 \\ 1 & 3 & -1 & 4 \\ 0 & 1 & 1 & 5 \end{pmatrix} \to \begin{pmatrix} 1 & 2 & -1 & 3 \\ 0 & 2 & 1 & 6 \\ 0 & 1 & 0 & 1 \\ 0 & 1 & 1 & 5 \end{pmatrix}$$

$$\to \begin{pmatrix} 1 & 2 & -1 & 3 \\ 0 & 1 & 0 & 1 \\ 0 & 2 & 1 & 6 \\ 0 & 1 & 1 & 5 \end{pmatrix} \to \begin{pmatrix} 1 & 0 & -1 & 1 \\ 0 & 1 & 0 & 1 \\ 0 & 0 & 1 & 4 \\ 0 & 0 & 1 & 4 \end{pmatrix} \to \begin{pmatrix} 1 & 0 & 0 & 5 \\ 0 & 1 & 0 & 1 \\ 0 & 0 & 1 & 4 \\ 0 & 0 & 0 & 0 \end{pmatrix}$$ より

(1)　$\boldsymbol{a}_1, \boldsymbol{a}_2, \boldsymbol{a}_3$ は 1 次独立である.

(2)　$\boldsymbol{a}_1, \boldsymbol{a}_2, \boldsymbol{a}_3, \boldsymbol{a}_4$ は 1 次従属であり, $\boldsymbol{a}_4 = 5\boldsymbol{a}_1 + \boldsymbol{a}_2 + 4\boldsymbol{a}_3$

(3)　(2)の結果より, $V = \langle \boldsymbol{a}_1, \boldsymbol{a}_2, \boldsymbol{a}_3, \boldsymbol{a}_4 \rangle = \langle \boldsymbol{a}_1, \boldsymbol{a}_2, \boldsymbol{a}_3 \rangle$ であり, (1) より $\{\boldsymbol{a}_1, \boldsymbol{a}_2, \boldsymbol{a}_3\}$ は 1 次独立であるから, $\{\boldsymbol{a}_1, \boldsymbol{a}_2, \boldsymbol{a}_3\}$ は V の基底であり, $\dim V = 3$

演習 5.4　$A = \begin{pmatrix} \boldsymbol{a}_1, \boldsymbol{a}_2, \boldsymbol{a}_3, \boldsymbol{a}_4, \boldsymbol{a}_5 \end{pmatrix}$ を簡約化すると

$$A = \begin{pmatrix} 1 & -2 & 0 & 2 & 1 \\ -1 & 2 & 1 & 3 & 2 \\ 2 & -4 & 1 & 3 & -1 \\ -1 & 2 & -2 & 0 & 5 \end{pmatrix} \to \begin{pmatrix} 1 & -2 & 0 & 2 & 1 \\ 0 & 0 & 1 & 5 & 3 \\ 0 & 0 & 1 & -1 & -3 \\ 0 & 0 & -2 & 2 & 6 \end{pmatrix}$$

$$\to \begin{pmatrix} 1 & -2 & 0 & 2 & 1 \\ 0 & 0 & 1 & 5 & 3 \\ 0 & 0 & 0 & -6 & -6 \\ 0 & 0 & 0 & 12 & 12 \end{pmatrix} \to \begin{pmatrix} 1 & -2 & 0 & 2 & 1 \\ 0 & 0 & 1 & 5 & 3 \\ 0 & 0 & 0 & 1 & 1 \\ 0 & 0 & 0 & 1 & 1 \end{pmatrix}$$

$$\rightarrow \begin{pmatrix} 1 & -2 & 0 & 0 & -1 \\ 0 & 0 & 1 & 0 & -2 \\ 0 & 0 & 0 & 1 & 1 \\ 0 & 0 & 0 & 0 & 0 \end{pmatrix}$$

となるから，$\{\boldsymbol{a}_1, \boldsymbol{a}_3, \boldsymbol{a}_4\}$ は 1 次独立であり，$\boldsymbol{a}_2 = -2\boldsymbol{a}_1$, $\boldsymbol{a}_5 = -\boldsymbol{a}_1 - 2\boldsymbol{a}_3$ より

$$V = \langle \boldsymbol{a}_1, \boldsymbol{a}_2, \boldsymbol{a}_3, \boldsymbol{a}_4, \boldsymbol{a}_5 \rangle = \langle \boldsymbol{a}_1, \boldsymbol{a}_3, \boldsymbol{a}_4 \rangle$$

よって，$\{\boldsymbol{a}_1, \boldsymbol{a}_3, \boldsymbol{a}_4\}$ は V の基底であり，$\dim V = 3$

演習 5.5 与えられた連立 1 次方程式は同次形であり，係数行列 A を簡約化すると

$$A = \begin{pmatrix} 1 & 1 & 1 & 2 \\ 1 & 2 & 3 & 1 \\ -1 & 0 & 1 & -3 \end{pmatrix} \rightarrow \begin{pmatrix} 1 & 1 & 1 & 2 \\ 0 & 1 & 2 & -1 \\ 0 & 1 & 2 & -1 \end{pmatrix} \rightarrow \begin{pmatrix} 1 & 0 & -1 & 3 \\ 0 & 1 & 2 & -1 \\ 0 & 0 & 0 & 0 \end{pmatrix}$$

となるから，$\begin{cases} x - z + 3w = 0 \\ y + 2z - w = 0 \end{cases}$ で，$z = s, w = t$ とおき，解は

$$x = s - 3t, \quad y = -2s + t, \quad z = s, \quad w = t \ (s, t \in \mathbb{R})$$

よって，解空間 V は

$$V = \left\{ \begin{pmatrix} x \\ y \\ z \\ w \end{pmatrix} = s \begin{pmatrix} 1 \\ -2 \\ 1 \\ 0 \end{pmatrix} + t \begin{pmatrix} -3 \\ 1 \\ 0 \\ 1 \end{pmatrix} \middle| s, t \in \mathbb{R} \right\}$$

となり，$\left\{ \begin{pmatrix} 1 \\ -2 \\ 1 \\ 0 \end{pmatrix}, \begin{pmatrix} -3 \\ 1 \\ 0 \\ 1 \end{pmatrix} \right\} \cdots (*)$ は 1 次独立であるから，$(*)$ が，解空間 V の基底であり，その次元は，$\dim V = 2$

演習 5.6 $A\boldsymbol{x} = \boldsymbol{0} \cdots (*) \iff \begin{cases} x_2 - 2x_3 + 2x_5 + x_6 = 0 \\ x_4 + 3x_5 - 2x_6 = 0 \end{cases}$ であるから，$x_1 = t_1$, $x_3 = t_2$, $x_5 = t_3$, $x_6 = t_4$ とおくと，$(*)$ の解は，

$$x_1 = t_1, \quad x_2 = 2t_2 - 2t_3 - t_4, \quad x_3 = t_2, \quad (t_1, t_2, t_3, t_4 \in \mathbb{R})$$
$$x_4 = -3t_3 + 2t_4, \quad x_5 = t_3, \quad x_6 = t_4$$

よって，$(*)$ の解空間 V は，

$$V = \left\{ \boldsymbol{x} = t_1 \begin{pmatrix} 1 \\ 0 \\ 0 \\ 0 \\ 0 \\ 0 \end{pmatrix} + t_2 \begin{pmatrix} 0 \\ 2 \\ 1 \\ 0 \\ 0 \\ 0 \end{pmatrix} + t_3 \begin{pmatrix} 0 \\ -2 \\ 0 \\ -3 \\ 1 \\ 0 \end{pmatrix} + t_4 \begin{pmatrix} 0 \\ -1 \\ 0 \\ 2 \\ 0 \\ 1 \end{pmatrix} \middle| t_1, t_2, t_3, t_4 \in \mathbb{R} \right\}$$

となり，$\left\{ \begin{pmatrix} 1 \\ 0 \\ 0 \\ 0 \\ 0 \\ 0 \end{pmatrix}, \begin{pmatrix} 0 \\ 2 \\ 1 \\ 0 \\ 0 \\ 0 \end{pmatrix}, \begin{pmatrix} 0 \\ -2 \\ 0 \\ -3 \\ 1 \\ 0 \end{pmatrix}, \begin{pmatrix} 0 \\ -1 \\ 0 \\ 2 \\ 0 \\ 1 \end{pmatrix} \right\} \cdots (**)$ は 1 次独立であるから，$(**)$

が解空間 V の基底であり，その次元は，$\dim V = 4$

演習 5.7 $\left(\boldsymbol{v}_1, \boldsymbol{v}_2, \boldsymbol{v}_3\right) = \left(\boldsymbol{u}_1 - 2\boldsymbol{u}_2, 2\boldsymbol{u}_1 + \boldsymbol{u}_2, 3\boldsymbol{u}_1 + 4\boldsymbol{u}_2\right) = \left(\boldsymbol{u}_1, \boldsymbol{u}_2\right) \begin{pmatrix} 1 & 2 & 3 \\ -2 & 1 & 4 \end{pmatrix}$

$x_1\boldsymbol{v}_1 + x_2\boldsymbol{v}_2 + x_3\boldsymbol{v}_3 = \boldsymbol{0}$ が自明でない解 x_1, x_2, x_3 をもつことを示す.

$$x_1\boldsymbol{v}_1 + x_2\boldsymbol{v}_2 + x_3\boldsymbol{v}_3 = \left(\boldsymbol{v}_1, \boldsymbol{v}_2, \boldsymbol{v}_3\right) \begin{pmatrix} x_1 \\ x_2 \\ x_3 \end{pmatrix}$$

$$= \left(\boldsymbol{u}_1, \boldsymbol{u}_2\right) \begin{pmatrix} 1 & 2 & 3 \\ -2 & 1 & 4 \end{pmatrix} \begin{pmatrix} x_1 \\ x_2 \\ x_3 \end{pmatrix}$$

であるから,$\begin{pmatrix} 1 & 2 & 3 \\ -2 & 1 & 4 \end{pmatrix} \begin{pmatrix} x_1 \\ x_2 \\ x_3 \end{pmatrix} = \begin{pmatrix} 0 \\ 0 \end{pmatrix} \cdots (*)$ が非自明解 $x_1 = 1, x_2 = -2, x_3 = 1$

をもつ(下の〈注〉を参照)ことを考えると,

$$\boldsymbol{v}_1 - 2\boldsymbol{v}_2 + \boldsymbol{v}_3 = \left(\boldsymbol{v}_1, \boldsymbol{v}_2, \boldsymbol{v}_3\right) \begin{pmatrix} 1 \\ -2 \\ 1 \end{pmatrix} = \left(\boldsymbol{u}_1, \boldsymbol{u}_2\right) \begin{pmatrix} 1 & 2 & 3 \\ -2 & 1 & 4 \end{pmatrix} \begin{pmatrix} 1 \\ -2 \\ 1 \end{pmatrix}$$

$$= \left(\boldsymbol{u}_1, \boldsymbol{u}_2\right) \begin{pmatrix} 0 \\ 0 \end{pmatrix} = \boldsymbol{0}$$

$$\therefore \quad \boldsymbol{v}_1 - 2\boldsymbol{v}_2 + \boldsymbol{v}_3 = \boldsymbol{0}$$

よって,$\{\boldsymbol{v}_1, \boldsymbol{v}_2, \boldsymbol{v}_3\}$ は 1 次従属である.

〈注〉$(*)$ の係数行列を簡約化すると

$$\begin{pmatrix} 1 & 2 & 3 \\ -2 & 1 & 4 \end{pmatrix} \to \begin{pmatrix} 1 & 2 & 3 \\ 0 & 5 & 10 \end{pmatrix} \to \begin{pmatrix} 1 & 2 & 3 \\ 0 & 1 & 2 \end{pmatrix} \to \begin{pmatrix} 1 & 0 & -1 \\ 0 & 1 & 2 \end{pmatrix}$$

となるから,$x_3 = t$ とおくと,$(*)$ の解は,$x_1 = t, x_2 = -2t, x_3 = t$

したがって,非自明解として,たとえば $t = 1$ として $x_1 = 1, x_2 = -2, x_3 = 1$ がある.

演習 5.8

$$\left(\boldsymbol{v}_1, \boldsymbol{v}_2, \boldsymbol{v}_3, \boldsymbol{v}_4\right) = \left(\boldsymbol{u}_1, \boldsymbol{u}_2, \boldsymbol{u}_3, \boldsymbol{u}_4\right) \begin{pmatrix} 1 & 2 & 2 & 1 \\ -1 & -1 & -2 & 0 \\ 3 & 6 & 1 & -1 \\ 0 & 1 & -1 & 3 \end{pmatrix}$$

$x_1\boldsymbol{v}_1 + x_2\boldsymbol{v}_2 + x_3\boldsymbol{v}_3 + x_4\boldsymbol{v}_3 = \boldsymbol{0} \ (x_1, x_2, x_3, x_4 \in \mathbb{R}) \cdots (*)$ とすると

$$\boldsymbol{0} = \left(\boldsymbol{v}_1, \boldsymbol{v}_2, \boldsymbol{v}_3, \boldsymbol{v}_4\right) \begin{pmatrix} x_1 \\ x_2 \\ x_3 \\ x_4 \end{pmatrix}$$

$$= \left(\boldsymbol{u}_1, \boldsymbol{u}_2, \boldsymbol{u}_3, \boldsymbol{u}_4\right) \begin{pmatrix} 1 & 2 & 2 & 1 \\ -1 & -1 & -2 & 0 \\ 3 & 6 & 1 & -1 \\ 0 & 1 & -1 & 3 \end{pmatrix} \begin{pmatrix} x_1 \\ x_2 \\ x_3 \\ x_4 \end{pmatrix} \cdots (*)$$

ここで,$\{\boldsymbol{u}_1, \boldsymbol{u}_2, \boldsymbol{u}_3, \boldsymbol{u}_4\}$ が 1 次独立であることを考えると,$(*)$ より

$$\begin{pmatrix} 1 & 2 & 2 & 1 \\ -1 & -1 & -2 & 0 \\ 3 & 6 & 1 & -1 \\ 0 & 1 & -1 & 3 \end{pmatrix} \begin{pmatrix} x_1 \\ x_2 \\ x_3 \\ x_4 \end{pmatrix} = \begin{pmatrix} 0 \\ 0 \\ 0 \\ 0 \end{pmatrix}$$

これを解くと,

$$\begin{pmatrix} 1 & 2 & 2 & 1 \\ -1 & -1 & -2 & 0 \\ 3 & 6 & 1 & -1 \\ 0 & 1 & -1 & 3 \end{pmatrix} \rightarrow \begin{pmatrix} 1 & 2 & 2 & 1 \\ 0 & 1 & 0 & 1 \\ 0 & 0 & -5 & -4 \\ 0 & 1 & -1 & 3 \end{pmatrix} \rightarrow \begin{pmatrix} 1 & 0 & 2 & -1 \\ 0 & 1 & 0 & 1 \\ 0 & 0 & -5 & -4 \\ 0 & 0 & -1 & 2 \end{pmatrix}$$

$$\rightarrow \begin{pmatrix} 1 & 0 & 2 & -1 \\ 0 & 1 & 0 & 1 \\ 0 & 0 & 1 & -2 \\ 0 & 0 & -5 & -4 \end{pmatrix} \rightarrow \begin{pmatrix} 1 & 0 & 0 & 3 \\ 0 & 1 & 0 & 1 \\ 0 & 0 & 1 & -2 \\ 0 & 0 & 0 & -14 \end{pmatrix} \rightarrow \begin{pmatrix} 1 & 0 & 0 & 3 \\ 0 & 1 & 0 & 1 \\ 0 & 0 & 1 & -2 \\ 0 & 0 & 0 & 1 \end{pmatrix}$$

$$\rightarrow \begin{pmatrix} 1 & 0 & 0 & 0 \\ 0 & 1 & 0 & 0 \\ 0 & 0 & 1 & 0 \\ 0 & 0 & 0 & 1 \end{pmatrix} \qquad \therefore \quad \begin{pmatrix} x_1 \\ x_2 \\ x_3 \\ x_4 \end{pmatrix} = \begin{pmatrix} 0 \\ 0 \\ 0 \\ 0 \end{pmatrix}$$

よって, $\{\boldsymbol{v}_1, \boldsymbol{v}_2, \boldsymbol{v}_3, \boldsymbol{v}_4\}$ が 1 次独立である.

演習 5.9 $\{\boldsymbol{u}_1, \boldsymbol{u}_2, \ldots, \boldsymbol{u}_m\}$ は V の基底であり, $\boldsymbol{v}_1, \boldsymbol{v}_2, \ldots, \boldsymbol{v}_n \in V$ は $\{\boldsymbol{u}_1, \boldsymbol{u}_2, \ldots, \boldsymbol{u}_m\}$ の 1 次結合で表される.

$m < n$ とすると, 定理 5.4 より $\{\boldsymbol{v}_1, \boldsymbol{v}_2, \ldots, \boldsymbol{v}_n\}$ が 1 次従属となり, これが V の基底であることに反する. よって, $m \geqq n$ が成り立つ.

同様に, $\{\boldsymbol{v}_1, \boldsymbol{v}_2, \ldots, \boldsymbol{v}_n\}$ は V の基底であり, $\boldsymbol{u}_1, \boldsymbol{u}_2, \ldots, \boldsymbol{u}_m \in V$ は, $\{\boldsymbol{u}_1, \boldsymbol{u}_2, \ldots, \boldsymbol{u}_m\}$ の 1 次結合で表されるから, $n \geqq m$ が成り立つ.

ゆえに, $m = n$ が成り立つ.

〈注〉 定義 5.3 の〈注〉で書かれているように, 線形部分空間 V の基底を構成するベクトルの個数は一定であることが, この問題の結果からわかる.

▌第 6 章 ▬▬▬▬▬▬▬▬▬▬▬▬▬▬▬▬▬▬▬▬▬▬▬▬▬▬▬▬▬▬▬

問 6.1 (x', y') を (x, y) を用いて表すと

(1) $\begin{cases} x' = -x \\ y' = y \end{cases}$ (2) $\begin{cases} x' = -x \\ y' = -y \end{cases}$ (3) $\begin{cases} x' = kx \\ y' = ky \end{cases}$ (4) $\begin{cases} x' = x + 1 \\ y' = y + 2 \end{cases}$

となり, 次のように表される.

(1) $\begin{pmatrix} x' \\ y' \end{pmatrix} = \begin{pmatrix} -1 & 0 \\ 0 & 1 \end{pmatrix} \begin{pmatrix} x \\ y \end{pmatrix}$

(2) $\begin{pmatrix} x' \\ y' \end{pmatrix} = \begin{pmatrix} -1 & 0 \\ 0 & -1 \end{pmatrix} \begin{pmatrix} x \\ y \end{pmatrix}$

(3) $\begin{pmatrix} x' \\ y' \end{pmatrix} = \begin{pmatrix} k & 0 \\ 0 & k \end{pmatrix} \begin{pmatrix} x \\ y \end{pmatrix}$

(4) $\begin{pmatrix} x' \\ y' \end{pmatrix} = \begin{pmatrix} 1 & 0 \\ 0 & 1 \end{pmatrix} \begin{pmatrix} x \\ y \end{pmatrix} + \begin{pmatrix} 1 \\ 2 \end{pmatrix}$

したがって, (1), (2), (3) の移動は平面の線形変換であるが, (4) の移動は平面の線形変換でない. また, (1), (2), (3) の線形変換の表現行列は, 次のようになる.

(1) $\begin{pmatrix} -1 & 0 \\ 0 & 1 \end{pmatrix}$ (2) $\begin{pmatrix} k & 0 \\ 0 & k \end{pmatrix}$ (3) $\begin{pmatrix} -1 & 0 \\ 0 & -1 \end{pmatrix}$

〈注〉 (2) の変換は, (3) の $k = -1$ の場合である.

問 6.2 $\begin{pmatrix} \cos\theta & -\sin\theta \\ \sin\theta & \cos\theta \end{pmatrix} \begin{pmatrix} 1 \\ 2 \end{pmatrix}$ $(\theta = 30°, 45°, 90°, 180°, -60°)$ を求めて

(1) $\left(\dfrac{-2+\sqrt{3}}{2}, \dfrac{1+2\sqrt{3}}{2} \right)$ (2) $\left(-\dfrac{1}{\sqrt{2}}, \dfrac{3}{\sqrt{2}} \right)$ (3) $(-2, 1)$

(4) $(-1, -2)$ (5) $\left(\dfrac{1+2\sqrt{3}}{2}, \dfrac{2-\sqrt{3}}{2} \right)$

問 6.3 (1) 点 $(-1, 1)$ (2) 点 $(1, 3)$ (3) 点 $(5, 9)$

問 6.4 f の表現行列を A とすると,

$$A \begin{pmatrix} 1 \\ -1 \end{pmatrix} = \begin{pmatrix} -3 \\ 2 \end{pmatrix}, \quad A \begin{pmatrix} -3 \\ 2 \end{pmatrix} = \begin{pmatrix} 8 \\ -5 \end{pmatrix}$$

まとめると,

$$A \begin{pmatrix} 1 & -3 \\ -1 & 2 \end{pmatrix} = \begin{pmatrix} -3 & 8 \\ 2 & -5 \end{pmatrix}$$

右から $\begin{pmatrix} 1 & -3 \\ -1 & 2 \end{pmatrix}^{-1} = -\begin{pmatrix} 2 & 3 \\ 1 & 1 \end{pmatrix}$ を掛けると

$$A = \begin{pmatrix} -3 & 8 \\ 2 & -5 \end{pmatrix} \begin{pmatrix} -2 & -3 \\ -1 & -1 \end{pmatrix} = \begin{pmatrix} -2 & 1 \\ 1 & -1 \end{pmatrix}$$

問 6.5 線形変換 f の表現行列を A とすると

$$A = \begin{pmatrix} \cos 120° & -\sin 120° \\ \sin 120° & \cos 120° \end{pmatrix} = \begin{pmatrix} -\dfrac{1}{2} & -\dfrac{\sqrt{3}}{2} \\ \dfrac{\sqrt{3}}{2} & -\dfrac{1}{2} \end{pmatrix}$$

(1) $f \circ f, f^{-1}$ の表現行列はそれぞれ A^2, A^{-1} であり

$$A^2 = \begin{pmatrix} -\dfrac{1}{2} & -\dfrac{\sqrt{3}}{2} \\ \dfrac{\sqrt{3}}{2} & -\dfrac{1}{2} \end{pmatrix} \begin{pmatrix} -\dfrac{1}{2} & -\dfrac{\sqrt{3}}{2} \\ \dfrac{\sqrt{3}}{2} & -\dfrac{1}{2} \end{pmatrix} = \begin{pmatrix} -\dfrac{1}{2} & \dfrac{\sqrt{3}}{2} \\ -\dfrac{\sqrt{3}}{2} & -\dfrac{1}{2} \end{pmatrix},$$

$$A^{-1} = \begin{pmatrix} -\dfrac{1}{2} & \dfrac{\sqrt{3}}{2} \\ -\dfrac{\sqrt{3}}{2} & -\dfrac{1}{2} \end{pmatrix}$$

よって, $A^2 = A^{-1}$ である. これは, $f \circ f = f^{-1}$ であり, $120° \times 2 = 240°$ 回転と $-120°$ 回転は同じ変換であることを意味する.

(2) $A \begin{pmatrix} 3 \\ 2 \end{pmatrix} = \dfrac{1}{2} \begin{pmatrix} -3-2\sqrt{3} \\ 3\sqrt{3}-2 \end{pmatrix}, A^2 \begin{pmatrix} 3 \\ 2 \end{pmatrix} = \dfrac{1}{2} \begin{pmatrix} -3+2\sqrt{3} \\ -3\sqrt{3}-2 \end{pmatrix}$ より

$$\mathrm{Q} \left(\dfrac{-3-2\sqrt{3}}{2}, \dfrac{-2+3\sqrt{3}}{2} \right), \mathrm{R} \left(\dfrac{-3+2\sqrt{3}}{2}, \dfrac{-2-3\sqrt{3}}{2} \right)$$

Q, R は, 点 P を原点のまわりに $120°, 240°$ 回転してできる点であるから, $\triangle$PQR は正三角形である.

問 6.6 線形性により,

$$A \begin{pmatrix} 1 \\ -1 \\ 1 \end{pmatrix} = A \begin{pmatrix} 1 \\ 0 \\ 0 \end{pmatrix} - A \begin{pmatrix} 0 \\ 1 \\ 0 \end{pmatrix} + A \begin{pmatrix} 0 \\ 0 \\ 1 \end{pmatrix}$$

であるから

$$\begin{pmatrix} -1 \\ 2 \end{pmatrix} = \begin{pmatrix} 2 \\ -7 \end{pmatrix} - \begin{pmatrix} 1 \\ 5 \end{pmatrix} + A \begin{pmatrix} 0 \\ 0 \\ 1 \end{pmatrix},$$

$$A \begin{pmatrix} 0 \\ 0 \\ 1 \end{pmatrix} = \begin{pmatrix} -2 \\ 14 \end{pmatrix} \qquad \therefore \quad A = \begin{pmatrix} 2 & 1 & -2 \\ -7 & 5 & 14 \end{pmatrix}$$

〈注〉　線形写像 $f : \mathbb{R}^3 \to \mathbb{R}^2$ は，$A = \big(f(\boldsymbol{e}_1),\, f(\boldsymbol{e}_2),\, f(\boldsymbol{e}_3) \big)$

問 6.7　$f : \mathbb{R}^4 \to \mathbb{R}^2$, $\mathrm{Im}\, f = \left\{ A \begin{pmatrix} x_1 \\ x_2 \\ x_3 \\ x_4 \end{pmatrix} \,\middle|\, x_1, x_2, x_3, x_4 \in \mathbb{R} \right\}$

ここで，$\boldsymbol{a}_1 = \begin{pmatrix} 1 \\ 2 \end{pmatrix}$, $\boldsymbol{a}_2 = \begin{pmatrix} 1 \\ 1 \end{pmatrix}$, $\boldsymbol{a}_3 = \begin{pmatrix} -2 \\ -3 \end{pmatrix}$, $\boldsymbol{a}_3 = \begin{pmatrix} 1 \\ 4 \end{pmatrix}$ とおくと，

$$\begin{aligned} \mathrm{Im}\, f &= \{ x_1 \boldsymbol{a}_1 + x_2 \boldsymbol{a}_2 + x_3 \boldsymbol{a}_3 + x_4 \boldsymbol{a}_4 \,|\, x_1, x_2, x_3, x_4 \in \mathbb{R} \} \\ &= \langle \boldsymbol{a}_1, \boldsymbol{a}_2, \boldsymbol{a}_3, \boldsymbol{a}_4 \rangle \end{aligned}$$

A の列ベクトルの間の線形関係を調べるために，行基本変形で簡約化すると

$$A = \big(\boldsymbol{a}_1, \boldsymbol{a}_2, \boldsymbol{a}_3, \boldsymbol{a}_4 \big) \to \begin{pmatrix} 1 & 1 & -2 & 1 \\ 0 & -1 & 1 & 2 \end{pmatrix} \to \begin{pmatrix} 1 & 0 & -1 & 3 \\ 0 & 1 & -1 & -2 \end{pmatrix} \cdots \text{①}$$

これより，$\boldsymbol{a}_3 = -\boldsymbol{a}_1 - \boldsymbol{a}_2$, $\boldsymbol{a}_4 = 3\boldsymbol{a}_1 - 2\boldsymbol{a}_2$ であり，$\{\boldsymbol{a}_1, \boldsymbol{a}_2\}$ は 1 次独立であるから

$$\begin{aligned} \mathrm{Im}\, f &= \{ x_1 \boldsymbol{a}_1 + x_2 \boldsymbol{a}_2 + x_3 (-\boldsymbol{a}_1 - \boldsymbol{a}_2) + x_4 (3\boldsymbol{a}_1 - 2\boldsymbol{a}_2) \,|\, x_1, x_2, x_3, x_4 \in \mathbb{R} \} \\ &= \{ y_1 \boldsymbol{a}_1 + y_2 \boldsymbol{a}_2 \,|\, y_1, y_2 \in \mathbb{R} \} \quad (y_1 = x_1 - x_3 + 3x_4,\ y_2 = x_2 - x_3 - 2x_4) \end{aligned}$$

より，$\{\boldsymbol{a}_1, \boldsymbol{a}_2\}$ は，$\mathbb{R}^3$ の線形部分空間 $\mathrm{Im}\, f$ の基底である.

一方，$\mathrm{Ker}\, f = \left\{ \begin{pmatrix} x_1 \\ x_2 \\ x_3 \\ x_4 \end{pmatrix} \in \mathbb{R}^4 \,\middle|\, A \begin{pmatrix} x_1 \\ x_2 \\ x_3 \\ x_4 \end{pmatrix} = \begin{pmatrix} 0 \\ 0 \\ 0 \\ 0 \end{pmatrix} \cdots \text{②} \right\}$

①より，② $\Longleftrightarrow \begin{cases} x_1 - x_3 + 3x_4 = 0 \\ x_2 - x_3 - 2x_4 = 0 \end{cases}$ であるから，$x_3 = s$, $x_4 = t$ とおき ② の解集合を求めて

$$\begin{cases} x_1 = s - 3t \\ x_2 = s + 2t \\ x_3 = s \\ x_4 = t \end{cases} \qquad \therefore \quad \mathrm{Ker}\, f = \left\{ \begin{pmatrix} x_1 \\ x_2 \\ x_3 \\ x_4 \end{pmatrix} = s \begin{pmatrix} 1 \\ 1 \\ 1 \\ 0 \end{pmatrix} + t \begin{pmatrix} -3 \\ 2 \\ 0 \\ 1 \end{pmatrix} \,\middle|\, s, t \in \mathbb{R} \right\}$$

よって，$\left\{ \begin{pmatrix} 1 \\ 1 \\ 1 \\ 0 \end{pmatrix}, \begin{pmatrix} -3 \\ 2 \\ 0 \\ 1 \end{pmatrix} \right\}$ が $\mathrm{Ker}\, f$ の基底であり，$\dim \mathrm{Ker}\, f = 2$

問 6.8　$f : \mathbb{R}^4 \to \mathbb{R}^2$ より $n = 4$ であり，問 6.7 の解答中の①より $\mathrm{rank}\, A = 2$ であるから，

$$\dim \mathrm{Im}\, f = \mathrm{rank}\, A = 2, \quad \dim \mathrm{Ker}\, f = n - \mathrm{rank}\, A = 2$$

問 6.9 合成写像 $g \circ f : \mathbb{R}^4 \to \mathbb{R}^2$ の表現行列は,

$$BA = \begin{pmatrix} 2 & -1 & 1 \\ -3 & 0 & 4 \end{pmatrix} \begin{pmatrix} 1 & -2 & 3 & 4 \\ 5 & -1 & 2 & 0 \\ -1 & 1 & 0 & 6 \end{pmatrix} = \begin{pmatrix} -4 & -2 & 4 & 14 \\ -7 & 10 & -9 & 12 \end{pmatrix}$$

問 6.10 $\left(f(\boldsymbol{u}_1), f(\boldsymbol{u}_2), f(\boldsymbol{u}_3)\right) = \begin{pmatrix} -7 & 12 & 4 \\ 8 & -5 & 3 \end{pmatrix}$

ここで,各列を $\boldsymbol{v}_1, \boldsymbol{v}_2$ の線形結合で表すと

$$\begin{pmatrix} 1 & -1 & | & -7 & 12 & 4 \\ -1 & 2 & | & 8 & -5 & 3 \end{pmatrix} \to \begin{pmatrix} 1 & -1 & | & -7 & 12 & 4 \\ 0 & 1 & | & 1 & 7 & 7 \end{pmatrix}$$
$$\to \begin{pmatrix} 1 & 0 & | & -6 & 19 & 11 \\ 0 & 1 & | & 1 & 7 & 7 \end{pmatrix}$$

より,

$$\begin{pmatrix} -7 & 12 & 4 \\ 8 & -5 & 3 \end{pmatrix} = \left(-6\boldsymbol{v}_1 + \boldsymbol{v}_2, 19\boldsymbol{v}_1 + 7\boldsymbol{v}_2, 11\boldsymbol{v}_1 + 7\boldsymbol{v}_2\right)$$
$$= \left(\boldsymbol{v}_1, \boldsymbol{v}_2\right) \begin{pmatrix} -6 & 19 & 11 \\ 1 & 7 & 7 \end{pmatrix}$$

よって,基底 $\{\boldsymbol{u}_k\}, \{\boldsymbol{v}_l\}$ に関する f の表現行列は,$B = \begin{pmatrix} -6 & 19 & 11 \\ 1 & 7 & 7 \end{pmatrix}$

〈注〉 標準基底に関する f の表現行列は $A = \begin{pmatrix} 6 & -1 & 6 \\ -8 & 0 & 3 \end{pmatrix}$ であるから

$$P = \left(\boldsymbol{u}_1, \boldsymbol{u}_2, \boldsymbol{u}_3\right) = \begin{pmatrix} -1 & 1 & 0 \\ 1 & 0 & 2 \\ 0 & 1 & 1 \end{pmatrix}, \quad Q = \left(\boldsymbol{v}_1, \boldsymbol{v}_2\right) = \begin{pmatrix} 1 & -1 \\ -1 & 2 \end{pmatrix}$$

とおくと,求める表現行列は

$$B = Q^{-1}AP = \begin{pmatrix} 2 & 1 \\ 1 & 1 \end{pmatrix} \begin{pmatrix} 6 & -1 & 6 \\ -8 & 0 & 3 \end{pmatrix} \begin{pmatrix} -1 & 1 & 0 \\ 1 & 0 & 2 \\ 0 & 1 & 1 \end{pmatrix}$$
$$= \begin{pmatrix} 2 & 1 \\ 1 & 1 \end{pmatrix} \begin{pmatrix} -7 & 12 & 4 \\ 8 & -5 & 3 \end{pmatrix} = \begin{pmatrix} -6 & 19 & 11 \\ 1 & 7 & 7 \end{pmatrix}$$

■ **演習問題** ■

演習 6.1 f を表す行列は,$A = \begin{pmatrix} \cos 60° & -\sin 60° \\ \sin 60° & \cos 60° \end{pmatrix} = \dfrac{1}{2} \begin{pmatrix} 1 & -\sqrt{3} \\ \sqrt{3} & 1 \end{pmatrix}$ だから,
$f \circ f, f^{-1}$ を表す行列は,

$$A^2 = \begin{pmatrix} \cos 120° & -\sin 120° \\ \sin 120° & \cos 120° \end{pmatrix} = \frac{1}{2} \begin{pmatrix} -1 & -\sqrt{3} \\ \sqrt{3} & -1 \end{pmatrix},$$
$$A^{-1} = \frac{1}{2} \begin{pmatrix} 1 & \sqrt{3} \\ -\sqrt{3} & 1 \end{pmatrix},$$
$$A^2 \begin{pmatrix} 1 \\ 2 \end{pmatrix} = \frac{1}{2} \begin{pmatrix} -1 & -\sqrt{3} \\ \sqrt{3} & -1 \end{pmatrix} \begin{pmatrix} 1 \\ 2 \end{pmatrix} = \frac{1}{2} \begin{pmatrix} -1-2\sqrt{3} \\ \sqrt{3}-2 \end{pmatrix}$$
$$\therefore \quad \mathrm{Q}\left(\frac{-1-2\sqrt{3}}{2}, \frac{-2+\sqrt{3}}{2}\right)$$

$$A^{-1} \begin{pmatrix} 1 \\ 2 \end{pmatrix} = \frac{1}{2} \begin{pmatrix} 1 & \sqrt{3} \\ -\sqrt{3} & 1 \end{pmatrix} \begin{pmatrix} 1 \\ 2 \end{pmatrix} = \frac{1}{2} \begin{pmatrix} 1+2\sqrt{3} \\ -\sqrt{3}+2 \end{pmatrix}$$

$$\therefore \quad \mathrm{R} \left(\frac{1+2\sqrt{3}}{2}, \frac{2-\sqrt{3}}{2} \right)$$

Q, R は，点 P を原点のまわりに $120°$，$-60°$ 回転してできる点であるから，$\angle\mathrm{ROQ} = 180°$ であり，$\triangle\mathrm{PQR}$ は，$\angle\mathrm{P} = 90°$，$\angle\mathrm{Q} = 30°$，$\angle\mathrm{R} = 60°$ の直角三角形である.

演習 6.2　(1)　f の表現行列を A とすると，

$$A \begin{pmatrix} 1 \\ 0 \end{pmatrix} = \begin{pmatrix} 2 \\ -1 \end{pmatrix}, \quad A \begin{pmatrix} -1 \\ 1 \end{pmatrix} = \begin{pmatrix} -1 \\ 3 \end{pmatrix} \quad \text{より,}$$

$$A \begin{pmatrix} 1 & -1 \\ 0 & 1 \end{pmatrix} = \begin{pmatrix} 2 & -1 \\ -1 & 3 \end{pmatrix}$$

右から，$\begin{pmatrix} 1 & -1 \\ 0 & 1 \end{pmatrix}^{-1} = \begin{pmatrix} 1 & 1 \\ 0 & 1 \end{pmatrix}$ を掛けて

$$A = \begin{pmatrix} 2 & -1 \\ -1 & 3 \end{pmatrix} \begin{pmatrix} 1 & 1 \\ 0 & 1 \end{pmatrix} = \begin{pmatrix} 2 & 1 \\ -1 & 2 \end{pmatrix}$$

(2)　f の表現行列を A とすると，

$$A \begin{pmatrix} 1 \\ 0 \\ 0 \end{pmatrix} = \begin{pmatrix} 2 \\ -7 \end{pmatrix}, \quad A \begin{pmatrix} 0 \\ 1 \\ 0 \end{pmatrix} = \begin{pmatrix} 1 \\ 5 \end{pmatrix}, \quad A \begin{pmatrix} 1 \\ -1 \\ 1 \end{pmatrix} = \begin{pmatrix} -1 \\ 2 \end{pmatrix}$$

より，

$$A \begin{pmatrix} 1 & 0 & 1 \\ 0 & 1 & -1 \\ 0 & 0 & 1 \end{pmatrix} = \begin{pmatrix} 2 & 1 & -1 \\ -7 & 5 & 2 \end{pmatrix}$$

右から，$\begin{pmatrix} 1 & 0 & 1 \\ 0 & 1 & -1 \\ 0 & 0 & 1 \end{pmatrix}^{-1} = \begin{pmatrix} 1 & 0 & -1 \\ 0 & 1 & 1 \\ 0 & 0 & 1 \end{pmatrix}$ を掛けて

$$A = \begin{pmatrix} 2 & 1 & -1 \\ -7 & 5 & 2 \end{pmatrix} \begin{pmatrix} 1 & 0 & -1 \\ 0 & 1 & 1 \\ 0 & 0 & 1 \end{pmatrix} = \begin{pmatrix} 2 & 1 & -2 \\ -7 & 5 & 14 \end{pmatrix}$$

演習 6.3　(1)　$\boldsymbol{x} = \begin{pmatrix} x_1 \\ x_2 \end{pmatrix}$ に対して，$f(\boldsymbol{x}) = \begin{pmatrix} 1 & -1 \\ 2 & 1 \end{pmatrix} \begin{pmatrix} x_1 \\ x_2 \end{pmatrix} + \begin{pmatrix} 0 \\ 3 \end{pmatrix}$ であるから，f は線形写像ではない.

(2)　$\boldsymbol{x} = \begin{pmatrix} x_1 \\ x_2 \\ x_3 \end{pmatrix}$ に対して，$f(\boldsymbol{x}) = \begin{pmatrix} 7 & -5 & 3 \\ 6 & 1 & -7 \end{pmatrix} \begin{pmatrix} x_1 \\ x_2 \\ x_3 \end{pmatrix}$ であるから，f は線形写像である（例 6.6 を参照）.

〈注〉　(1) では，$f(\boldsymbol{0}) = \begin{pmatrix} 0 \\ 3 \end{pmatrix} \neq \boldsymbol{0}$ であるから，f は線形写像ではないとしてもよい.

演習 6.4　$BA = \begin{pmatrix} -4 & -2 & 4 & 14 \\ -7 & 10 & -9 & 12 \end{pmatrix}$

演習 6.5 $A = \begin{pmatrix} a_1, a_2, a_3, a_4 \end{pmatrix}$ を簡約化すると

$$A \to \begin{pmatrix} 1 & 2 & 3 & 1 \\ 1 & 1 & 1 & 2 \\ -1 & 0 & 1 & -3 \end{pmatrix} \to \begin{pmatrix} 1 & 2 & 3 & 1 \\ 0 & -1 & -2 & 1 \\ 0 & 2 & 4 & -2 \end{pmatrix}$$

$$\to \begin{pmatrix} 1 & 0 & -1 & 3 \\ 0 & -1 & -2 & 1 \\ 0 & 0 & 0 & 0 \end{pmatrix} \to \begin{pmatrix} 1 & 0 & -1 & 3 \\ 0 & 1 & 2 & -1 \\ 0 & 0 & 0 & 0 \end{pmatrix}$$

となるから，$\{a_1, a_2\}$ は 1 次独立であり，$a_3 = -a_1 + 2a_2, a_4 = 3a_1 - a_2$
したがって，$\mathrm{Im}\, f = \langle a_1, a_2, a_3, a_4 \rangle = \langle a_1, a_2 \rangle$ であり，$\{a_1, a_2\}$ は 1 次独立だから，
$\{a_1, a_2\}$ は $\mathrm{Im}\, f$ の基底であり，$\dim \mathrm{Im}\, f = 2$
また，

$$\mathrm{Ker}\, f = \{\boldsymbol{x} \in \mathbb{R}^4 | A\boldsymbol{x} = \boldsymbol{0}\} = \left\{ \begin{pmatrix} x_1 \\ x_2 \\ x_3 \\ x_4 \end{pmatrix} \in \mathbb{R}^4 \middle| \begin{cases} x_1 - x_3 + 3x_4 = 0 \\ x_2 + 2x_3 - x_4 = 0 \end{cases} \right\}$$

$$= \left\{ \begin{pmatrix} x_1 \\ x_2 \\ x_3 \\ x_4 \end{pmatrix} = s \begin{pmatrix} 1 \\ -2 \\ 1 \\ 0 \end{pmatrix} + t \begin{pmatrix} -3 \\ 1 \\ 0 \\ 1 \end{pmatrix} \middle| s, t \in \mathbb{R} \right\}$$

よって，$\left\{ \begin{pmatrix} 1 \\ -2 \\ 1 \\ 0 \end{pmatrix}, \begin{pmatrix} -3 \\ 1 \\ 0 \\ 1 \end{pmatrix} \right\}$ は，$\mathrm{Ker}\, f$ の基底であり，$\dim \mathrm{Ker}\, f = 2$

演習 6.6 $A = \begin{pmatrix} a_1, a_2, a_3, a_4, a_5, a_6, a_7 \end{pmatrix} = \begin{pmatrix} 1 & -2 & 1 & 5 & -1 & -1 & -5 \\ 0 & 0 & 1 & 3 & -2 & -2 & -3 \\ 0 & 0 & 0 & 0 & 0 & 1 & 2 \\ 0 & 0 & 0 & 0 & 0 & 0 & 0 \end{pmatrix}$

を簡約化すると，$A \to \begin{pmatrix} 1 & -2 & 0 & 2 & 1 & 0 & -4 \\ 0 & 0 & 1 & 3 & -2 & 0 & 1 \\ 0 & 0 & 0 & 0 & 0 & 1 & 2 \\ 0 & 0 & 0 & 0 & 0 & 0 & 0 \end{pmatrix}$ となるから，$\{a_1, a_3, a_6\}$ は

1 次独立であり，

$$a_2 = -2a_1, \quad a_4 = 2a_1 + 3a_3, \quad a_5 = a_1 - 2a_2, \quad a_7 = -4a_1 + a_3 + 2a_6$$

したがって，

$$\mathrm{Im}\, f = \langle a_1, a_2, a_3, a_4, a_5, a_6, a_7 \rangle = \langle a_1, a_3, a_6 \rangle$$

であり，$\{a_1, a_3, a_6\}$ は 1 次独立だから，$\{a_1, a_3, a_6\}$ は $\mathrm{Im}\, f$ の基底であり，

$$\dim \mathrm{Im}\, f = 3$$

また，$\mathrm{Ker}\, f = \{\boldsymbol{x} \in \mathbb{R}^4 | A\boldsymbol{x} = \boldsymbol{0} \cdots (*)\}$ であり

$$(*) \Longleftrightarrow \begin{cases} x_1 - 2x_2 + 2x_4 + x_5 - 4x_7 = 0 \\ x_3 + 3x_4 - 2x_5 + x_7 = 0 \\ x_6 + 2x_7 = 0 \end{cases}$$

であるから

$$\mathrm{Ker}(f) = \left\{ \begin{pmatrix} x_1 \\ x_2 \\ x_3 \\ x_4 \\ x_5 \\ x_6 \\ x_7 \end{pmatrix} = t_1 \begin{pmatrix} 2 \\ 1 \\ 0 \\ 0 \\ 0 \\ 0 \\ 0 \end{pmatrix} + t_2 \begin{pmatrix} -2 \\ 0 \\ -3 \\ 1 \\ 0 \\ 0 \\ 0 \end{pmatrix} + t_3 \begin{pmatrix} -1 \\ 0 \\ 2 \\ 0 \\ 1 \\ 0 \\ 0 \end{pmatrix} + t_4 \begin{pmatrix} 4 \\ 0 \\ 1 \\ 0 \\ 0 \\ -2 \\ 1 \end{pmatrix} \middle| t_1, t_2, t_3, t_4 \in \mathbb{R} \right\}$$

ゆえに，$\left\{ \begin{pmatrix} 2 \\ 1 \\ 0 \\ 0 \\ 0 \\ 0 \\ 0 \end{pmatrix}, \begin{pmatrix} -2 \\ 0 \\ -3 \\ 1 \\ 0 \\ 0 \\ 0 \end{pmatrix}, \begin{pmatrix} -1 \\ 0 \\ 2 \\ 0 \\ 1 \\ 0 \\ 0 \end{pmatrix}, \begin{pmatrix} 4 \\ 0 \\ 1 \\ 0 \\ 0 \\ -2 \\ 1 \end{pmatrix} \right\}$ は $\mathrm{Ker}\,f$ の基底であり，$\dim \mathrm{Ker}\,f = 4$

演習 6.7

$$P = \begin{pmatrix} \boldsymbol{u}_1, \boldsymbol{u}_2, \boldsymbol{u}_3, \boldsymbol{u}_4 \end{pmatrix} = \begin{pmatrix} 1 & 0 & 0 & 1 \\ 1 & 1 & 0 & 0 \\ 0 & -1 & 1 & 0 \\ 0 & 0 & -1 & 1 \end{pmatrix},$$

$$Q = \begin{pmatrix} \boldsymbol{v}_1, \boldsymbol{v}_2, \boldsymbol{v}_3 \end{pmatrix} = \begin{pmatrix} 1 & -1 & 0 \\ 0 & 1 & 1 \\ 1 & 0 & 2 \end{pmatrix}$$

とする．基底 $\{\boldsymbol{u}_1, \boldsymbol{u}_2, \boldsymbol{u}_3, \boldsymbol{u}_4\}$, $\{\boldsymbol{v}_1, \boldsymbol{v}_2, \boldsymbol{v}_3\}$ に関する f の表現行列を B とすると，定義より，

$$\begin{pmatrix} A\boldsymbol{u}_1, A\boldsymbol{u}_2, A\boldsymbol{u}_3, A\boldsymbol{u}_4 \end{pmatrix} = \begin{pmatrix} \boldsymbol{v}_1, \boldsymbol{v}_2, \boldsymbol{v}_3 \end{pmatrix} B$$

であるから，$AP = QB \cdots (*)$
ここで，$\begin{pmatrix} Q \,|\, E \end{pmatrix}$ を簡約化すると，

$$\begin{pmatrix} Q \,|\, E \end{pmatrix} \to \begin{pmatrix} 1 & 0 & 0 & | & 2 & 2 & -1 \\ 0 & 1 & 0 & | & 1 & 2 & -1 \\ 0 & 0 & 1 & | & -1 & -1 & 1 \end{pmatrix} \qquad \therefore \quad Q^{-1} = \begin{pmatrix} 2 & 2 & -1 \\ 1 & 2 & -1 \\ -1 & -1 & 1 \end{pmatrix}$$

$(*)$ の両辺に左から Q^{-1} を掛けて，

$$B = Q^{-1}AP$$

$$= \begin{pmatrix} 2 & 2 & -1 \\ 1 & 2 & -1 \\ -1 & -1 & 1 \end{pmatrix} \begin{pmatrix} -5 & 6 & 7 & 8 \\ 2 & 1 & -1 & 0 \\ 7 & -6 & 5 & 3 \end{pmatrix} \begin{pmatrix} 1 & 0 & 0 & 1 \\ 1 & 1 & 0 & 0 \\ 0 & -1 & 1 & 0 \\ 0 & 0 & -1 & 1 \end{pmatrix}$$

$$= \begin{pmatrix} 7 & -13 & -6 & 0 \\ 6 & -14 & -5 & -3 \\ -3 & 12 & 4 & 5 \end{pmatrix}$$

▌第 7 章 ▉▉▉▉▉▉▉▉▉▉▉▉▉▉▉▉▉▉▉▉▉▉▉▉▉▉▉▉▉

問 7.1 A の固有多項式は

$$\begin{vmatrix} \lambda - 1 & -5 \\ -2 & \lambda - 4 \end{vmatrix} = (\lambda - 1)(\lambda - 4) - (-5) \cdot (-2) = \lambda^2 - 5\lambda - 6 = (\lambda - 6)(\lambda + 1)$$

A の固有方程式 $(\lambda - 6)(\lambda + 1) = 0$ の解を求めて，A の固有値は，$\lambda = 6, -1$

$\boldsymbol{x} = \begin{pmatrix} x \\ y \end{pmatrix}$ とおき $A\boldsymbol{x} = \lambda\boldsymbol{x}$, つまり, $\begin{pmatrix} \lambda - 1 & -5 \\ -2 & \lambda - 4 \end{pmatrix} \begin{pmatrix} x \\ y \end{pmatrix} = \begin{pmatrix} 0 \\ 0 \end{pmatrix} \cdots (*)$ の非自明解が
固有ベクトルであるから:

(i) $\lambda = 6$ のとき, $(*)$ の係数行列を簡約化すると

$$\begin{pmatrix} 5 & -5 \\ -2 & 2 \end{pmatrix} \to \begin{pmatrix} 1 & -1 \\ 0 & 0 \end{pmatrix}$$ となるから, $(*) \Longleftrightarrow x - y = 0$

$y = c_1$ とおくと $(*)$ の解は, $\begin{pmatrix} x \\ y \end{pmatrix} = \begin{pmatrix} c_1 \\ c_1 \end{pmatrix} = c_1 \begin{pmatrix} 1 \\ 1 \end{pmatrix}$ $(c_1 \in \mathbb{R})$ であるから, 固有値 $\lambda = 6$

の固有ベクトルは, $\begin{pmatrix} x \\ y \end{pmatrix} = c_1 \begin{pmatrix} 1 \\ 1 \end{pmatrix}$ $(c_1 \neq 0)$

(ii) $\lambda = -1$ のとき, $(*)$ の係数行列を簡約化すると

$$\begin{pmatrix} -2 & -5 \\ -2 & -5 \end{pmatrix} \to \begin{pmatrix} 1 & \frac{5}{2} \\ 0 & 0 \end{pmatrix}$$ となるから, $(*) \Longleftrightarrow x + \frac{5}{2}y = 0$

$y = 2c_2$ とおくと $(*)$ の解は, $\begin{pmatrix} x \\ y \end{pmatrix} = \begin{pmatrix} -5c_2 \\ 2c_2 \end{pmatrix} = c_2 \begin{pmatrix} -5 \\ 2 \end{pmatrix}$ $(c_2 \in \mathbb{R})$ であるから, 固有値

$\lambda = -1$ の固有ベクトルは, $\begin{pmatrix} x \\ y \end{pmatrix} = c_2 \begin{pmatrix} -5 \\ 2 \end{pmatrix}$ $(c_2 \neq 0)$

問 7.2 (1)　問 7.1 の 2 次正方行列 A の固有値 $\lambda = 6, -1$ それぞれの固有空間は,

$$V(6) = \{\boldsymbol{x} \in \mathbb{R}^2 \mid (6E - A)\boldsymbol{x} = \boldsymbol{0}\} = \left\{ \boldsymbol{x} = c \begin{pmatrix} 1 \\ 1 \end{pmatrix} \,\middle|\, c \in \mathbb{R} \right\},$$

$$V(-1) = \{\boldsymbol{x} \in \mathbb{R}^2 \mid (-E - A)\boldsymbol{x} = \boldsymbol{0}\} = \left\{ \boldsymbol{x} = c \begin{pmatrix} -5 \\ 2 \end{pmatrix} \,\middle|\, c \in \mathbb{R} \right\}$$

(2)　例題 7.1 の A の固有値 $\lambda = 1, \pm 2$ の固有空間は,

$$V(1) = \{\boldsymbol{x} \in \mathbb{R}^3 \mid (E - A)\boldsymbol{x} = \boldsymbol{0}\} = \left\{ \begin{pmatrix} x \\ y \\ z \end{pmatrix} = c \begin{pmatrix} 1 \\ -1 \\ 2 \end{pmatrix} \,\middle|\, c \in \mathbb{R} \right\},$$

$$V(2) = \{\boldsymbol{x} \in \mathbb{R}^3 \mid (2E - A)\boldsymbol{x} = \boldsymbol{0}\} = \left\{ \begin{pmatrix} x \\ y \\ z \end{pmatrix} = c \begin{pmatrix} 1 \\ 1 \\ 1 \end{pmatrix} \,\middle|\, c \in \mathbb{R} \right\},$$

$$V(-2) = \{\boldsymbol{x} \in \mathbb{R}^3 \mid (-2E - A)\boldsymbol{x} = \boldsymbol{0}\} = \left\{ \begin{pmatrix} x \\ y \\ z \end{pmatrix} = c \begin{pmatrix} -1 \\ 1 \\ 1 \end{pmatrix} \,\middle|\, c \in \mathbb{R} \right\}$$

問 7.3 (1)　A の固有多項式は,

$$\Phi_A(\lambda) = \begin{vmatrix} \lambda - 2 & 7 \\ -1 & \lambda + 3 \end{vmatrix} = \lambda^2 + \lambda + 1$$

となるから, ケイリー–ハミルトンの定理を用いると, $\Phi_A(A) = A^2 + A + E = O \cdots (*)$ が
成り立つ.

(2)　$(*)$ の両辺に左から $A - E$ を掛けると

$$(A - E)(A^2 + A + E) = O \quad \therefore \quad A^3 = E$$

また $(*)$ より, $A^2 = -A - E$ であることに注意する.

(i) $A^{20} = (A^3)^6 A^2 = E^6(-A - E) = -A - E = \begin{pmatrix} -3 & 7 \\ -1 & 2 \end{pmatrix}$

(ii) $A^{13} = (A^3)^4 A = E^4 A = A,\ A^9 = (A^3)^3 = E^3 = E,\ A^5 = A^3 \cdot A^2 = E(-A - E) = -A - E$ であるから

$$A^{13} + 4A^9 - 3A^5 = A + 4E - 3(-A - E) = 4A + 7E = \begin{pmatrix} 15 & -28 \\ 4 & -5 \end{pmatrix}$$

(iii) $(*)$ より，$E = -A - A^2 = A(-E - A)$. よって，

$$A^{-1} = -E - A = \begin{pmatrix} -3 & 7 \\ -1 & 2 \end{pmatrix}$$

問 7.4 (1) 問 7.1 より，$A\begin{pmatrix} 1 \\ 1 \end{pmatrix} = 6\begin{pmatrix} 1 \\ 1 \end{pmatrix},\ A\begin{pmatrix} -5 \\ 2 \end{pmatrix} = -\begin{pmatrix} -5 \\ 2 \end{pmatrix}$ が成り立つ. この2つの等式をまとめてかくと，

$$A\begin{pmatrix} 1 & -5 \\ 1 & 2 \end{pmatrix} = \begin{pmatrix} 6 & 5 \\ 6 & -2 \end{pmatrix} = \begin{pmatrix} 1 & -5 \\ 1 & 2 \end{pmatrix}\begin{pmatrix} 6 & 0 \\ 0 & -1 \end{pmatrix}$$

そこで，$P = \begin{pmatrix} 1 & -5 \\ 1 & 2 \end{pmatrix}, B = \begin{pmatrix} 6 & 0 \\ 0 & -1 \end{pmatrix}$ とおくと，$AP = PB$ であり，P は正則行列であるから，$P^{-1}AP = B$ が成り立つ. すなわち，

$$\begin{pmatrix} 1 & -5 \\ 1 & 2 \end{pmatrix}^{-1}\begin{pmatrix} 1 & 5 \\ 2 & 4 \end{pmatrix}\begin{pmatrix} 1 & -5 \\ 1 & 2 \end{pmatrix} = \begin{pmatrix} 6 & 0 \\ 0 & -1 \end{pmatrix}$$

(2) 例題 7.1 より，

$$A\begin{pmatrix} 1 \\ -1 \\ 2 \end{pmatrix} = \begin{pmatrix} 1 \\ -1 \\ 2 \end{pmatrix},\quad A\begin{pmatrix} 1 \\ 1 \\ 1 \end{pmatrix} = 2\begin{pmatrix} 1 \\ 1 \\ 1 \end{pmatrix},\quad A\begin{pmatrix} -1 \\ 1 \\ 1 \end{pmatrix} = -2\begin{pmatrix} -1 \\ 1 \\ 1 \end{pmatrix}$$

が成り立つ. この3つの等式をまとめてかくと，

$$A\begin{pmatrix} 1 & 1 & -1 \\ -1 & 1 & 1 \\ 2 & 1 & 1 \end{pmatrix} = \begin{pmatrix} 1 & 2 & 2 \\ -1 & 2 & -2 \\ 2 & 2 & -2 \end{pmatrix}$$

$$= \begin{pmatrix} 1 & 1 & -1 \\ -1 & 1 & 1 \\ 2 & 1 & 1 \end{pmatrix}\begin{pmatrix} 1 & 0 & 0 \\ 0 & 2 & 0 \\ 0 & 0 & -2 \end{pmatrix}$$

そこで，$P = \begin{pmatrix} 1 & 1 & -1 \\ -1 & 1 & 1 \\ 2 & 1 & 1 \end{pmatrix}, B = \begin{pmatrix} 1 & 0 & 0 \\ 0 & 2 & 0 \\ 0 & 0 & -2 \end{pmatrix}$ とおくと，$AP = PB$ であり，B は対角行列である. $|P| = 6 \neq 0$ であるから，P は正則行列であり，左から P^{-1} を掛けて，A の対角化 $P^{-1}AP = B$ を得る.

問 7.5 n を正整数として両辺を n 乗すると，$(P^{-1}AP)^n = B^n$ より，

$$P^{-1}A^nP = \begin{pmatrix} 6^n & 0 \\ 0 & (-1)^n \end{pmatrix}$$

$$\therefore\ A^n = P\begin{pmatrix} 6^n & 0 \\ 0 & (-1)^n \end{pmatrix}P^{-1} = \begin{pmatrix} 1 & -5 \\ 1 & 2 \end{pmatrix}\begin{pmatrix} 6^n & 0 \\ 0 & (-1)^n \end{pmatrix}\frac{1}{7}\begin{pmatrix} 2 & 5 \\ -1 & 1 \end{pmatrix}$$

$$= \frac{1}{7}\begin{pmatrix} 2 \cdot 6^n + 5 \cdot (-1)^n & 5 \cdot 6^n - 5 \cdot (-1)^n \\ 2 \cdot 6^n - 2 \cdot (-1)^n & 5 \cdot 6^n + 2 \cdot (-1)^n \end{pmatrix}$$

問 7.6　$P^{-1}AP = B$ より，$P^{-1}(\lambda E - A)P = \lambda P^{-1}P - P^{-1}AP = \lambda E - B$ であるから
定理 4.11 を用いて

$$\Phi_B(\lambda) = |\lambda E - B| = |P^{-1}(\lambda E - A)P|$$
$$= |P^{-1}||\lambda E - A||P| = |\lambda E - A| = \Phi_A(\lambda)$$

問 7.7　2 次正方行列 A が対角化可能であるとすると正則行列 $P = \begin{pmatrix} \boldsymbol{p}_1, \boldsymbol{p}_2 \end{pmatrix}$ と対角行列
$B = \begin{pmatrix} \alpha & 0 \\ 0 & \beta \end{pmatrix}$ が存在し，$P^{-1}AP = B$, つまり $AP = PB$ より，$A\boldsymbol{p}_1 = \alpha\boldsymbol{p}_1$, $A\boldsymbol{p}_2 = \beta\boldsymbol{p}_2$ が成り立つ．これは，$\boldsymbol{p}_1, \boldsymbol{p}_2$ が A の固有ベクトルであることを示している．また，P が正則行列であることより，$\boldsymbol{p}_1, \boldsymbol{p}_2$ は 1 次独立である．
逆に，2 次正方行列 A が 2 個の 1 次独立な固有ベクトル $\boldsymbol{p}_1, \boldsymbol{p}_2$ をもつとする．それぞれの固有ベクトルに対応する固有値を α, β とすると，$A\boldsymbol{p}_1 = \alpha\boldsymbol{p}_1$, $A\boldsymbol{p}_2 = \beta\boldsymbol{p}_2 \cdots (*)$ が成り立つ．$P = \begin{pmatrix} \boldsymbol{p}_1, \boldsymbol{p}_2 \end{pmatrix}$ とおくと，$(*)$ より

$$AP = P \begin{pmatrix} \alpha & 0 \\ 0 & \beta \end{pmatrix}$$

$\boldsymbol{p}_1, \boldsymbol{p}_2$ は 1 次独立であるから，P は正則行列であり，左から P^{-1} を掛けて，A の対角化
$P^{-1}AP = \begin{pmatrix} \alpha & 0 \\ 0 & \beta \end{pmatrix}$ を得る．

問 7.8　(1)　行列 $A = \begin{pmatrix} 2 & 3 \\ 1 & 0 \end{pmatrix}$ の固有多項式は，$\Phi_A(\lambda) = \lambda^2 - 2\lambda - 3 = (\lambda - 3)(\lambda + 1)$
$\Phi_A(\lambda) = 0$ より，A の固有値は $\lambda = 3, -1$
各々の固有値に対して $(\lambda E - A)\boldsymbol{x} = \boldsymbol{0}$ を解き，$\lambda = 3, -1$ の固有空間を求めると

$$V(3) = \{\boldsymbol{x}|(3E - A)\boldsymbol{x} = \boldsymbol{0}\} = \left\{ \begin{pmatrix} x \\ y \end{pmatrix} \middle| x - 3y = 0 \right\} = \left\{ \boldsymbol{x} = c \begin{pmatrix} 3 \\ 1 \end{pmatrix} \middle| c \in \mathbb{R} \right\},$$
$$V(-1) = \left\{ \begin{pmatrix} x \\ y \end{pmatrix} \middle| x + y = 0 \right\} = \left\{ \boldsymbol{x} = c \begin{pmatrix} -1 \\ 1 \end{pmatrix} \middle| c \in \mathbb{R} \right\}$$

(2)　$P = \begin{pmatrix} 3 & -1 \\ 1 & 1 \end{pmatrix}$ とおくと，$AP = P \begin{pmatrix} 3 & 0 \\ 0 & -1 \end{pmatrix}$

P は正則行列であり，左から $P^{-1} = \dfrac{1}{4}\begin{pmatrix} 1 & 1 \\ -1 & 3 \end{pmatrix}$ を掛けて，対角化 $P^{-1}AP = \begin{pmatrix} 3 & 0 \\ 0 & -1 \end{pmatrix}$ を得る．両辺を n 乗して，$P^{-1}A^nP = \begin{pmatrix} 3^n & 0 \\ 0 & (-1)^n \end{pmatrix}$

$$\therefore \quad A^n = P \begin{pmatrix} 3^n & 0 \\ 0 & (-1)^n \end{pmatrix} P^{-1} = \frac{1}{4} \begin{pmatrix} 3^{n+1} + (-1)^n & 3^{n+1} - 3 \cdot (-1)^n \\ 3^n - (-1)^n & 3^n + 3 \cdot (-1)^n \end{pmatrix}$$

(3)　漸化式より，$\begin{pmatrix} a_{n+2} \\ a_{n+1} \end{pmatrix} = \begin{pmatrix} 2a_{n+1} + 3a_n \\ a_{n+1} \end{pmatrix} = \begin{pmatrix} 2 & 3 \\ 1 & 0 \end{pmatrix} \begin{pmatrix} a_{n+1} \\ a_n \end{pmatrix}$
これを繰り返し用いて

$$\begin{pmatrix} a_{n+1} \\ a_n \end{pmatrix} = A^{n-1} \begin{pmatrix} a_2 \\ a_1 \end{pmatrix} = \frac{1}{4} \begin{pmatrix} 3^n + (-1)^{n-1} & 3^n - 3 \cdot (-1)^{n-1} \\ 3^{n-1} - (-1)^{n-1} & 3^{n-1} + 3 \cdot (-1)^{n-1} \end{pmatrix} \begin{pmatrix} 2 \\ 1 \end{pmatrix}$$
$$\therefore \quad a_n = \frac{1}{4}\{3 \cdot 3^{n-1} + (-1)^{n-1}\} = \frac{1}{4}\{3^n + (-1)^{n-1}\} \quad (n = 1, 2, 3, \ldots)$$

問 7.9 行列 $P = \begin{pmatrix} p & q \\ r & s \end{pmatrix} = \begin{pmatrix} \boldsymbol{u}, & \boldsymbol{v} \end{pmatrix}$ が直交行列のとき,

$$p^2 + r^2 = q^2 + s^2 = 1, \quad pq + rs = 0$$

であるから

$${}^t PP = \begin{pmatrix} p & r \\ q & s \end{pmatrix} \begin{pmatrix} p & q \\ r & s \end{pmatrix} = E \qquad \therefore \quad P^{-1} = {}^t P$$

問 7.10 (1) A の固有多項式は, $\Phi_A(\lambda) = \lambda^2 - 2\lambda + \dfrac{3}{4} = \left(\lambda - \dfrac{1}{2} \right) \left(\lambda - \dfrac{3}{2} \right)$

$\Phi_A(\lambda) = 0$ より, A の固有値は $\lambda = \dfrac{1}{2}, \dfrac{3}{2}$

各々の固有値に対して $(\lambda E - A)\boldsymbol{x} = \boldsymbol{0}$ を解き, $\lambda = \dfrac{1}{2}, \dfrac{3}{2}$ の固有空間を求めると

$$V\left(\frac{1}{2} \right) = \left\{ \boldsymbol{x} = c \begin{pmatrix} -1 \\ 1 \end{pmatrix} \middle| c \in \mathbb{R} \right\}, \quad V\left(\frac{3}{2} \right) = \left\{ \boldsymbol{x} = c \begin{pmatrix} 1 \\ 1 \end{pmatrix} \middle| c \in \mathbb{R} \right\}$$

(2) 固有空間それぞれから大きさ 1 の固有ベクトルを選び, それらを列ベクトルとして並べて回転行列を作り, $P = \dfrac{1}{\sqrt{2}} \begin{pmatrix} 1 & -1 \\ 1 & 1 \end{pmatrix}$ とおくと, $AP = P \begin{pmatrix} \frac{3}{2} & 0 \\ 0 & \frac{1}{2} \end{pmatrix}$

$P = \begin{pmatrix} \cos 45° & -\sin 45° \\ \sin 45° & \cos 45° \end{pmatrix}$ は $45°$ 回転を表す行列であり正則行列である.

左から P^{-1} を掛けて, 対角化 $P^{-1}AP = \begin{pmatrix} \frac{3}{2} & 0 \\ 0 & \frac{1}{2} \end{pmatrix}$ を得る.

(3) P は回転行列だから, $P^{-1} = {}^t P$ が成り立つ.

$$x^2 + xy + y^2 = 3 \Longleftrightarrow \begin{pmatrix} x & y \end{pmatrix} \begin{pmatrix} 1 & \frac{1}{2} \\ \frac{1}{2} & 1 \end{pmatrix} \begin{pmatrix} x \\ y \end{pmatrix} = 3 \cdots (*)$$

ここで, $\begin{pmatrix} x \\ y \end{pmatrix} = P \begin{pmatrix} X \\ Y \end{pmatrix}$ とおくと, 両辺の転置をとることにより, $\begin{pmatrix} x & y \end{pmatrix} = \begin{pmatrix} X & Y \end{pmatrix} {}^t P = \begin{pmatrix} X & Y \end{pmatrix} P^{-1}$ が成り立つから

$$(*) \text{ の左辺} = \begin{pmatrix} x & y \end{pmatrix} A \begin{pmatrix} x \\ y \end{pmatrix} = \begin{pmatrix} X & Y \end{pmatrix} P^{-1}AP \begin{pmatrix} X \\ Y \end{pmatrix}$$

$$= \begin{pmatrix} X & Y \end{pmatrix} \begin{pmatrix} \frac{3}{2} & 0 \\ 0 & \frac{1}{2} \end{pmatrix} \begin{pmatrix} X \\ Y \end{pmatrix} = \frac{3}{2}X^2 + \frac{1}{2}Y^2$$

よって $(*) \Longleftrightarrow \dfrac{3}{2}X^2 + \dfrac{1}{2}Y^2 = 3 \Longleftrightarrow \dfrac{X^2}{2} + \dfrac{Y^2}{6} = 1$

すなわち

$$(x, y) \in C \Longleftrightarrow (X, Y) \in \text{楕円 } \frac{x^2}{2} + \frac{y^2}{6} = 1$$

したがって, 曲線 C は, 楕円 $\dfrac{x^2}{2} + \dfrac{y^2}{6} = 1$ を原点のまわりに $45°$ 回転してできる楕円である.

■ 演習問題 ■

演習 7.1 (1) $\Phi_A(\lambda) = \lambda^2 - 5\lambda + 6 = (\lambda - 2)(\lambda - 3)$

$\Phi_A(\lambda) = 0$ より，A の固有値は，$\lambda = 2, 5$

各々の固有値 λ に対して $(\lambda E - A)\boldsymbol{x} = \boldsymbol{0}$ を解き，固有空間を求めると

$$V(2) = \left\{ \boldsymbol{x} = c \begin{pmatrix} 2 \\ 1 \end{pmatrix} \middle| c \in \mathbb{R} \right\} = \left\langle \begin{pmatrix} 2 \\ 1 \end{pmatrix} \right\rangle,$$

$$V(3) = \left\{ \boldsymbol{x} = c \begin{pmatrix} 1 \\ 1 \end{pmatrix} \middle| c \in \mathbb{R} \right\} = \left\langle \begin{pmatrix} 1 \\ 1 \end{pmatrix} \right\rangle$$

(2) $P = \begin{pmatrix} 2 & 1 \\ 1 & 1 \end{pmatrix}$ とおくと，$AP = P \begin{pmatrix} 2 & 0 \\ 0 & 3 \end{pmatrix}$

$|P| = 1 \neq 0$ より P は正則行列であり，左から P^{-1} を掛けて，対角化 $P^{-1}AP = \begin{pmatrix} 2 & 0 \\ 0 & 3 \end{pmatrix}$ を得る．両辺を n 乗して，$P^{-1}A^n P = \begin{pmatrix} 2^n & 0 \\ 0 & 3^n \end{pmatrix}$

左から P，右から P^{-1} を掛けて

$$A^n = P \begin{pmatrix} 2^n & 0 \\ 0 & 3^n \end{pmatrix} P^{-1} = \begin{pmatrix} 2 & 1 \\ 1 & 1 \end{pmatrix} \begin{pmatrix} 2^n & 0 \\ 0 & 3^n \end{pmatrix} \begin{pmatrix} 1 & -1 \\ -1 & 2 \end{pmatrix}$$

$$= \begin{pmatrix} 2^{n+1} - 3^n & -2^{n+1} + 2 \cdot 3^n \\ 2^n - 3^n & -2^n + 2 \cdot 3^n \end{pmatrix}$$

(3) $\begin{pmatrix} a_{n+1} \\ b_{n+1} \end{pmatrix} = \begin{pmatrix} 1 & 2 \\ -1 & 4 \end{pmatrix} \begin{pmatrix} a_n \\ b_n \end{pmatrix}$ $(n = 1, 2, 3, \ldots)$ を繰り返し用いて

$$\begin{pmatrix} a_n \\ b_n \end{pmatrix} = A^{n-1} \begin{pmatrix} a_1 \\ b_1 \end{pmatrix} = \begin{pmatrix} 2^n - 3^{n-1} & -2^n + 2 \cdot 3^{n-1} \\ 2^{n-1} - 3^{n-1} & -2^{n-1} + 2 \cdot 3^{n-1} \end{pmatrix} \begin{pmatrix} 1 \\ 0 \end{pmatrix}$$

$$= \begin{pmatrix} 2^n - 3^{n-1} \\ 2^{n-1} - 3^{n-1} \end{pmatrix} \quad (n = 1, 2, 3, \ldots)$$

演習 7.2 $\Phi_A(\lambda) = |\lambda E - A| = (\lambda + 2)\{(\lambda + 1)(\lambda - 5) + 8\} = (\lambda - 1)(\lambda - 3)(\lambda + 2)$ であるから，ケイリー–ハミルトンの定理を用いると

$\Phi_A(A) = (A - E)(A - 3E)(A + 2E) = O$ ($A^3 - 2A^2 - 5A + 6E = O$ でも可)

演習 7.3 (1) A の固有多項式は

$$\Phi_A(\lambda) = \begin{vmatrix} \lambda - 3 & 2 & -1 \\ -1 & \lambda & -1 \\ 0 & 0 & \lambda - 2 \end{vmatrix} = (\lambda - 2) \begin{vmatrix} \lambda - 3 & 2 \\ -1 & \lambda \end{vmatrix} = (\lambda - 1)(\lambda - 2)^2$$

したがって，A の固有方程式 $(\lambda - 1)(\lambda - 2)^2 = 0$ の解を求めて，A の固有値は $\lambda = 1, 2$ である．λ の固有空間は，$V(\lambda) = \{\boldsymbol{x} \in \mathbb{R}^3 | (\lambda E - A)\boldsymbol{x} = \boldsymbol{0}\}$ であるから

(i) $\lambda = 1$ のとき，$\lambda E - A = E - A$ で，簡約化すると

$$E - A = \begin{pmatrix} -2 & 2 & -1 \\ -1 & 1 & -1 \\ 0 & 0 & -1 \end{pmatrix} \rightarrow \begin{pmatrix} 1 & -1 & 0 \\ 0 & 0 & 1 \\ 0 & 0 & 0 \end{pmatrix}$$

となるから，

$$V(1) = \{\boldsymbol{x} \in \mathbb{R}^3 | x - y = 0, z = 0\} = \left\{ \boldsymbol{x} = c \begin{pmatrix} 1 \\ 1 \\ 0 \end{pmatrix} \middle| c \in \mathbb{R} \right\} = \left\langle \begin{pmatrix} 1 \\ 1 \\ 0 \end{pmatrix} \right\rangle$$

(ii) $\lambda = 2$ のとき，$\lambda E - A = 2E - A$ で，簡約化すると

$$2E - A = \begin{pmatrix} -1 & 2 & -1 \\ -1 & 2 & -1 \\ 0 & 0 & 0 \end{pmatrix} \rightarrow \begin{pmatrix} 1 & -2 & 1 \\ 0 & 0 & 0 \\ 0 & 0 & 0 \end{pmatrix}$$

となるから,

$$V(2) = \{\boldsymbol{x} \in \mathbb{R}^3 | x - 2y + z = 0\}$$

$$= \left\{ \boldsymbol{x} = c_1 \begin{pmatrix} 2 \\ 1 \\ 0 \end{pmatrix} + c_2 \begin{pmatrix} -1 \\ 0 \\ 1 \end{pmatrix} \middle| c_1, c_2 \in \mathbb{R} \right\} = \left\langle \begin{pmatrix} 2 \\ 1 \\ 0 \end{pmatrix}, \begin{pmatrix} -1 \\ 0 \\ 1 \end{pmatrix} \right\rangle$$

(2) そこで, $P = \begin{pmatrix} 1 & 2 & -1 \\ 1 & 1 & 0 \\ 0 & 0 & 1 \end{pmatrix}, B = \begin{pmatrix} 1 & 0 & 0 \\ 0 & 2 & 0 \\ 0 & 0 & 2 \end{pmatrix}$ とおくと, $AP = PB$ であ

り, B は対角行列である. $|P| = -1 \neq 0$ であるから, P は正則行列であり, 左から P^{-1} を掛けて, A の対角化 $P^{-1}AP = B$ を得る. 両辺を n 乗して,

$$P^{-1}A^n P = B^n = \begin{pmatrix} 1 & 0 & 0 \\ 0 & 2^n & 0 \\ 0 & 0 & 2^n \end{pmatrix}$$

左から P, 右から $P^{-1} = \begin{pmatrix} -1 & 2 & -1 \\ 1 & -1 & 1 \\ 0 & 0 & 1 \end{pmatrix}$ を掛けて

$$A^n = P \begin{pmatrix} 1 & 0 & 0 \\ 0 & 2^n & 0 \\ 0 & 0 & 2^n \end{pmatrix} P^{-1}$$

$$= \begin{pmatrix} 1 & 2 & -1 \\ 1 & 1 & 0 \\ 0 & 0 & 1 \end{pmatrix} \begin{pmatrix} 1 & 0 & 0 \\ 0 & 2^n & 0 \\ 0 & 0 & 2^n \end{pmatrix} \begin{pmatrix} -1 & 2 & -1 \\ 1 & -1 & 1 \\ 0 & 0 & 1 \end{pmatrix}$$

$$= \begin{pmatrix} -1 + 2^{n+1} & 2 - 2^{n+1} & -1 + 2^n \\ -1 + 2^n & 2 - 2^n & -1 + 2^n \\ 0 & 0 & 2^n \end{pmatrix}$$

(3) $\begin{pmatrix} a_{n+1} \\ b_{n+1} \\ c_{n+1} \end{pmatrix} = \begin{pmatrix} 3 & -2 & 1 \\ 1 & 0 & 1 \\ 0 & 0 & 2 \end{pmatrix} \begin{pmatrix} a_n \\ b_n \\ c_n \end{pmatrix}$ $(n = 1, 2, 3, \ldots)$ を繰り返し用いて

$$\begin{pmatrix} a_n \\ b_n \\ c_n \end{pmatrix} = A^{n-1} \begin{pmatrix} a_1 \\ b_1 \\ c_1 \end{pmatrix} = \begin{pmatrix} -1 + 2^n & 2 - 2^n & -1 + 2^{n-1} \\ -1 + 2^{n-1} & 2 - 2^{n-1} & -1 + 2^{n-1} \\ 0 & 0 & 2^{n-1} \end{pmatrix} \begin{pmatrix} 1 \\ 2 \\ 4 \end{pmatrix}$$

演習 7.4 (1) $A = \begin{pmatrix} 3 & 4 \\ 4 & -3 \end{pmatrix}$ の固有多項式は, $\Phi_A(\lambda) = \lambda^2 - 25 = (\lambda - 5)(\lambda + 5)$

$\Phi_A(t) = 0$ より, A の固有値は $\lambda = \pm 5$

各々の固有値に対して $(\lambda E - A)\boldsymbol{x} = \boldsymbol{0}$ を解き, $\lambda = \pm 5$ の固有空間を求めると

$$V(5) = \left\{ \boldsymbol{x} = c \begin{pmatrix} 2 \\ 1 \end{pmatrix} \middle| c \in \mathbb{R} \right\} = \left\langle \begin{pmatrix} 2 \\ 1 \end{pmatrix} \right\rangle,$$

$$V(-5) = \left\{ \boldsymbol{x} = c \begin{pmatrix} -1 \\ 2 \end{pmatrix} \middle| c \in \mathbb{R} \right\} = \left\langle \begin{pmatrix} -1 \\ 2 \end{pmatrix} \right\rangle$$

(2)　大きさ 1 の固有ベクトルを選び，それらを列ベクトルとして並べて回転行列を作り，

$$P = \frac{1}{\sqrt{5}}\begin{pmatrix} 2 & -1 \\ 1 & 2 \end{pmatrix} = \begin{pmatrix} \cos\theta & -\sin\theta \\ \sin\theta & \cos\theta \end{pmatrix} \quad \left(\cos\theta = \frac{2}{\sqrt{5}}, \sin\theta = \frac{1}{\sqrt{5}}\right)$$

とおくと，$AP = P\begin{pmatrix} 5 & 0 \\ 0 & -5 \end{pmatrix}$

P は θ 回転を表す行列であり正則行列であるから P^{-1} を左から掛けて，対角化 $P^{-1}AP = \begin{pmatrix} 5 & 0 \\ 0 & -5 \end{pmatrix}$ を得る.

(3)　右辺を計算すると $ax^2 + 2bxy + cy^2$ となるから，係数を比べて $a = 3, b = 4, c = -3$

(4)　P は回転行列だから，$P^{-1} = {}^tP$ が成り立つ.

$$3x^2 + 8xy - 3y^2 = 5 \Longleftrightarrow \begin{pmatrix} x & y \end{pmatrix} A \begin{pmatrix} x \\ y \end{pmatrix} = 8 \cdots (*)$$

ここで，$\begin{pmatrix} x \\ y \end{pmatrix} = P\begin{pmatrix} X \\ Y \end{pmatrix}$ とおくと，両辺の転置をとることにより，$\begin{pmatrix} x & y \end{pmatrix} = \begin{pmatrix} X & Y \end{pmatrix}{}^tP = \begin{pmatrix} X & Y \end{pmatrix}P^{-1}$ が成り立つから

$$(*) \text{ の左辺} = \begin{pmatrix} x & y \end{pmatrix} A \begin{pmatrix} x \\ y \end{pmatrix} = \begin{pmatrix} X & Y \end{pmatrix} P^{-1}AP \begin{pmatrix} X \\ Y \end{pmatrix}$$
$$= \begin{pmatrix} X & Y \end{pmatrix} \begin{pmatrix} 5 & 0 \\ 0 & -5 \end{pmatrix} \begin{pmatrix} X \\ Y \end{pmatrix} = 5X^2 - 5Y^2$$

となり

$$(*) \Longleftrightarrow 5X^2 - 5Y^2 = 5 \Longleftrightarrow X^2 - Y^2 = 1$$

すなわち

$$(x, y) \in C \Longleftrightarrow (X, Y) \in \text{双曲線 } x^2 - y^2 = 1$$

したがって，C は，双曲線 $x^2 - y^2 = 1$ を原点のまわりに θ 回転してできる双曲線である.

演習 7.5　(1)　$A = \begin{pmatrix} 2 & 1 \\ -1 & 4 \end{pmatrix}$ の固有多項式は，$\Phi_A(\lambda) = \lambda^2 - 6\lambda + 9 = (\lambda - 3)^2$

$\Phi_A(\lambda) = 0$ より，A の固有値は $\lambda = 3$（2 重解）
固有値 $\lambda = 3$ に対して $(\lambda E - A)\boldsymbol{x} = \boldsymbol{0}$ を解き，固有空間を求めると

$$V(2) = \{\boldsymbol{x} \in \mathbb{R}^2 \mid (3E - A)\boldsymbol{x} = \boldsymbol{0}\}$$
$$= \left\{ \begin{pmatrix} x \\ y \end{pmatrix} \middle| x - y = 0 \right\} = \left\{ \boldsymbol{x} = c\begin{pmatrix} 1 \\ 1 \end{pmatrix} \middle| c \in \mathbb{R} \right\} = \left\langle \begin{pmatrix} 1 \\ 1 \end{pmatrix} \right\rangle$$

(2)　$\dim V(2) = 1 < 2$ であるから，A は対角化不可能である．そこで，$\boldsymbol{u}_1 = \begin{pmatrix} 1 \\ 1 \end{pmatrix}$ とおくと，$A\boldsymbol{u}_1 = 2\boldsymbol{u}_1$ である.

$$A\begin{pmatrix} \boldsymbol{u}_1, & \boldsymbol{u}_2 \end{pmatrix} = \begin{pmatrix} \boldsymbol{u}_1, & \boldsymbol{u}_2 \end{pmatrix}\begin{pmatrix} 3 & 1 \\ 0 & 3 \end{pmatrix}, \quad P = \begin{pmatrix} \boldsymbol{u}_1, & \boldsymbol{u}_2 \end{pmatrix} \text{ は正則}$$

となるベクトル $\boldsymbol{u}_2$ を 1 つ求める．すなわち，$\{\boldsymbol{u}_1, \boldsymbol{u}_2\}$ は 1 次独立であり，$A\boldsymbol{u}_2 = \boldsymbol{u}_1 + 3\boldsymbol{u}_2 \cdots (*)$ を満たすベクトル $\boldsymbol{u}_2$ を 1 つ求める.

$(*) : (A - 3E)\boldsymbol{u}_2 = \boldsymbol{u}_1$ を $\boldsymbol{u}_2 = \begin{pmatrix} u \\ v \end{pmatrix}$ について解き，$u - v = -1$ の非自明解を 1 つ求

めて, $u_2 = \begin{pmatrix} 0 \\ 1 \end{pmatrix}$

このとき, $P = \begin{pmatrix} 1 & 0 \\ 1 & 1 \end{pmatrix}$ は正則であり, $P^{-1}AP = \begin{pmatrix} 3 & 1 \\ 0 & 3 \end{pmatrix}$ となる.

演習 7.6　$Au = \alpha u, Av = \beta v$ である. $xu + yv = 0$ とすると, 左から A を掛けて

$$A(xu + yv) = A0, \quad xAu + yAv = 0, \quad x\alpha u + y\beta v = 0$$

ここで, $\widehat{u} = xu, \widehat{v} = yv$ とおくと, $\widehat{u} + \widehat{v} = 0, \alpha\widehat{u} + \beta\widehat{v} = 0$ となり,

$$\begin{pmatrix} \widehat{u}, \widehat{v} \end{pmatrix} \begin{pmatrix} 1 & \alpha \\ 1 & \beta \end{pmatrix} = \begin{pmatrix} 0, 0 \end{pmatrix} = O \cdots (*)$$

$\alpha \neq \beta$ だから,

$$\begin{pmatrix} 1 & \alpha \\ 1 & \beta \end{pmatrix}^{-1} = \frac{1}{\beta - \alpha} \begin{pmatrix} \beta & -\alpha \\ -1 & 1 \end{pmatrix}$$

であり, この行列を $(*)$ の右から掛けると $\begin{pmatrix} \widehat{u}, \widehat{v} \end{pmatrix} = \begin{pmatrix} 0, 0 \end{pmatrix}$, つまり $xu = yv = 0$ となる.
$u \neq 0, v \neq 0$ だから, $x = y = 0$
∴　u, v は 1 次独立である.

演習 7.7　$x_1a_1 + x_2a_2 + x_3b = 0 \cdots ①$　$(x_1, x_2, x_3 \in \mathbb{R})$ とする.
① の左から A を掛けて, $A(x_1a_1 + x_2a_2 + x_3b) = A0$ より,

$$x_1Aa_1 + x_2Aa_2 + x_3Ab = 0 \cdots ②$$

ここで, $V(\alpha) = \langle a_1, a_2 \rangle, V(\beta) = \langle b \rangle$ から,

$$Aa_1 = \alpha a_1, \quad Aa_2 = \alpha a_2, \quad Ab = \beta b \cdots ③$$

であり, $\{a_1, a_2\}$ は 1 次独立である.
②, ③より, $\alpha(x_1a_1 + x_2a_2) + \beta x_3b = 0 \cdots ④$
そこで ① $\times \alpha - ④$ として, $(\alpha - \beta)x_3b = 0$
$\alpha - \beta \neq 0$ だから, $x_3b = 0$ ∴ $x_3 = 0$
このとき, $① : x_1a_1 + x_2a_2 = 0$ となり, $\{a_1, a_2\}$ は 1 次独立であるから, $x_1 = x_2 = 0$.
ゆえに, $\{a_1, a_2, b\}$ は 1 次独立である.

演習 7.8　(1)

$$\widetilde{b_{11}} = \begin{vmatrix} \lambda - a_{22} & -a_{23} \\ -a_{32} & \lambda - a_{33} \end{vmatrix} = \lambda^2 - (a_{22} + a_{33})\lambda + a_{22}a_{33} - a_{23}a_{32},$$

$$\widetilde{b_{12}} = -\begin{vmatrix} -a_{21} & -a_{23} \\ -a_{31} & \lambda - a_{33} \end{vmatrix} = a_{21}\lambda - a_{21}a_{33} + a_{23}a_{31}$$

(2)　$A = \begin{pmatrix} a_{11} & a_{12} & a_{13} \\ a_{21} & a_{22} & a_{23} \\ a_{31} & a_{32} & a_{33} \end{pmatrix}$,

$$B = \lambda E - A = \begin{pmatrix} \lambda - a_{11} & -a_{12} & -a_{13} \\ -a_{21} & \lambda - a_{22} & -a_{23} \\ -a_{31} & -a_{32} & \lambda - a_{33} \end{pmatrix}$$

である. B の各成分は, λ に関して高々2 次の多項式であるから,

$$\widetilde{B} = {}^t\begin{pmatrix} \widetilde{b_{11}} & \widetilde{b_{12}} & \widetilde{b_{13}} \\ \widetilde{b_{21}} & \widetilde{b_{22}} & \widetilde{b_{23}} \\ \widetilde{b_{31}} & \widetilde{b_{32}} & \widetilde{b_{33}} \end{pmatrix} = \lambda^2 B_2 + \lambda B_1 + B_0$$

と表せて，また A の固有多項式 $\Phi_A(\lambda) = |\lambda E - A|$ は，$\Phi_A(\lambda) = |B| = \lambda^3 + b_2\lambda^2 + b_1\lambda + b_0$ の形で表せる．

そこで，$B(\lambda)\widetilde{B} = |B|E = \Phi_A(\lambda)E$ に代入すると，

$$(\lambda E - A)(\lambda^2 B_2 + \lambda B_1 + B_0) = (\lambda^3 + b_2\lambda^2 + b_1\lambda + b_0)E$$

が任意の λ について成り立つ．両辺の係数を比較すると

$$\begin{cases} B_2 = E \\ B_1 - AB_2 = b_2E \\ B_0 - AB_1 = b_1E \\ -AB_0 = b_0E \end{cases} \therefore \begin{cases} B_2 = E \\ B_1 = A + b_2E \\ B_0 = A(A + b_2E) + b_1E \\ A\{A(A + b_2E) + b_1E\} + b_0E = O \end{cases}$$

第 4 式より，$A^3 + b_2A^2 + b_1A + b_0E = O$ $\therefore \Phi_A(A) = O$

〈注〉 一般の n についても同様に証明できる．

索　引

あ　行

1 次結合　　8, 18, 96
1 次従属　　96
1 次独立　　5, 18, 96
1 次変換　　115
位置ベクトル　　12, 25

同じ型　　40

か　行

解空間　　107
階数　　59
外積　　32
階段行列　　58
回転変換　　117
解の自由度　　56
外分点　　13
核　　124
拡大係数行列　　51
簡約化　　59
簡約階段行列　　58

奇置換　　75
基底　　106
基本行列　　64
基本変形　　54, 64
逆行列　　49, 66

逆置換　　73
逆ベクトル　　1
逆変換　　121
行　　39
行基本変形　　54
行列　　39
行列式　　50, 71, 76
行列の標準形　　65

偶置換　　75
クラメルの公式　　91

係数行列　　51
ケイリー－ハミルトンの定理　　139
結合法則　　3, 41, 45

交換法則　　3, 41
合成変換　　120
交代性　　72, 81
恒等置換　　73
互換　　74
固有空間　　138
固有多項式　　135
固有値　　134
固有ベクトル　　134
固有方程式　　135

さ　行

差　　3, 40

座標　15
座標平面　15
サラスの方法　77
三角化　149

次元　106
次元定理　126
実数倍　3
始点　1
自明な解　63
終点　1
巡回置換　74
小行列　87
小行列式　87

垂直　9

生成系　106
正則　49
正則行列　66
成分　6, 19, 39
積　43
ゼロベクトル　1
線形結合　8, 18, 96
線形写像　122
線形従属　96
線形性　119
線形独立　96
線形部分空間　104
線形変換　115, 122

像　124

た　行

対角化　141
対角化可能　141
対角行列　48

対角成分　48
対称行列　52
多重線形性　72, 80
単位行列　48
単位ベクトル　1

置換　73
置換の積　73
直交行列　148

定数係数線形漸化式　144
転置行列　46
転置不変性　80

同次連立 1 次方程式　63

な　行

内積　9, 23
内分点　12
長さ　74
なす角　9

2 次曲線　146

は　行

媒介変数　27
パラメータ　27, 56

等しい　40
表現行列　115, 122, 128

符号　75
部分空間　104
分配法則　45

平行　5
平行六面体　17

ベクトル　1

方向ベクトル　27
法線ベクトル　30

ま 行

有向線分　1

や 行

余因子　87

ら 行

ランク　59

零行列　41
零ベクトル　1, 96
列　39
列基本変形　64

わ 行

和　2, 40

英数字

(i, j) 成分　39
$m \times n$ 行列　40
n 次元数ベクトル　95
n 次元数ベクトル空間　95
n 次正方行列　40
n 次対称群　73
xy 平面　15
xz 平面　15
x 座標　15
yz 平面　15
y 座標　15
z 座標　15

著 者 略 歴

桑 田 孝 泰
（くわ た たか やす）

1998 年　ユタ大学数学科大学院修了
　　　　東京電機大学講師，助教授，教授を経て
現　在　東海大学理学部情報数理学科教授　Ph. D.
　　　　専門は，代数幾何学，離散幾何学など

主 要 著 書
『数学入門 I』,『数学入門 II』（サイエンス社，共著）
『ひとりで学べる微分積分演習』（サイエンス社，共著）
『微分積分』（朝倉書店）
『数学 I,A,II,B』（高等学校の数学教科書,数研出版,共著）など

西 山 清 二
（にし やま せい じ）

1988 年　東京都立大学博士課程修了
現　在　学校法人河合塾数学科講師
　　　　専門は，多変数複素関数論

主 要 著 書
『ひとりで学べる微分積分演習』（サイエンス社，共著）
『教科書だけでは足りない 大学入試攻略 複素数平面』（河合出版）
『医学部攻略の数学 III −改訂版−』（河合出版）など

ひとりで学べる数学演習ライブラリ＝1

ひとりで学べる 線形代数演習

2019 年 9 月 10 日 ©　　　　初 版 発 行

著　者　桑田孝泰　　　　発行者　森平敏孝
　　　　西山清二　　　　印刷者　馬場信幸
　　　　　　　　　　　　製本者　米良孝司

発行所　　株式会社 サイエンス社

〒 151-0051 東京都渋谷区千駄ヶ谷 1 丁目 3 番 25 号
営業　☎(03) 5474–8500 (代)　　振替 00170-7-2387
編集　☎(03) 5474–8600 (代)
FAX　☎(03) 5474–8900

印刷　三美印刷（株）　　　製本　ブックアート
《検印省略》

サイエンス社のホームページのご案内
http://www.saiensu.co.jp
ご意見・ご要望は
rikei@saiensu.co.jp　まで.

ISBN978−4−7819−1450−3

PRINTED IN JAPAN

演習微分積分
寺田・坂田・斎藤共著　Ａ５・本体1456円

基本演習 微分積分
寺田・坂田共著　２色刷・Ａ５・本体1600円

理工基礎 演習 微分積分
米田　元著　２色刷・Ａ５・本体1850円

詳解 微分積分演習
加藤・柳・三谷・高橋共著　２色刷・Ａ５・本体2100円

詳解演習 微分積分
水田義弘著　２色刷・Ａ５・本体2200円

基礎演習 微分積分
金子・竹尾共著　２色刷・Ａ５・本体1850円

解析演習
野本・岸共著　Ａ５・本体1845円

＊表示価格は全て税抜きです.

サイエンス社